TSUSHIMA

ツシマ
世界が見た日本海海戦

ハイファ大学教授
ロテム・コーネル［著］
滝川義人［訳］

並木書房

日本語版に寄せて

ロテム・コーネル

日露戦争からほぼ一二〇年たった現在、この戦争は、日本の新しい世代を今なお魅了してやまない。司馬遼太郎の大作『坂の上の雲』の人気は、その証例の一つにすぎない。これをベースとするNHKのスペシャルドラマ「坂の上の雲」は、二〇〇九年から一一年まで放映されたが、最も費用をかけ従来にもまして入念に仕上げられた作品であった。一三話で構成されるドラマの最終章は「日本海海戦」と題する戦争の決をとった大海戦である。

確かにそれは、偉大なるクライマックスであった。鮮やかな海戦の勝利は、三カ月足らずで戦争を終結に導いた。日本がこの海戦に敗北していれば、帝国の命運は尽きたはずである。この後の時代、海戦は日本帝国海軍の興隆に非常な衝撃を与えた。爾後、海軍に対する予算配分は年を追って大きくなり、開戦からわずか一三年後の、第一次世界大戦末の時点で、世界第三位の海軍に成長していた。

より視野を広げて、当時をふり返って考えれば、日露戦争は、短期間とはいえ、日本が愛国心を大いに発揚しつつ武力を行使し、同時に国際的な尊敬を得た闘争であったと考えられる。

対馬沖海戦（日本海海戦）は、正義の弱者が自衛のために立ち上がり、勝利した最後の戦いであり、今日も多くの日本人がこの戦いに率直な誇りを抱いているのは、なんら不思議ではない。

ほかの地域では、二〇世紀の歴史学方法論は、日露戦争自体もそうであるが、対馬沖海戦の意義を見過ごしている。わずか九年後に勃発した第一次世界大戦によって、日露の戦いは、影が薄くなった。忘却の主たる理由は、そこにある。

それでも、現実には日本の対馬沖海戦の勝利は、グローバルな影響を及ぼしたのである。今日ならより正確に評価できる。軍事上、海上覇権の問題上、あるいは地政学上多くのグローバルなモーメントを有していたのである。

対馬沖海戦は、その一〇〇年前のトラファルガー海戦以来最大の戦いであり、本書で論じているように、史上最大の海戦の一つであった。

この海戦については、これまで数百冊の本が書かれているが、本書はほかの類書とは違う。日本語、ロシア語、英語を含むさまざまな言語による公文書館所蔵の文献、そして二次資料に依拠しつつ、対馬沖海戦のグローバルな重要性を追究し、移りゆく時代背景のなかで、世界、特に日本とロシアにおける記憶の仕方、追悼のやり方がどのように変わったのか、あるいは変わらなかったのかを見ていく。

日本の読者は、海戦とそのインパクトについて、今まで知られていなかった詳細の多くを本書で御覧いただけるであろう。本書を読めば、自分たちの過去を必ずや誇りに思うに違いない。しかし同時に、この過去がなぜ違った方向に進んだのか、疑問を呈されることであろう。

本書の執筆は、多くの同僚、友人の支援ではじめて可能になった。その何人かの支援は、謝辞のなかで触れた、しかし、ここで私は、特に最初から本プロジェクトの重要性を信じ、本書の刊行を後押ししてくれた滝川義人氏と常に支援していただいた並木書房に心から感謝の気持ちをお伝えする。

そして最後になったが、名城大学の稲葉千晴教授に触れておきたい。東ヨーロッパと日本の近代史を専門にする高名な研究者であり、私の友人である先生は、日露戦争と対馬沖海戦に対する魅惑と知識を永年私と共有してくれた人である。

本書を稲葉先生に捧げる。

二〇二三年四月

ハイファにて

謝辞

対馬沖海戦が私の目を惹いたのは、ずいぶん前のことである。それには相応の理由があった。当時私は海軍の士官候補生で、一見したところ力の劣る海軍が、より有力な敵を圧倒した過程に感銘を受けた。兵役を終えた後の学生時代、私は対馬沖海戦が海軍情勢の展開に与えたインパクトに興味をおぼえ、その後のこの時代の海戦が及ぼした影響、特にそれが日本帝国の興隆に一役買った戦いとしての位置づけに関心を抱いた。

このような背景から、対馬沖海戦に関する執筆の機会を与えられた時、プロジェクトは、退屈している子供に対する砂場遊びのようなものであった。それは、地球的規模、地域、そして地方の世界が絡みあい、それに私の過去と現在の関心が融合できるような夢の王国の一種である。

理由はこれだけではない。プロジェクトを通して、ヒュー・ストラカンにはアドバイスと励ましをいただいたことも刺激になった。

さらにこのような広範囲なアングルを持つ課題の執筆にあたっては、必然的にさまざまな面で、より多くの人々に負担をかけることになった。研究仲間と友人たちが助けてくれたのである。さまざまなやり方で私を支援し、刺激を与え励ましてくれた。感謝の気持ちでいっぱいである。

自分たちの仕事を休み、阿川尚之、フェリックス・ブレナー、シャウル・ホレブ、稲葉千晴、ドミトリー・リハーレフ、ブルース・メニング、アンドレアス・レナー、スベン・ザーラー、J・チャールズ・シェンキング、ロナルド・H・スペクター、そして二人の匿名の校閲者が、初期の原稿を読み、かけがえのない貴重な指導と、建設的な批評をいただいた。

同様に、ジョン・ブリーン、ウィリアム・クラレンス・スミス、コード・エベルスペヒヤ、オフェル・シャガン、そしてダキン・ヤングは、私の疑問点に対し、それぞれの深い知識を私と共有していただいた。言うまでもなく、本文中事実と解釈上の間違いは、この種の本の価値を傷つけるが、あるとすれば、筆者である私の責任である。

ハイファ大学の同僚たちにも感謝の意を表したい。私への友情もさることながら、調査に対する献身を可能にする雰囲気をつくってくれたのは彼らである。

テキストの表現をより明快にするうえで、ニムロッド・ヒアトはなくてはならない人物であった。ルシアナ・オフラハーティ局長をはじめオックスフォード大学出版局の献身的なスタッフ陣には特別に感謝したい。忍耐強くかつ私を不断に励ましてくださった。

日本の独立行政法人国際交流基金には資金援助をしていただいた。おかげで海外の図書館および公文書館で調査することができた。感謝の気持ちをお伝えしたい。

最後になったが、このプロジェクトに取り組む私を辛抱強く見守ってくれた家族、ジャスミン、エンマニュエル、ナルキス、アモス、そして日々世話をやき、心の支えになっている生涯の伴侶ファビエンヌにひと言礼を述べておきたい。

推薦の言葉

ロテム・コーネルの『TSUSHIMA』は、一九〇五年の日本海海戦を包括的に描いた歴史の本である。なぜ、どのように、この海戦が始まり、大日本帝国海軍の一方的かつ決定的な勝利に終わったのか。そのいきさつと理由を巧みに記している。本書は多くの論点を提起しているが、なかでも大艦巨砲と艦隊決戦の伝統について、改めて考察する。徹底的な訓練を行ない、万全の準備を整えた帝国海軍は、その成果を十二分に発揮してバルチック艦隊を撃破し、応分の賞賛と栄光を手に入れた。しかしながら、対馬沖における決定的勝利は、歴代帝国海軍首脳の一部に、傲慢、尊大、そして硬直した態度と考え方を植えつけた。その結果、日本海軍は一九四五年、太平洋戦争の最後の日々まで、状況の変化を十分認識せず、戦略を変更して適応することができなかった。優れた歴史の語り部として、コーネルは大艦巨砲と艦隊決戦の時代を読者の眼前に蘇らせ、我々が再び海へ戻ってくるようにと招く。

阿川尚之（慶応大学名誉教授、『海の友情――米国海軍と海上自衛隊』の著者）

小箱には良いものがいっぱい詰まっているとよく言われる。ロテム・コーネル教授の『TSUSHIMA』は、まさにこれに該当する良書である。本書は、海戦自体とそれに至るまでの状況だけでなく、その後の海軍、そして政治および文化的側面に及ぼした長期の影響も精査している。初めてこの課題に取り組む人にとって良き入門書となるだけでなく、ツシマ・マニアも満足させるほど十分に意を尽している。本書と比較されるものがあるとすれば、それは一九三一〜四五年のアジア・太平洋の戦いを描いたH・P・ウィルモットの『極東における第二次世界大戦（*The Second World War in The Far East*）』であろう。全体的にみて本書は、海戦自体とその後の世界史に及ぼしたインパクトの双方を描いたオールラウンドの書である。

アンドリュー・チュン・ハンリン（英ナショナル・マリタイム・ミュージアム主任研究員）

ロテム・コーネルの『ＴＳＵＳＨＩＭＡ』は、この壮大な海戦を巧みに解剖した力作である。彼は、遠隔と直近のコントラストを確立し、事実の正確な記述と該博な知識に基づく分析を提示し、その余波を深く掘り下げている。

ブルース・W・メニング（合衆国陸軍〔退役〕指揮幕僚学校戦略論教授）

本書は、疑いもなく国内の研究者、そして日露戦争史に関心を持つすべての者の注目を引くであろう。この海戦については、一世紀以上も論議され書かれて来たので、今さらつけ加えるものは何もないと考える向きもあろう。しかし本書は、それが可能であることを証明している。コーネルの論文は、今後の基礎になり得るしっかりした研究で、表現も格式ある文体である。必ずや（ロシアで）論議を呼ぶであろう。

ドミトリー・V・リハーレフ（ロシア極東大学教授）

トラファルガー沖海戦（一八〇五年）からパールハーバー（一九四一年）に至る間の重大な海戦を論じた、鋭い分析と総合性豊かな研究である。コーネルの仕事が最も輝くところは、双方の対戦者と世界に対する、海戦の軍事的、政治的、そして文化的遺産の見識ある分析である。『ＴＳＵＳＨＩＭＡ』は力作である。

J・チャールズ・シェンキング（『波瀾―政治、プロパガンダそして日本帝国海軍の登場一八六九～一九二二年』の著者）

目次

第二章　戦闘——最大、最後の艦隊決戦　60

[凡例]

日付

本書の年号および月日は、グレゴリオ暦に従って記述されている(現在、欧米および世界の大半の国で使用)。ユリウス暦は1918年までに帝政ロシアで使用されていた。一方、近代日本は現在も元号を併用している。ロシア史に関する著書の多くで使用されたユリウス暦は、19世紀にはグレゴリオ暦より12日遅れ、20世紀には13日遅れとなっている。日本は1873年にグレゴリオ暦を採用したが、同時に一代一元号も使い続けている。すなわち、1905年5月27日の対馬沖海戦は、明治38年5月27日になる。時刻に関しては、ロシアが使っていた海戦の時刻は、日本側の時刻より約19分ほど早かった。航海中、ロシア艦隊は太陽時を使用し、日本は兵庫県明石市を基準点とする日本標準時(JST)を使った。東径135度の線で、グリニッジ標準時(GMT)より9時間早い。本書では、日本標準時を使っている。

測定の尺度

本書では、メートル法を使用している。しかし、海上戦闘の記述には特別の問題がある。ずいぶん前にメートル法に転換した国を含め、海軍の大半は引き続き非メートル法の測定尺度を使っていた。距離の尺度(たとえば海里:nautical mile)が、括弧付きで付記されている。艦艇の排水量は、英トン(long ton:大トンともいう)で表示されている。これは排水トン(displacement ton)としても知られる(1トン=1016キログラム)。1922年にワシントンで締結された海軍軍縮条約では、基準排水量の定義がされている。それ以前、戦艦の排水量測定と記録について、たとえ全体的に受け入れられた単位がないとしても、前記方式で記述する。したがって艦艇のすべての測定尺度は〝通常〟の排水量あるいは計画段階の排水量と相関する(注:条約の定義・基準排水量には、今後完成する軍艦の排水トン数は、右に定むる基準排水量に付、之を算定するものとす、とある。基準排水量は、燃料と予備缶水を除く一切の搭載物件を含む艦の排水量)。

補助艦船は総トン数（船の総容積）で表示されている。

武装（艦砲の口径）

艦艇と艦砲に関する技術データは略字で表示、メートル法に従っている。口径（砲身内径）305ミリメートルの砲は、305ミリ砲と表記。伝統的に砲の口径はインチで示される。（訳注：日本海軍ではセンチメートル〔糎もしくは「サンチ」と表記〕を用いた。例：152ミリ＝15・2センチ、305ミリ＝30・5センチ）

47ミリ	口径＝1・8インチ
57ミリ	〃＝2・2インチ
76ミリ	〃＝3インチ
120ミリ	〃＝4・7インチ
152ミリ	〃＝6インチ
203ミリ	〃＝8インチ
229ミリ	〃＝9インチ
240ミリ	〃＝9・4インチ
254ミリ	〃＝10インチ
260ミリ	〃＝10・2インチ
305ミリ	〃＝12インチ
320ミリ	〃＝12・6インチ

階級

軍人の階級は、20世紀初期のイギリスの制度に従っている。さまざまな陸軍と海軍の異なる呼称（注：イギリス軍と合衆国軍の間でも呼称と階級の位置付けが異なる場合がある）をイギリス式に統一して使用した(1)。

資料　対馬沖海戦時の日露艦隊の編成（1905年5月26〜30日）

【日本帝国海軍】

連合艦隊（東郷平八郎大将）

第1艦隊（東郷平八郎大将＝三笠座乗）

第1戦隊（三須宗太郎中将＝日進座乗）：三笠（BB）敷島（BB）、富士（BB）、朝日（BB）、日進（CR）、春日（CR）、龍田（AV）

第3戦隊（出羽重遠中将＝笠置座乗）：笠置（CC）、千歳（CC）、音羽（CC）、新高（CC）

第1駆逐隊：春雨（DD）、吹雪（DD）、有明（DD）、霰《あられ》（DD）、暁（DD）

第2駆逐隊：朧《おぼろ》（DD）、雷《いかずち》（DD）、電《いなずま》（DD）、曙（DD）

第3駆逐隊：東雲《しののめ》（DD）、薄雲（DD）、霞（DD）、漣《さざなみ》（DD）

第14（水雷）艇隊：千鳥（TB）、隼（TB）、真鶴《まなつる》（TB）、鵲《かささぎ》（TB）

第2艦隊（上村彦之丞中将＝出雲座乗）

第2戦隊（島村速雄少将＝磐手座乗）：出雲（CR）、吾妻（CR）、常磐（CR）、八雲（CR）、浅間（CR）、磐手（CR）、千早（AV）

第4戦隊（瓜生外吉中将＝浪速座乗）：浪速（CC）、高千穂（CC）、明石（CC）、対馬（CC）

第4駆逐隊：朝霧（DD）、村雨（DD）、白雲（DD）、朝潮（DD）

第5駆逐隊：不知火（DD）、叢雲《むらくも》（DD）、夕霧（DD）、陽炎《かげろう》（DD）

第9（水雷）艇隊：蒼鷹《あおたか》（TB）、雁《かり》（TB）、燕《つばめ》（TB）、鴿《はと》（TB）
第19（水雷）艇隊：鴎《かもめ》（TB）、鴻《おおとり》（TB）、雉《きじ》（TB）

第3艦隊（片岡七郎中将＝厳島座乗）

第5戦隊（武富邦鼎少将＝橋立座乗）、鎮遠（OBB）、橋立（CC）、厳島（CC）、松島（CC）、八重山（AV）
第6戦隊（東郷正路少将＝須磨座乗）：須磨（CC）、千代田（CC）、秋津洲《あきつしま》（CC）、和泉（CC）
第7戦隊（山田彦八少将＝扶桑座乗）：扶桑（OBB）、高雄（CD）、筑紫（PG）、摩耶（PG）、鳥海（PG）、宇治（PG）
第15（水雷）艇隊：雲雀《ひばり》（TB）、鷺《さぎ》（TB）、鷂《はしたか》（TB）、鶉《うずら》（TB）
第1（水雷）艇隊：第67号（TB）、第68号（TB）、▼第69号（TB）、第70号（TB）
第10（水雷）艇隊：第39号（TB）、第40号（TB）、第41号（TB）、第43号（TB）
第11（水雷）艇隊：第72号（TB）、第73号（TB）、第74号（TB）、第75号（TB）
第20（水雷）艇隊：第62号（TB）、第63号（TB）、第64号（TB）、第65号（TB）

付属特務艦隊（小倉鋲一郎少将＝臺中丸座乗）

亜米利加丸（AXC）、佐渡丸（AXC）、信濃丸（AXC）、満州丸（AXC）、八幡丸（AXC）、壹南丸（AXC）、熊野丸（AGP）、春日丸（AGP）、臺中丸（AX）、日光丸（AX）、大仁丸（AX）、平壌丸（AX）、京城丸（AX）、愛媛丸（AX）、蛟竜丸（AX）、高阪丸（AX）、武庫川丸（AX）、第五宇和島丸（AX）、海城丸（AX）、扶桑丸（AX）、関東丸（AX）、三池丸（AX）、神戸丸（AX）、西京丸（AX）

連合艦隊に編合されていない（水雷）艇隊

竹敷要港部および呉鎮守府（呉水雷団）所属。朝鮮海峡付近で行動
第5（水雷）艇隊：福龍（TB）、第25号（TB）、第26号（TB）、第27号（TB）

第16（水雷）艇隊：白鷹《しらたか》（TB）、第66号（TB・竹敷要港部で修理中）
第17（水雷）艇隊：第31号（TB）、第32号（TB）、第33号（TB）、▼第34号（TB）
第18（水雷）艇隊：▼第35号（TB）、第36号（TB）、第60号（TB）、第61号（TB）
横須賀、呉、舞鶴、佐世保鎮守府（各水雷団）および竹敷、馬公要港部所属。日本、朝鮮、台湾周辺で哨戒および警備
第2（水雷）艇隊：第37号（TB）、第38号（TB）、第45号（TB）、第46号（TB）
第3（水雷）艇隊：第15号（TB）、第20号（TB）、第54号（TB）、第55号（TB）
第4（水雷）艇隊：第21号（TB）、第24号（TB）、第29号（TB）、第30号（TB）
第6（水雷）艇隊：第56号（TB）、第57号（TB）、第58号（TB）、第59号（TB）
第7（水雷）艇隊：第11号（TB）、第12号（TB）、第13号（TB）、第14号（TB）
第8（水雷）艇隊：第6号（TB）、第17号（TB）、第18号（TB）、第19号（TB）
第12（水雷）艇隊：第50号（TB）、第51号（TB）、第52号（TB）、第53号（TB）
第13（水雷）艇隊：第7号（TB）、第8号（TB）、第9号（TB）、第10号（TB）
第21（水雷）艇隊：第44号（TB）、第47号（TB）、第48号（TB）、第49号（TB）

【帝政ロシア海軍】

ロシア第2および第3太平洋艦隊（ジノーヴィー・ロジェストヴェンスキー中将）

第1戦艦隊（ジノーヴィー・ロジェストヴェンスキー中将＝クニャージ・スウォーロフ座乗）：▼クニャージ・スウォーロフ（BB）、▼インペラトール・アレクサンドル三世（BB）、▼ボロディノ（BB）、▽アリヨール（BB）

第2戦艦隊（ドミトリー・フォン・フェリケルザム少将／V・I・ベール大佐＝オスラービヤ座乗）：▼オスラービヤ（BB）、▼シソイ・ヴェリーキー（BB）、▼ナヴァリン（BB）、▼アドミラル・ナヒーモフ（CR）

第3戦艦隊（ニコライ・ネボガトフ少将＝インペラトール・ニコライ一世座乗）：▽インペラトール・ニコライ一世（BB）、▽ゲネラル・アドミラル・グラーフ・アプラクシン（OBB）、▽アドミラル・セニャーヴィン（OBB）、▼アド

ミラル・ウシャーコフ（ＯＢＢ）

第1巡洋艦隊（オスカル・エンクヴィスト少将＝オレーグ座乗）：●オレーグ（ＣＣ）、●アウローラ（ＣＣ）、▼ドミトリー・ドンスコイ（ＣＲ）、▼ウラジーミル・モノマーフ（ＣＲ）

第2巡洋艦隊：▼スウェトラーナ（ＣＣ）、●ジェムチューク（ＣＣ）、▼イズムルード（ＣＣ）、○アルマーズ（ＣＣ）、▼ウラール（ＡＸＣ）

駆逐隊

第1駆逐隊：▽ベドウィ（ＤＤ）、▼ブイヌイ（ＤＤ）、○ブラーウィ（ＤＤ）、▼ブイスツルイ（ＤＤ）

第2駆逐隊：▼ブレスチャーシチー（ＤＤ）、▼ベズプリョーチヌイ（ＤＤ）、●ボードルイ（ＤＤ）、▼グロームキー（ＤＤ）、○グローズヌイ（ＤＤ）

随伴艦船：□アナズィリ（ＡＸ）、▼イルツィシ（ＡＸ）、▼カムチャッカ（ＡＲ）、●コレーヤ（ＡＸ）、▼ルース（ＡＴ）、●スウィーリ（ＡＴ）、▽アリョール（ＡＨ）、□カストローマ（ＡＨ）

艦船種別略号（）内は日本海軍の種別

ＢＢ	戦艦（一等戦艦）
ＣＲ	装甲巡洋艦（一等巡洋艦）
ＣＣ	防護巡洋艦または非防護巡洋艦（二等または三等巡洋艦）
ＯＢＢ	旧式戦艦または海防戦艦（二等戦艦）
ＤＤ	駆逐艦
ＴＢ	水雷艇
ＣＤ	海防艦
ＰＧ	砲　艦
ＡＶ	通報艦
ＡＲ	工作船
ＡＴ	航洋曳船
ＡＨ	病院船
ＡＸＣ	仮装巡洋艦
ＡＧＰ	水雷母艦
ＡＸ	補助艦船／輸送船（運送船）

▼沈没あるいは自沈した艦船
▽日本海軍に捕獲された艦船
●第三国に抑留された艦船
○ウラジオストクに到達した艦艇
□リバウに帰還した艦船

はじめに

対馬沖海戦（TSUSHIMA）は、一九〇五年に起きた日露間の戦いであり、双方に深く、そして消すことのできない痕跡を残した。二つの対戦国はこの海上戦闘に違った名称をつけ、それを使ってきた（日本側は日本海海戦と呼び、ロシア側はЦусимское сражение〔Tsusimskoe srazhenie〕と称する）。そして、度合いは異なるが、それぞれに重要性を認めてきた。

結局、対戦国の一つが勝ち、その相手は敗北した。しかし、戦闘が終わって一世紀以上も経つのに、日露戦争最大の海上戦は今なお論議され、献身的な慰霊、追悼式が挙行され、時に誇りを触発し、あるいは苦痛を与える。同時に、この対馬沖海戦は、二カ国の枠をはるかに超え、紛れもない重要な影響を及ぼした。なかでもいちばん大きい事件が、アジアの一国がヨーロッパ有数の国家を近代最初の海戦で破ったことであった。

この事件は強烈な響きとなって、植民地世界全体にこだまし、その支配者たちに衝撃を与えた。同じように、海軍の大局観に立てば、帝政ロシア海軍がこうむった史上最も潰滅的敗北は、戦艦同士による近代唯一の海上決戦でもあった。

海戦前、双方の海軍は、自己の艦隊が戦争の決をとると確信していた。ロシアが勝てば、帝政ロシア海軍が日本列島周辺の海を制圧し、アジア大陸との人的、物的流れが直ちに遮断される。この海上封鎖によって、帝政ロシア陸軍は、満洲で日本の地上部隊を潰滅し、戦争の帰趨を決したであろう。しかし、海戦に敗北すれば、ロシアは戦争の道筋を変える望みを失い、和平交渉に踏みきらざるを得なくなる。

事実、東アジアにおける戦況を変えようとするロシア政府の期待は、海戦後粉砕され、和平交渉に入ることを余儀なくされ、三カ月後にはポーツマス講和条約の調印という結果に終わるのである。

この海戦の影響は、何十年も尾をひき、近代技術を駆使して東方の一国が帝政ロシアを打倒したという象徴的勝利は、西側と植民地世界双方で称えられた。同じように、日露双方で、対馬沖海戦はそれぞれの海軍の抱負と命運に長期にわたって影響を及ぼしていく。少なくとも四〇年はそれが続くのである。

この海戦について語るのは、これが最初ではない。一九〇五年以来、多くの言語とさまざまな形式で繰り返し語られてきた。しかしながら、その努力は、双方の側だけでなく、当時中立国であった諸国に保管されている歴史的な公文書や一次資料にほとんど立脚していない。ましてや現在の研究者にアクセス可能となっている膨大なデジタル資料の宝庫の利用はいわずもがなである。

本書は、広範かつ多様な資料源を渉猟し、幅広くバランスのとれた海戦の実態を提示しようとするものである。さらに本書は、関係する二カ国における記憶の継承の仕方だけでなく、政治、社会および海軍の分野で生じた海戦の短期的かつ長期的な帰結を、初めて学術的に分析、評価する書である。

本書の主な論点は、この海戦が直近の時空をはるかに超えて広範かつ継続的なインパクトを与えたということである。

海戦は、日露戦争の終結をもたらし、二つの対戦国の地政学的ビジョンと海軍の前途に劇的な影響を及ぼした。同じように、その衝撃波は、第一次世界大戦勃発までの一〇年間、ヨーロッパ問題、アメリカの戦略プラン、そして海軍関連の展開に、影響するのである。

その規模と決定的な結果もさることながら、それが深遠なインパクトを与えたがゆえに、対馬沖海戦は、史上最大の海戦の一つとして位置づけるに値するのである。

第一章　背景

——「TSUSHIMA」への道程

準鎖国政策の終焉と日露交渉

対馬沖海戦（日本海海戦）は、二〇世紀初期の最も名高い海戦であり、果断な決戦の一つであった。しかしながら、より幅のある歴史観点からみると、拡大を続ける列強間の摩擦の一発火点とみることもできるであろう。

この対峙国はともに成長中の帝国で、領土の拡大、周辺域の海上覇権を求め、国威発揚を目指していた。このニカ国のうちロシアは、国外への拡大にずっと長い経験を有していた。何世紀もかけて東の方向へ侵食を続けアジアへくい込んでいた。一方、日本帝国はわずか数十年の間に急発進し、逆方向すなわち西へ拡大しつつあった。このような違いはあるが、一九〇四〜〇五年に生起した衝突は、この後、四〇年も続く軍事紛争の開幕戦といえるほど激烈かつ重大な戦いであった。

この輻輳《ふくそう》した経緯を理解する一助として、本章は、日露戦争の背景、開戦へ至る経緯、そして戦争の前に起きた海上戦闘の革命に触れておきたい。

東方に対するロシアの領土拡大願望は、一六世紀後半までさかのぼることができる。それは、コサックの一集団が、毛皮と土地を求めてウラル山脈を越えた時に始まる。越えた先はシベリア部族民の住む広大な地域であった。部族民はロシアの侵入に抗すべくもなかった。コサックがシベリアへ殺到し始めて一〇年後、豊臣秀吉が朝鮮占領を目的に出兵し（文禄の役および慶長の役、一五九二〜九八年）、さらに彼は中国征服も夢見ていた。この一連の企ての失敗後、日本はアジア問題にほぼ三世紀の間、関与しなくなった。

一六三〇年代、中華的世界の外に影響圏をつくる願望と、日本の国内問題に干渉するキリスト教に対する恐怖があいまって、徳川幕府第三代将軍の家光が、準鎖国政策に踏みきるのである。以後、長期に及ぶ隔離(鎖国、一六三九〜一八五四年)時代、日本はアジア問題に非介入の政策を貫き、近隣諸国との経済的結びつきを制限した。

一方、ロシアは一六九七年に探検家がカムチャッカ半島に到達し、そこで日本人漂流者と出会うようになる。日露間の異文化交流は、一七三九年に活発になる。この年、ロシア船(元文の黒船)が本州の北東沿岸(牡鹿半島)に接近し、検分に来た仙台藩の藩士と接触した。一八世紀が終わるまでに、日本に対する新たな関心の高まりがあり、一八〇四年にロシアの外交使節団が長崎に来た(団長ニコライ・ペトロビッチ・レザノフ、千石船「若宮丸」の漂流民をともない来航)。定期的な来日許可を求めて、長期間交渉が行なわれたが、結局失敗し、ロシア側は深い挫折感を味わった。帰途その使節団は千島列島の日本人居留地を襲撃した。この行為が両国間に初めて緊張をもたらす。日露戦争勃発のまさに一世紀前のことである(1)。

この後、半世紀、日本はロシア人の入国禁止を続けたが、両国の緊張は鎮まった。そして一八五三年、ロシア皇帝ニコライ一世が長崎に使節を送った(ロシア極東艦隊司令官エフィーミー・ヴァシーリエヴィチ・プチャーチン)。しかし、クリミア戦争の勃発により、交渉は中断する。それは微妙なタイミングであった。数カ月後、セオドア・ペリー提督率いるアメリカの東インド艦隊が来航し、数世紀も準鎖国状態にある日本の徳川幕府に開国を迫り、それに成功したのである。

戦前、日本とロシアは、サハリン(樺太)の境界に関する暫定的妥協を含む三つの条約を締結しているが、開国から一年後の一八五四年、最初の日露和親条約を結んだ。これによって、北方の日露国境が定められた。一八六八(明治元)年の明治維新につながる革命が起き、徳川幕府は、王政復古の名において行動する外様《とざま》の地方武士に打倒され、大政奉還となって、(若き明治天皇（在位一八六七〜一九一二年）のもとで）寡《か》頭《とう》政治体制が生まれた。大政奉還後、国家は近代化を加速した。それには国軍としての陸軍および海軍の創設が含まれる。日本の寡頭政治は、欧米勢力による日本征服を阻止する方法を講じるうえで機敏であるだけでなく、海外の領土拡大の過程に入り、欧米の目からみれば、その地位を固めていった(2)。

一八五八年、日本とロシアは日露修好通商条約に調印した。これは二度目の協定締結で、この条約では、領事裁判権に加え、最恵国待遇が双務的になった。

一九世紀後半、日本とロシアはほぼ全期間それぞれの保有地をしっかり固めつつ、かなり安定した関係を維持した。一八六〇年、ロシアは太平洋側の南域にあたる場所に、ウラジオストク市を建設した。この港の海水は長い冬期に凍結し、当時は不凍港の海岸基地として使えなかった。

一八七〇年代日本は、南西では琉球諸島は一八七二（明治五）年からの琉球処分により併合され、南では一八七五（明治八）年に小笠原諸島（英語名称・ボニンアイランド）が日本の領有として確立し、北ではクリル列島（千島列島）が一八七五（明治八）年の樺太・千島交換条約で日本の領有が確定し、日本領を拡大していった。さらに日本は朝鮮に開国をせまった。清は日本の軍事力による示威に警戒心をつのらせ（訳注・一八七五年、朝鮮西岸、漢江河口の江華島付近で測量などの名目で行動中の日本の軍艦雲揚が同島の朝鮮守備兵から砲撃を受けた）、今は弱まった朝鮮半島に対する影響力の回復を決めた。日本は、一八八〇年代この地域を未来の〝生存空間〟とみなし、外国勢力が朝鮮を支配しようとする行為は、開戦理由になるとみなすようになった(3)。そのような行為をしたのはまず中国（清）で、ロシアがこれに続いた。

一八八五（明治一八）年、日本は朝鮮問題について清と天津条約を結んだ。しかしロシアとの現状維持は、一八九一（明治二四）年に亀裂が生じ始める（大津事件）。その年、ロシアはシベリア鉄道の建設に着手した。ヨーロッパ、ロシアから太平洋岸のウラジオストクまで約九九三四（現・モスクワ―ウラジオストク間九二九七）キロメートルの鉄道線である(4)。ロシアの為政者たちは、この巨大プロジェクトを文化の伝道事業とも呼んでいた。すなわち、アジアに文明とキリスト教をもたらすというわけである。しかし、東アジアの様相を変えたのは、このプロジェクトの政治、軍事上の副産物のほうであった(5)。

正念場の時代――日清戦争とその余波

一八九四（明治二七）年七月、朝鮮の権益をめぐる争いで、日本は清に宣戦布告した。状況は一〇年前の日清間の危機にはっきり類似していた。しかしこの時日本は、武力闘争に踏みきる覚悟があった。その陸軍と海軍は比較的小さかったが、近代的でよく訓練されていた(6)。双方の国は軍隊を動員し、急きょ朝鮮半島に海上輸送で兵を送り込んだ。しかしすぐに日本が優位に立った。二カ月後の九月、黄海海戦で日本の帝国海軍は清国の北洋艦隊を撃破し、朝鮮水域の制海権を握った(7)。

以後日本軍は朝鮮半島を完全に制圧し、鴨緑江を越え満洲の清国領へ突入した。日本軍は遼東半島の南端域に上陸し、旅順を占領した。戦争の転機が一八九五（明治二八）年一月、日本軍が山東半島上陸作戦を実施し、北京を衝く勢いを示し始めた時である。翌二月には威海衛の海戦で残存北洋艦隊が潰滅し、清国の抵抗は破綻した。かくして両国は和平の交渉に入り、一八九五年四月、講和条約（下関条約）に調印した。

しかし、それから一週間も経たぬうちに、ロシアはフランスとドイツの支援をとりつけた。そしてその四月、この三カ国が共同して日本に干渉し、この戦争で、日本が割譲を受けた遼東半島（南方州～中国東北地方南部）の清国返還を勧告した。三国干渉として知られる、このあからさまな最後通牒で、日本はやむを得ず遼東半島と旅順から部隊を撤収した。この最後の詰めで打撃を受けたものの、日本にとって第一次日中戦争（日清戦争）は、覇権の拡大と多額の賠償金を獲得する成果を上げた戦争であった(8)。海軍の分野でみると、この戦争は、アジア地域での戦争時、海上支配、制海権の重要性、敵を孤立させるための強力な同盟の必要性を教訓として残した。

清国の敗北によって、ロシアが日本の主たるライバルになった。敗北が、政治的真空状態をつくりだしただけではない。ロシアの膨張主義的野望のためである(9)。この後、シベリア鉄道が日露関係で依然にもまして大きな重味を持つようになった。完工すると、ロシア軍の迅速な移動、展開が可能となり、東アジアにおける日本の願望を妨害できることになった。

一方、ヨーロッパでは、日本の勝利がもたらすその影響力の拡大について、深刻な恐怖を与えた。戦時中、ドイツの皇帝ヴィルヘルム二世（在位一八八八〜一九一八年）は、〝黄禍〟という造語をつくった。この造語は、西洋文明に対する東アジアの隠れた脅威を示す用語として、たちまち国際用語の仲間入りを果たした(10)。

さらにロシアは、アメリカ合衆国と一緒に朝鮮における日本の排他的権利の要求に異議を唱えた。一八九六年初め、朝鮮王朝の第二六代国王高宗（在位一八六三〜一九〇七年）は、ソウルのロシア公使館に保護を求めた。多くの朝鮮国民は、国王のこの〝国内亡命〟を、この国における日本人の存在に反抗せよとの王の呼びかけと解釈し、そのように行動し始めた。一八九四年、日清戦争が始まった後、ロシアの朝鮮介入はこれまでになく大きくなり、やがてそれは清国にも広がっていく(11)。

清国は、対日戦の衝撃で動揺し、一八九六年にロシアと李・ロバノフ協定（露清同盟密約）を結んだ。その中味は日本の攻撃に対する相互支援であるが、ロシアに対する清国の大幅譲歩が含まれていた。相当な近道になる満洲越えの路線建設を認めたのである。一年後、ドイツ軍が山東半島南部の膠州湾の青島に上陸したため、清国はやむなくロシアに旅順の占領を許した。特に防御された不凍港の利用を認めたのである。日本は、朝鮮における影響力喪失を恐れ、満洲と朝鮮の勢力圏交換を構想し、これをベースとして一八九八年に西・ローゼン協定をロシアと結んだ(12)。それでもロシアは、朝鮮における権益喪失を恐れた。もっとも、一八九九年後半、義和団の乱（北清事変）が中国北部で発生し、沸騰寸前にあった日露間のライバル関係に水を差した(13)。両国は反乱鎮圧のため出兵したが(ほかに英米仏伊墺などとともに八カ国連合軍を編成)、ロシアはこの機会を満洲占領に利用した。一九〇一年に合同軍事介入があり、その一方でシベリア鉄道の完工が近づきつつあることから、日本は満洲からの排除を目的にロシアに圧力をかける一方、朝鮮半島の支配圏確立を断固として決意した(14)。

対ロシア交渉はすぐに無駄であることが判ったが、日本は大英帝国との協議では成果を上げた。一九〇二年初めに締結された日英同盟で大英帝国はアジアに強力な味方を得た。アジアのいくつかの正面で生起しつつあるロシアの膨張主義に対しその阻止闘争を支援できる友邦となった(15)。日本からみれば、この条約は、対露紛争が起きた場合、そのロシアをある程度孤立させる力を有していた(16)。

一九〇三年春、鴨緑江流域の朝鮮側で、ロシアによる基地建設の動きが発見され、東京で轟々たる非難の声が上がり、断固とした行動が政府に求められた。サンクトペテルブルクでも、武闘派が勢いを増しつつあった(一九〇三年五月の龍岩浦事件)(17)。一カ月後、東京で日露会談が行なわれた。ロシア代表は、満洲を日本の権益圏から引き放すのと引き換えに、朝鮮北部の中立地帯化を提案した。ロシア軍の撤退については一切義務を負わない条件である。日本側代表は、ロシア側提案の修正案を出した。しかし、ロシア代表は時間稼ぎに終始し、その回答を遅らせた。やっと示した回答も代わり映えのしない内容であった。

東京では、強硬派が支配階級の桂太郎内閣反対の立場で糾合し、朝鮮に関する提案が拒否されれば、満洲で開戦もやむなしとする世論の形成に動いた(18)。今や戦争が見え隠れする状況となり、その準備が着々と進められた。一二月、帝国海軍は連合艦隊を再び編成した。紛争期間中の臨時編成である(19)。

サンクトペテルブルクでは為政者たち、特にロシア皇帝は戦争回避を望んでいた。彼らは、特にシベリア鉄道が間もなく全線開通するので、時の利、地の利は我にありと判断した。同時に、日本の攻撃をくいとめるロシアの軍事力については、全体的に自信を抱いていた。

一九〇四（明治三七）年一月六日、ロシア政府は再度、東京にメッセージを送り、朝鮮に中立地帯をつくる必要性を繰り返し表明し、日本は満洲が自国の権益圏の外にあることを認めるべきであると主張した。義和団事件の前であれば、このような応答は、日本政府を満足させていたかも知れないが、すでに日本はロシアに不信感を抱いており、ロシアが満洲を掌握することなど見たくもないのである。

一月一二日、東京では御前会議において再度協議され、ロシアは朝鮮問題で相応の譲歩をせず、満洲に関する交渉に応じる意思もなく、その一方で満洲では軍事力を増加しつつあるとの判断を下した(20)。東京が送った通告は、一月一六日サンクトペテルブルクに届いたが、最後通牒とは理解されなかった。一九〇四年二月二日、日本の駐ロシア公使は自国政府に、サンクトペテルブルクが回答する意図のないことを知らせた。偶然ながら、これはロシア皇帝が返答を承認した日と同じ日であった。その返答は、一月六日のメッセージと代わり映えしない内容であった。この返答は二月七日に東京に届いたが、無駄であった。前日、すでに日本公使は外交関係の断絶を発表し、ロシアの首都を離れる準備を始めていた(21)。

開戦前夜における海軍戦略と戦力比

一九世紀最後の一〇年は、海軍史上特別な時代であった。一八五九年、フランスが蒸気機関推進の甲鉄艦を進水させた。この時に始まる熱狂的時代の頂天が、この一〇年である(22)。フランスが手にしたこの切札が一時、主要国海軍にパニックを引きおこし、その後、形状、速力および装甲にまさる軍艦の導入をめぐって、長期に及ぶ建艦競争が始まった(23)。一八八九年、イギリスがロイヤルソブリン級戦艦の一号艦を起工した。新時代を代表する戦艦のさきがけである。砲塔が高く防御も改良されており、日露戦争末期まで建造された戦艦の大半のプロトタイプであった。

二〇世紀初期の典型的な戦艦は、排水量が一万五〇〇〇トン前後で重装甲、通常三〇五ミリの主砲二連装の回転砲塔を有していた。この強力な主砲のほかに副砲をずらりと揃えた戦艦は、敵にまさる火力すなわち破壊力と抗たん性を持つように設計され、この方式をもって海洋を制覇しようとした。しかしながら、建造コストが高く、相応の運用能力を要するため保有できる国は数カ国に限られ、さらに建造できる国になると、さらに少なかった。

戦艦が海上決戦の舞台に登場したことにともない、いくつかの疑問も生じた。一八八〇年代、主要海軍国は、これからの海上作戦におけるこの艦種の役割について、真剣に検討を重ねた。膨大な建造コストに加え、魚雷――一八六〇年代に発明された水中自走式の水雷兵器、一発でいかなる軍艦も撃沈できるといわれた――に加えられる不断の技術改良があり、政治家と海軍専門家はともに、浮かれたような戦艦建造熱を支える論理的根拠に疑問を呈した(24)。

この点で最も懐疑的な国が、おそらくフランスであった。一八八〇年代中期、ジューヌ・エコール（Jeune Ecole：青年学派）として知られる急進的なアプローチをとる海軍思想が登場した(25)。この思想家たちは、火に油を注ぐようにいろいろ提案した。たとえば戦艦において優越するイギリス海軍には、魚雷を装備する小型艇を多数準備し、一斉襲撃をかける戦法がある。彼らは一回だけの海上決戦ではなく、経済が麻痺するまで敵の航路帯に襲撃を続ける、長期戦闘の重要性も強調した(26)。

一八九〇年、アメリカの海軍将官で海軍史家のアルフレッド・セイヤー・マハン（一八四〇～一九一四年）が、著書『海上権力史論』（The Influence of Sea Power upon History）を手に論争に加わった(27)。マハンは、新しい大戦略を構築したわけではないが、彼の〝外洋巨艦戦略〟（Blue Water Strategy）は、フランス派とは真っ向から対立する思考であった。海上作戦は、主として大艦隊による決戦あるいは海上封鎖によって決すると論じたからである。マハンは、ジューヌ・エコールが攻撃していた当時の海軍教義の背景にある論理を理路整然と展開し、世界の主要国海軍の間で広く評価され、その著書は各国語、特にロシア語、日本語にすぐ翻訳された(28)。

大西洋の向こうでは、イギリス海軍の退役将官で歴史家のフィリップ・ハワード・コロンブ中将(一八三一〜九九年)は、イギリス海軍が誇る戦艦中心の外洋艦隊を称揚し、大英帝国防衛上ほとんど支援を除外しその艦隊に大きいウェイトを置くことをよしとした(29)。マハンは、「敗北した武力が殲滅されない限り」、単発的な勝利では海上支配は保証できないと述べた(30)。

一八八〇年代初期、大々的建艦によるフランス海軍の増強を念頭において、イギリスは(一八八九年の海

写真上：日本海軍の戦艦朝日（1900 年竣工、排水量 15,200t)。写真下：ロシアのバルチック艦隊旗艦、戦艦クニャージ・スウォーロフ（1904 年竣工、排水量 13,500t)。いずれも当時の最新鋭主力艦の１隻であった。

軍防衛法で）二個戦力基準を導入し、従来よりずっと規模の大きい増強計画を立案した。相手の最大艦隊の二個分に十分太刀打ちできる戦力の整備を目的とする。相応の大型予算がつけられ、急速な戦艦建造が実行された。その結果、計画終了の一九〇五年後半までに、前ドレッドノート級（弩級）戦艦四七隻という比肩するものなき戦力となった。イギリスだけではない。日露戦争の前夜の時点で、ロシア帝国海軍、日本帝国海軍を含めて九カ国の海軍が、前ドレッドノート級艦を保有し、それぞれ海軍旗を掲げた艦が活動していた。その数は合計で一〇〇隻を超える(31)。しかし、戦艦の威力を証明する海戦がなく、戦艦建造に投じた莫大な投資に見合うだけの価値が本当にあるのかどうかは、この点に関する、実証に基づかぬ激論同様、未解決のままであった。どの大国もリスクを負って戦艦を放棄するわけにはいかなかったが、太平洋で今まさに起きようとする衝突が、明確な答えを出してくれると期待していた。

巡洋艦は、日露間の戦いに投入されることになる、別タイプの主力艦である。この多目的型主力艦は、戦艦より小型であるが、速力（一八～二五ノット）でまさる。一九世紀後半に出現し、一八八〇年代から、そして日露戦争時代、三つのタイプがあった。装甲巡洋艦、防護巡洋艦、非防護巡洋艦である。このカテゴリーは、艦のサイズ、装甲の程度、そして武装の多寡で区分され、非防護型は排水量も小さく武装も少ないが、装甲巡洋艦は排水量が大きく重武装である。後年、こちらのタイプは、当時の戦艦に近いサイズ（八〇〇〇～一万三〇〇〇トン）となり、本格的な海戦に参加するのみならず、外洋を巡航して敵の海上輸送を狙う通商破壊戦に任ずることもできた(32)。さらにその頃の海軍には、大物狙いの水雷艇と駆逐艦も登場した。魚雷を装備する水雷艇は小型（五〇～二〇〇トン）、高速力（二〇～三〇ノット）で建造費が安い。敵大型艦のまわりに蝟集《いしゅう》して魚雷攻撃をかけるのである。

一八八〇年代後半に至って、フランスは、水雷艇の蝟集攻撃が戦艦に対する現実味を帯びた挑戦と考え始めた。そして小国海軍ですら、この水雷艇を取得するようになる(33)。イギリスは、水雷艇の脅威に対抗するため、〝駆逐艦〟と称する新しいタイプの艦艇を開発した。駆逐艦はその能力をもって、戦艦を中心にした戦隊の護衛および〝矛先〟の役割を担った。日露戦争前夜の駆逐艦は、通常の水雷艇より高速（二五～三〇ノット）で、やや大型（二四〇～四〇〇トン）、数基

写真上：ロシアの防護巡洋艦オレーグ（1900 年竣工、排水量 6752t）。写真下：日本の駆逐艦白雲（1902 年竣工、排水量 322t）。日本海軍は 1897 年から駆逐艦の戦力化に着手、1902 年までにイギリスで建造された４種、16 隻を取得、さらに 1902 年から日露戦争開戦までに４隻の国産艦を建造、配備した。

の魚雷発射管と四七～七六ミリ級の小口径砲数門を搭載していた(34)。

日露双方は、当時進行中のグローバルな海軍整備競争の渦中にあった。双方ともに開戦に至る二〇年の間に急速な発展を遂げ、主要な近代海軍国と考えられていた。二カ国のうちロシア帝国海軍のほうが歴史が古く、より長い経験を有し、確固とした伝統を持っていた。

一八七七～七八年の露土戦争（対トルコ戦）で拙《つたな》い行動に終始した後、ロシア海軍は再編成されることになり、一八八二年に始まる大々的な二〇年建艦計画で増強された(35)。一八八〇年代の帝政ロシア海軍は、世界第五位の地位にあり、水雷艇だけでも一三八隻を保有し、他国のどの海軍よりも多かった。装甲巡洋艦に次いで戦艦を主力とする新しい重点主義は、当時ロシアが抱える戦略的地政学的限界をほとんど変えなかった。

ロシアは、比較的海岸線が短いことを別にすれば、ロシアの二つの主力艦隊、一つはバルト海、もう一つは黒海に位置していたが、一八四一年のロンドン海峡協定（ダーダネルスとボスポラス海峡の通航を禁じる協定、英仏露のほかオーストリア、トルコが参加）のため、この艦隊が合流することはできなかった。一八九四年、ロシア皇帝アレクサンドル三世の早死で、後を継いだ息子のニコライ二世（在位一八九四～一九一七年）は、北東アジア問題に注目し始めた。一年後、彼は相当規模の艦隊を太平洋側に維持するとした省庁間決議を承認した(36)。この決議は、二つの事象に後押しされた。すなわち清国から旅順・大連を租借地として得たこと、第二はシベリア鉄道の建設進捗である。その結果、この決議で早くも一八九八年に北西太平洋へ強力な第三の艦隊が進出することになった。しかし、突如として生じた戦略的展開ではあったが、新しい艦隊は、編成に要した時間よりも早く、消滅するのである(37)。

日本帝国海軍の勃興は、さらに目を見張るものがあった。開戦前の二〇年間ですら、誰も日本を海軍強国とは考えていなかった。一八七〇年代初めに設置された海軍（一八六九年設置の兵部省から一八七二年に陸軍、海軍が分離、海軍省が設置）は、内戦（戊辰戦争）で幕府軍から捕獲した軍艦に依存していた。海軍のリーダーたちは、創設時からイギリス海軍を手本にし、その運用と伝統をそっくり踏襲した。海軍省設置で、帝国海軍は帝国陸軍と同等の役割を持つものとされた(38)。しかしながら、現実には創設から数十年間、海軍は二義的扱いを受けた。その地位と限られた予算のために、中古艦しか揃えることができず、役割も沿岸防備に限定された。

一八八二（明治一五）年、帝国主義的膨張指向の高まりを背景として、軍拡八カ年計画が発表された。それによると海軍の整備するのは、水雷艇二二隻と装甲巡洋艦数隻をベースとする戦備である。日清戦争（一八九四〜九五年）の勃発で、日本帝国海軍は、清国海軍よりも相当小さい勢力ではあったが、本格的海戦に臨む初陣の覚悟はできていた。海軍の勝利は、自信を高めるとともに、将来に備えるための経験と知見を与えた。それは、帝国陸軍に対しても、十分な予算配分と従属性を脱した地位を求め、自己主張を強めた(39)。将来日本がアジアで戦う場合、海軍が戦略上重要であることも証明した。

そして海軍は、一九〇四年の戦時にも、独自の指揮統帥権を持つことになる。ロシアが日本の主たるライバルになってきた時、帝国海軍は、「青年学派」の戦略を放棄し、野心的な軍拡一〇年計画を提示した。予算の大部分は清国からの賠償金が充てられたが、この計画は、イギリス製戦艦六隻と装甲巡洋艦六隻を中核とする、いわゆる「六六艦隊」の整備である。日露戦争の直前、帝国海軍は、イタリアから新しい装甲巡洋艦二隻を購入することができた。二隻は日進、春日と命名されたが、開戦にあたり、帝国海軍が増強した主力艦艇は、この二隻だけである(40)。

兵員については、帝国海軍はヨーロッパで数世紀もかけて築かれた教育、訓練の伝統と、数十年の間に比肩できるまでになった。士官団は、旧武士階級の出身者が圧倒的に多かった(41)。慎重な試験で選ばれた者は、江田島の海軍兵学校に入学し、四年間の厳しい教育を受けたのである。卒業生は、任官する前に試験に通らなければならず、昇進はこの成績で決まった(42)。

当時の典型的な日本海軍の水兵の多くは農家出身で、基本的に志願兵によって構成されていた。身体検査の合格に加え、読み書きの能力が問われた。水兵としての勤務期間は最低四年ないし六年であったが、多くの者が退職年限(階級によって異なる)まで勤務した。

一方、ロシア帝国海軍は日本海軍よりずっと長い伝統を有していた。もっとも兵員の徴募と訓練は、日本と似たような方法で行なわれた。士官団は、貴族および海軍士官家の子弟で、サンクトペテルブルクの海軍士官学校で、四年間の教育を受けた。昇進は成績に基づくことが大きかったが、縁故関係に縛られ、その点で規制され、日本より進級が遅かった。水兵は徴兵で採られたが、当初は海のある州の子弟が採用された。世紀の変わり目に、小作人より都市の労働者階級の子弟がよしとされるようになった。水兵は七年の勤務で(その後三年間の予備役となる)、給与は低く給食も貧しく、待遇が悪かった。昇進はほとんどなかった。このような状態であったから、慢性的な水兵不足や水兵の低い資質、士官との乏しい関係を、伝統が解決することはなかった(43)。

こうした事情から、二つの海軍の水兵の違いは際立っていた。日本の水兵と比べれば、ロシアの水兵は洋上勤務の時間が短く、識字率、練度、規律ともに低く、特に意欲に乏しかった。またロシア海軍の士官も日本海軍の士官に比べ、練度、意欲ともに低く、洋上勤務の時間も少なかった(44)。

日本帝国海軍とロシア帝国海軍は、一九〇四年初めの段階で、ともに世界有数の海軍になっていた。戦艦、各種巡洋艦、駆逐艦そして水雷艇を含め、当時最新鋭の艦艇をいくつも保有していた。ロシアは日本と比べて、人口は三倍(一億四六〇〇万人対四七〇〇万人)、国民総生産が五倍、軍事予算になると比較にならぬほど多く、経済基盤は各段に強かった(45)。軍事面からみると、陸、海軍ともにその戦力は日本と比べてずっと強力であった(46)。陸軍は世界最大の規模を誇り、海

艦　艇	日本帝国海軍	ロシア太平洋艦隊	ロシア帝国海軍
戦　艦	6	7	17
装甲巡洋艦	7	4	10
防護巡洋艦	13	10	12
海防(旧式)戦艦	3	—	16
非防護巡洋艦/砲艦	19	12	44
駆逐艦	20	25	49
水雷艇	90	11	90
総計排水量（軍艦）	264,206 t	191,000 t	約 500,000 t

注：この数字には日本の装甲巡洋艦春日と日進が含まれていない。両艦は 1904 年 2 月 16 日に日本へ到着し、4 月 15 日付で第 1 戦隊に編入された。そして、その 1 カ月も経たぬうちに沈没した戦艦八島と初瀬に代わることになる。その後の太平洋における日露双方の総計排水量（246.206 t 対 191.000 t ）については、海軍歴史保存会『日本海軍史』（1995）、7：150-1 による。
1905 年 1 月 1 日現在における帝政ロシア海軍の全排水量の総計については、'Sea Strength of the Naval Powers',Scientific Amercan 93,no.2(8 July 1905).26 による。
資料：艦船の数については；Evans and Peattie,Kaigun,90-1 および Kowner,Historical Dictionary, 691-4(appendix6)、総計排水量は Kowner:Historical Dictionary の掲載データに基づき著者が計算。

表 1 日露開戦直前における双方の海軍戦力（1904 年 2 月 8 日時点）

軍は世界で三ないし四位である(47)。日本の帝国海軍はそれよりずっと小さく、六位の地位にあった(48)。

単に数字だけで比較して、日本があえてロシアと開戦することは、ダビデとゴリアテの戦いによくたとえられた。しかしながら、地域での戦力比を検討すると、日本の見通しは、それほど悪くはないように思われた。東アジア所在のロシア陸軍はその戦力に限りがあり、ロシアの太平洋艦隊は、日本海軍の戦力と大体同じであった。しかしながら、ロシアが使える主要軍港は旅順だけであった。この地域で副次的な軍港がウラジオストクであるが、両者の距離は二四三〇キロほどもある。太平洋艦隊は、戦艦七隻（すべて旅順艦隊所属）、駆逐艦二五隻で、対する日本は戦艦六隻、駆逐艦二〇隻であったが、ほかのカテゴリーではロシアの劣勢が目立つ。特に二つの軍港が地理的に離れている点を考慮するとなおさらである（表1参照）。全体的にやや劣勢ではあるが、ロシアは増援を送ることができるし、長期戦になると戦艦を含め軍艦を建造することもできるが、日本はそれができない。したがって日本帝国海軍は、この有利な差を素早く利用する必要があり、しかも余裕がないので失敗は許されないのであった(49)。

日本の開戦計画で、作戦の道筋が練られた。陸海別々に構想されたが、共有の第一前提が、友軍部隊の迅速な前線展開を可能にするための、妨害されない補給線の維持である。これは、海軍が日本本土と戦場を隔てる海を支配することによってのみ可能となる。そのため、いかなる開戦シナリオも、太平洋艦隊を行動不能に陥れるため、最初の一撃を旅順軍港に、そしてできればウラジオストク軍港に加えることを前提にしていた。最悪のシナリオは、二ないしそれ以上のロシアの艦隊が合流することであったから、日本帝国海軍は、いかなる犠牲を払っても、増援が来る前に、太平洋艦隊を撃滅する必要があった。この目的を達成すれば、日本帝国陸軍は、ロシア側が未完工のシベリア鉄道を使って増援を送る前に、比較的小さい満洲のロシア帝国陸軍部隊を蹂躙する段取りになる。計画は、日本がロシアの脅威を永久に排除することはできないと認め、部分的な成功であってもロシアを交渉のテーブルにつかせ、その場で満洲を取り引き材料に使うことができると考えた(50)。

ロシアの作戦計画は、性格において防御的で、そのシナリオは日本が攻撃者の側で、満洲に侵攻するという前提であった。最初の立案は一八九五年であるが、頻繁に手が加えられ、開戦時まだ未完成であった。最新の修正案によると、日本軍が攻撃した場合、ロシア陸軍は旅順軍港とウラジオストク軍港を守り、鴨緑江の後方に防衛線を形成、特に奉天(現・瀋陽)地域を重点とした配備につく。シベリア鉄道で相当数の増援が到着し、数的優勢を手にした段階で攻勢に転換する。ロシア海軍の計画も防御的で、黄海北部水域の支配、朝鮮半島(黄海側沿岸)への日本軍の上陸阻止、敵交通線の妨害を意図する。戦争は日本本土への上陸をもって終結する。もっとも、詳細な計画はなく、ロシア軍の初期の防衛配置の域を越えていない(図1参照)(51)。

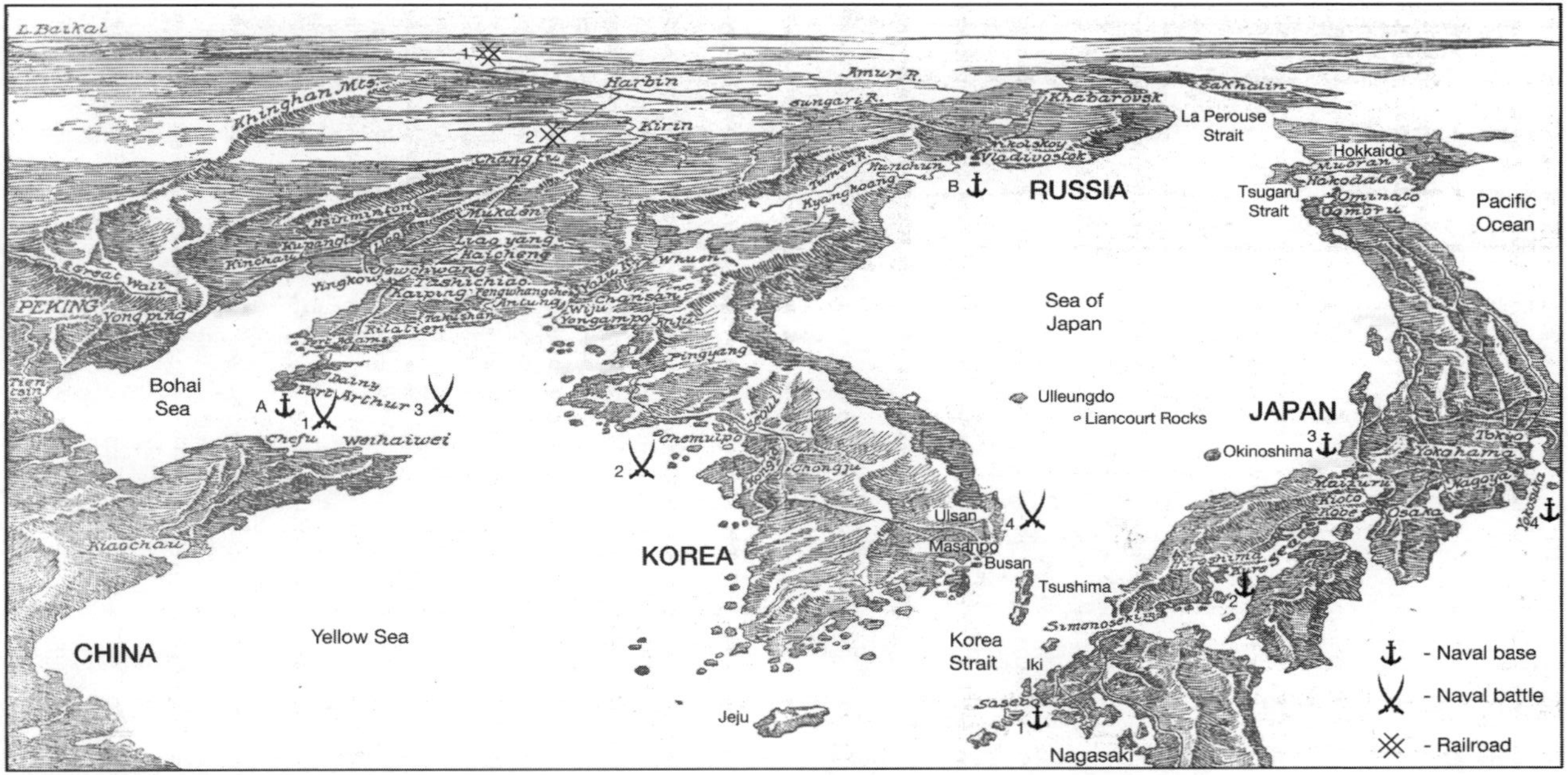

図1 日露戦争（1904～05年）の主要な陸上および海上の戦場

日本海軍の重要基地ならびに鎮守府：1佐世保、2呉、3舞鶴、4横須賀。海戦前夜におけるロシア軍の主要基地：A旅順、Bウラジオストク。対馬沖海戦以前の主要戦闘：1旅順港閉塞作戦（1904年2月8～9日）、2仁川沖海戦（1904年2月9日）、3黄海海戦（1904年8月10日）、4朝鮮海峡海戦（1904年8月14日）。主要鉄道：1東清鉄道、2南満洲鉄道。

日露戦争の勃発と一年目の戦況

一九〇四（明治三七）年二月六日朝、日露間の外交関係が断絶した時、日本の連合艦隊は朝鮮沿岸へ向け出撃した。堂々その大艦隊を率いるのは、わずか六週間前に連合艦隊司令長官に任命された、東郷平八郎海軍中将（一八四八〜一九三四年）。連合艦隊の第一艦隊は東郷中将が直率し、装甲巡洋艦を中心とする第二艦隊は上村彦之丞海軍中将（一八四九〜一九一六年）、旧式巡洋艦を中心とする第三艦隊を片岡七郎海軍中将（一八五四〜一九二〇年）が指揮した。ともに東郷の片腕である。有能かつ忠実で東郷と同じ薩摩藩の出身であった。

漢城《ハンソン》（現・ソウル）の外港仁川の沖合で、連合艦隊は二手に別れた。艦の大半は旅順を目指し、第二艦隊第四戦隊（司令官、瓜生外吉海軍中将、一八五七〜一九三七年）は、この水域に残り、陸軍による二月八日夜の仁川上陸作戦を掩護した（52）。同じ夜、旅順では日本の駆逐艦一〇隻が港外投錨地へ向かい、濃霧にまぎれて、錨泊中のロシア艦に魚雷攻撃をかけた（53）。海軍史上最初の大々的魚雷攻撃で、戦艦二隻、防護巡洋艦一隻が被雷したものの、損害は限定的であった。この後、戦艦による艦砲射撃が実施されたが、軽微な損害しか与えられなかった（54）。朝鮮では翌朝、日本陸軍第一軍部隊が漢城を制圧した。

一方、瓜生中将指揮の第四戦隊は、仁川所在のロシア海軍分遣隊に、中立港を出るように要求した。この後、仁川沖海戦として知られる戦闘が港外で起きた。短時間の海戦で、傷ついたロシアの巡洋艦ワリヤーグと砲艦コレーツが港内に逃げ込んだ（55）。そして、日本の手に落ちないように、乗組員が海水弁を開け、自沈させた（56）。

東郷は緒戦時、限定的な勝利しか挙げられず、特に旅順戦ではそうであったが、それでも戦時中一貫して連合艦隊司令長官の任にとどまった。一三カ月後、日本海海戦が生起し、彼はこの肩書において相対峙する主役の一人となる。出身は多数の幹部級海軍将校を輩

1904年2月、仁川港に上陸後、朝鮮の首都漢城（現・ソウル）を行進する日本陸軍部隊。

出した鹿児島の薩摩藩で、藩士の家に生まれた。当時五六歳の東郷は相当な経験を有していた(57)。一六歳の時（一八六三年）に起きた薩英戦争で、鹿児島がイギリス東洋艦隊から艦砲射撃を受け、東郷はその防衛戦に参加した。その五年後、今度は幕府軍との戦いで、砲術員として活動し、明治維新後は、新しい帝国海軍に士官候補生として入隊し、一八七一年にイギリスに留学生として派遣された。六年の修学後に帰国するが、当時二九歳の東郷は昇進が早く、九年のうちに海軍大佐になった。この間さまざまな軍艦を指揮したが、健康上の問題から、退官に追い込まれそうになった。しかし、日清間の雲行きが怪しくなった状況を背景として、東郷は巡洋艦浪速の艦長に任命され、すぐに豊島沖海戦（一八九四年七月）に参加、清国がチャーターしたイギリスの輸送船高陞（清国兵が乗船）を撃沈した。第一次日中戦争（日清戦争）の口火をきった議論の余地ある事件である(58)。

この後、東郷は順調に昇進し、この戦争の末期には海軍少将になった。東郷は間もなくして常備艦隊の司令官に任命されたが、彼の名は、日本国外にも知られるようになる(59)。それからほぼ一〇年後、この寡黙な提督は、極めて有能であるだけでなく、運にも恵まれていると思われた。東郷の作戦計画は、運をあてにしているわけではなかったが、運が味方したのは、確かであろう(60)。東郷は、肯定的な特質を持ちながら、日本帝国海軍の強力なトップにはならなかったし、本人もその気はなかった。一九〇二年、前海軍大臣西郷従道（一八四三～一九〇二年）の死去にともない、真のリーダーが新しい海軍大臣になった。山本権兵衛（一八五二～一九三三年）である。そして、四年先輩の東郷を連合艦隊司令長官に任命したのが、山本であった(61)。戦時中、海軍大臣として山本は東郷を支え、戦後も海軍の指導者として活動を続けた。

二月一〇日、日本はロシアに対し正式に宣戦布告した。それから一九カ月に及ぶ激烈な戦闘が始まった。地上戦では、緒戦時から日本が優勢で、その陸軍部隊は、ほとんど抵抗らしい抵抗を受けず、開戦二カ月にして朝鮮半島全域を占領した(62)。ロシアは、その領域だけで敵は満足すると期待したが、日本は鴨緑江を越え満洲に進攻する決意であった。

一九〇四年五月の鴨緑江会戦は、アジアの軍隊がヨーロッパの軍隊を総力を挙げた戦闘で撃ち破った近代最初の戦いであった(63)。ロシア陸軍の敗北がもたらした心理的衝撃は極めて大きく、報告者のなかには鴨緑江戦を回顧してこの戦争の決戦であったと記述する者が何人かいた。鴨緑江渡河から一カ月内に、日本軍は四個軍が遼東半島の南岸域に相次いで上陸し、ロシアの旅順駐留軍を北のロシア満洲軍から遮断する地域として、南山の丘陵地帯を選んだ。五月の南山戦で勝利した後、司令官、乃木希典大将の第三軍が旅順包囲を開始し、ほかの部隊は遼陽を目指して北上した(64)。

開戦から最初の六カ月間、ロシアの旅順艦隊は〝牽制艦隊〟の状態にあった(65)。軍港から出ることはほとんどなかったが、艦隊は日本の制海権と満洲での作戦中の前線部隊の維持に対する脅威になっていた。日本帝国海軍は、港内の艦隊を殲滅できず、開戦数カ月の間に二一隻も閉塞船を使って封鎖しようとしたが、ことごとく失敗した(66)。海上では機雷による封鎖作戦も展開した。その結果、艦隊旗艦ペトロパブロフスクが、四月一三日に触雷で沈没した。乗艦していたステパン・マカロフ海軍中将（一八四九～一九〇四年）は輝かしい経歴の持ち主で、この直前に太平洋艦隊司令長官に任命されたばかりで、日本海軍との最初にし

1904年4月13日、触雷により沈没するロシア第1太平洋艦隊（司令長官マカロフ中将）旗艦、戦艦ペトロパブロフスクを描いた「画報」（明治37年、青雲堂・葛西虎次郎発行）。

て最後の戦いとなった(67)。

一カ月後、ロシア海軍は同様の作戦で、日本海軍を打撃し、後者は主力の保有戦艦六隻のうち二隻（初瀬、八島）を喪失した(68)。この衝撃で、東郷はより慎重になり、攻撃の手をゆるめた。しかし、一九〇四年八月一〇日、彼は旅順艦隊と会敵し、ついに海上の支配権を握る稀なる機会に恵まれた。

陸軍による旅順包囲環が強まるなか、戦艦六隻、巡洋艦六隻、駆逐艦一四隻を中心とするロシア艦隊は、ウラジオストクへの退避を命じられた。同日正午過ぎ、この年の六月に大将に昇進していた東郷は、敵艦隊を視界にとらえ、連合艦隊に邀撃《ようげき》を命じた。

この黄海海戦は、対馬沖海戦が生起するまで、この戦争で最大の海戦であったが、それは〝大海戦〟ではなかった(69)。日本の艦隊が接近し、追撃戦となった。太平洋艦隊司令長官ヴィリゲリム・ヴィトゲフト海軍少将（一八四七～一九〇四年）は、日本艦隊の機動をかわした。特に東郷はロシアの艦隊に対して直角に進むいわゆる丁字態勢をとろうとしたが、ロシア側は回避した。この態勢で、敵の縦列の前を横切ると、味方の全火力を敵艦隊の先頭艦に集中し射撃できるが、敵艦からは前方の砲の射撃を受けるだけである。追撃が続いている間、双方は主砲を最大一万三〇〇〇メートルの距離で撃ち続けたが、たまに命中しても、互いに相手を停止させることはほとんどなかった。しかし、五時間以上砲撃戦が続いた後、日没が近づいた頃、三〇五ミリ砲（砲弾重量三八六キログラム）の斉射が、戦艦ツェザレヴィチに命中し、ヴィトゲフト司令長官が即死した。操舵装置が故障し、艦はぐるぐる回り始め、後続の艦は直ちに変針し、転回しだした。旗艦を見捨てたのである。この艦隊は夜間に日本の駆逐艦や水雷艇から魚雷攻撃を受け、七四発をかわして無事旅順に戻った(70)。一方、旗艦のツェザレヴィチも奇跡的に危機を脱し、北東中国のドイツ租借地青島港に逃げ込んだ。艦は終戦までそこで抑留状態に置かれた(71)。

この海戦は戦略的には日本の勝利であった。包囲下の旅順へ戻る決心は、ロシア旅順艦隊を名誉も栄光もない、逐次消耗の道へ追いやった。しかしながら戦術的には、連合艦隊はその目的を達成できなかった。ロシア艦隊のほうは、それでも難をまぬがれたといえる。東郷の慎重さの結果、連合艦隊は敵潰滅の機会を逸したのである。結局ロシアの艦隊は〝牽制艦隊〟としての役割を維持することになる。それは、日本の提督にとって忘れることのできない苦い教訓となった。

四日後の八月一四日、帝国海軍は、小規模であるが重要な蔚山《ウルサン》沖海戦に勝利した。これにより、日本海軍はロシアのウラジオストク艦隊の巡洋艦の絶えざる脅威から、ついに解放された。これまで、この三隻編成の戦隊は果敢な攻撃で輸送船一五隻を撃沈し、日本側の邀撃をかわし続けていた。しかしその運の尽きる日がきた。旅順艦隊の状況が判らぬまま、巡洋艦隊司令官カール・イェッセン海軍少将は、北上するはずの艦隊支援のため南下を決めた。上村中将の指揮する第二艦隊が、朝鮮東岸の蔚山沖で、複数の巡洋艦を発見し、そのうちの一隻を撃沈、終戦までウラジオストク艦隊の活動を封殺した(72)。この後、日本側の行動は九カ月後にバルチック艦隊が回航されるまで、ロシア

1904年8月10日、黄海海戦で脱出を図るロシア艦艇を砲撃中の日本海軍第1戦隊。手前から戦艦敷島、富士、朝日と三笠（この2艦は重なって写っている）。

海軍から一切妨害されなくなった。

一方、激しさを増してきたのが地上戦である。一九〇四年八月二五日、両国の陸軍が瀋陽の南で激突した。遼陽の会戦として知られるが、双方の兵力約三〇万人が投入され、それまで最大の地上戦であった。遼陽山脈まで〝計画的後退〟をして新しい防衛線をここに築いたのが、ロシア満洲軍（極東方面軍）総司令官クロパトキンである。戦闘は結着がつかず、ロシア軍の後退で終わった。一カ月ほどたって、再び大規模な戦闘が起きた。沙河の会戦として知られる。この会戦後、ロシアの防衛線は奉天のすぐ南に移った。

黄海海戦後、いかなる犠牲を払っても旅順をとるとの日本の決意が、史上最大級の攻囲戦をもたらした。この攻囲戦は約七カ月続き、双方に合計一〇万人を超える犠牲を出した末に、一九〇五（明治三八）年一月一日、旅順要塞司令官ステッセル中将が降伏した(73)。旅順が陥落すると、日本帝国海軍は半沈没状態の戦艦五隻を含め、港内の全艦艇を捕獲した。この捕獲艦艇が日本海軍の艦籍に入れられ、再就役するのは、ずっと後である。

第三軍は、旅順要塞を落とした後、陸上決戦のため北上した。この後、日露戦争最大の地上戦が生起する。第三軍は、奉天（現・瀋陽）攻略に向け、ロシア満洲軍との決戦準備のため、第一、第二、第四軍および鴨緑江軍とともに北上した。一六〇キロメートルに及ぶ戦線で対峙する両軍は、数カ月間動かなかったが、最初に行動を起こしたのはロシア軍である。一月二五日から二九日かけて、両軍が黒溝台で激突し、双方に大きい損害を出して終わったが、いずれの側も大きい前進を果せなかった。作戦の途中、双方は増援を受け、二月二三日再び動き始めた。非常な期待と恐るべき損害を出しながら、軍事史上最大の会戦は、三月一〇日に終わり、再びロシア軍は後退した(74)。その頃になると、日本軍は、追加兵力の不足に直面するようになり、日本政府は、交渉による戦争終結の道を真剣に探り進めた。地上戦が膠着状態になるにつれ、世界は海上に目を向けるようになった。バルチック艦隊が極東水域を目指し、遠征の途についていた。

バルチック艦隊の遠征

対馬沖海戦（日本海海戦）は、バルチック艦隊（第二太平洋艦隊）の壮大な遠征と切り離すことはできず、遠征に触れることなく、この海戦を理解することもできない。一九〇四年一〇月、バルチック艦隊がアジアに向け出航した。いよいよ伝家の宝刀を抜いたのである。それは一気に流れを変え、戦争の決をとる力を秘めていた。特に海上戦で戦局を挽回する可能性があった。七カ月前、旅順艦隊が尻尾をまいて旅順に逃げ帰った行為は、一九〇五年三月時点でみると、日本にとって多大な犠牲を払って得た勝利に近かった。東郷が旅順艦隊を潰滅していれば、日本は包囲を解いて、地上兵力を満洲へ集中することによって、代償の大きい旅順要塞を占領しなくて済んだはずである。一方、ロシアは閉じ込められた艦隊を救うため、増援を送らなかったかも知れない(75)。しかし、そうはならなかった。一九〇四年秋になると、日本帝国海軍は、今

1905年2月、旅順要塞陥落後、旅順港内に着底半没状態で遺棄されたロシア第1太平洋艦隊の艦艇。旅順港内ではそれまでに残っていた主力の戦艦5隻中4隻、装甲巡洋艦2隻のほか数隻の艦船が撃破された。

や第二太平洋艦隊と名を変えたバルチック艦隊が、日本近海に向け出航し、新たな脅威に直面することになった。

バルチック艦隊の極東派遣は、まず一九〇四年六月に決まった。日本の第三軍が旅順要塞を包囲し始め、さらには旅順港所在艦船が危ないことが明らかになった時である。しかしながら、艦隊の第一陣出航は一〇月一一日になってしまった(76)。航行の途次、旅順は一九〇五年一月に陥落した。艦隊の大半がすでに喜望峰岬を回った後である。それでも、その壮大な航海は、国際社会の異常な注目を浴びつつ続いた。対馬海峡まであと五カ月の航程であった(77)。世界各国の新聞と海軍関係者は、すでに出航前から艦隊の出撃は、戦争を終結させるほどの衝撃を持つ一大海戦をもって終わると期待していた。

バルチック艦隊の派遣決定に続いて、司令長官としてジノヴィー・ロジェストヴェンスキー海軍中将(一八四八~一九〇九年)が任命された。彼は、この任務のためのいちばんの候補者ではなかった。しかし、ほかの数名の上級将官と違って、指名を拒否しなかった(78)。東郷と同じ年に生まれはしたが、境遇と人生航路は全く違っていた(79)。出身はサンクトペテルブルク、医師の家に生まれ、一七歳の時、ロシア帝国海軍幼年学校生として入隊。ミハイロフ砲術アカデミーを卒業した後、砲術士官として勤務した。露土戦争(一八七七〜七八年)勃発の直前、黒海艦隊に転勤となり、二八歳のロジェストヴェンスキーは、トルコ海軍の艦艇に対する警戒・襲撃に時々参加した。そしてある襲撃戦で、有力なトルコ艦艇と決死の戦いを展開中の武装汽船を救ったのである(80)。しかしながら、のちに相対する日本の提督と違って、この時の小規模な戦いが、ロジェストヴェンスキー唯一の戦闘経験であった。

この後、彼は巡洋艦艦長やバルチック艦隊の教育砲術支隊司令官などを歴任し、海軍高級軍人としての経験を積んだ。しかし五〇歳の時、威風堂々とした風貌——眼光人を射る鋭い目付きに、手入れの行き届いたあごひげ——にもかかわらず、軍歴はそこで行き止まりのように思われた(81)。それでも、運命の然らしめるところにより、要職に就く道が一夜にして開けたのである。一九〇二年七月、ロシア・ドイツ合同観閲式の執行官に任命され、ロシア皇帝とドイツ皇帝ヴィルヘルム二世が彼の艦に乗艦した。彼の指揮する砲撃演練に、ドイツ皇帝が感動し、ニコライの信頼を得て(82)、数カ月後、海軍参謀本部総長に任命され、さらに皇帝の侍従武官を務め、一九〇四年九月に海軍中将に昇格したのである。考えられないことであるが、せいぜい軍艦一隻を洋上で指揮したことしかない目立たない軍人が、運命を決する試練のなかで、バルチック艦隊を指揮することになる。

バルチック艦隊は、長期に及ぶ準備の後、一九〇四年八月三〇日にクロンシュタットを出航し、バルト海で演習を開始した。ロジェストヴェンスキーは、艦隊の構成にほとんど何も言わず、東郷の配下の将官たちと違って、二人の将官は大して頼りになるようには見えなかった。ナンバー2のドミトリー・フォン・フェリケルザム(一八四六〜一九〇五年)は、彼とは二度仕事をした間柄であったが、今や重い病気にかかり病床にあった。一方、もう一人の将官オスカル・エンクヴィスト（一八四九～一九一二年）の知名度は、家族の縁故に由来していた。彼は、海軍大臣フェドル・アベランのいとこで、被保護者であった[83]。この後六週間、皇帝ニコライ二世は、艦隊派遣の是非をめぐって逡巡を続けた。彼の優柔不断な態度は一〇月にピークに達し、三度も決定を変えるのである。そして躊躇の末、ようやく重い腰を上げる。レーヴァリ（現・エストニアのタリン）港で艦隊を親閲し、一九〇四年一

アメリカの日刊紙に掲載されたバルチック艦隊の末路を予想する漫画。バルチック艦隊の長征は出航前から世界各国の新聞の関心を引き、時に予言めいた酷評や非情な臆測を呼んだ。

1904年10月10日、レーヴァリ（現・タリン）出航前、バルチック艦隊観閲のため、防護巡洋艦スウェトラーナに乗艦したロシア皇帝ニコライⅡ世。

〇月一〇日、その出航を見送った。翌日、艦船四二隻、将兵約一万二〇〇〇人よりなる部隊が、リバウ（現ラトビアのリエパーヤ）へ向かい、そこで石炭、水を積載した後、一〇月一五日にいよいよ出撃した。距離約三万三〇〇〇キロの長途の航海である(84)。

艦隊には、海峡を通過して北海へ出る前から、緊張した空気が漂っていた。日本の水雷艇による待伏せ攻撃近しという愚にもつかぬ噂で、艦隊が警戒態勢になったこともある(85)。一九〇四年一〇月二一日夜、艦隊がドッガーバンクに到達した時、付近にいる一群の船に対して、ロシア軍艦が次々と砲撃した。なかには同士討ちを演じる艦もあった(86)。正体不明の船に発砲ということであったが、朝になって、イギリスの漁船であることが判明した。トロール船一隻撃沈、五隻撃破という情けなくも当惑すべき結果は別として、事件はイギリスとの国際紛争に発展しそうになった(87)。報復を求めるイギリス国民の怒りは、アーサー・バルフォア首相とロード・ランズダウン外相の我慢と決断のおかげで、ようやく鎮まり、その後、事件はハーグの国際司法裁判所で結審した。

この後、数週間ロジェストヴェンスキーの深刻な難関が補給問題となる。彼は石炭を一日最低三〇〇〇トン必要とした。しかし、国際法によって、中立港に寄港することができなかった。残念なことに、フランス政府は航海に必要な石炭運搬船の提供を拒否し、フランス本国では、ロシアの艦船の投錨さえ認めなかった。しかしそのうちに説得されて、いくつかの植民地では短期間の艦隊投錨を許した(88)。ロシアはそれに対して、ドイツの汽船会社ハンブルク・アメリカラインの便宜供与に頼った。同社は多数の石炭運搬船をリースした(89)。

ロシアの艦隊は、最初の給炭をスペインのビゴ港で認められ、次の寄港地タンジールで、二手に分かれた(図2参照)。旧式で信頼性の低い艦艇五隻と輸送船数隻が、ドミトリー・フォン・フェリケルザム海軍少将に率いられ、短距離コースのスエズ運河経由で進むことになった。残りの主力は南下し、アフリカ南端回りのルートである。運河の水深が十分ではないというのが公式の理由付けであったが、実際はイギリスが中立を守らず艦船を捕獲するのではないかと恐れていたのである。

一一月二〇日、艦隊増強を目的として、二つの支隊のうち一隊がレオニド・ドブロトフォルスキー海軍大佐の指揮でリバウを出航した。艦船一〇隻の編成で、新型巡洋艦二隻（オレーグ、イズムルード）を主力とし、スエズ運河経由の短距離コースをとった。一方艦隊主力は邪魔されることなくダカールへ向かい、そこで燃料を補給し、一二月一日にガボンに到着、六日後にはグレート・フィッシュベイ、そして一二月一六日に独領南西アフリカのアングラ・ペケーニャに着いた。艦隊は翌日同地を離れ、喜望峰を回り、一二月二九日に仏領マダカスカルの東沖合のサンマリー島（現・ノージーボラハ）に到達した。三日後、旅順が陥落した。そしてこの暗澹たるニュースを受けて、ロジェストヴェンスキーは、自分の艦隊にとって何を意味するのか直ちに理解した。航海の主目的は港内に閉じ込められている第一太平洋戦隊と合流する

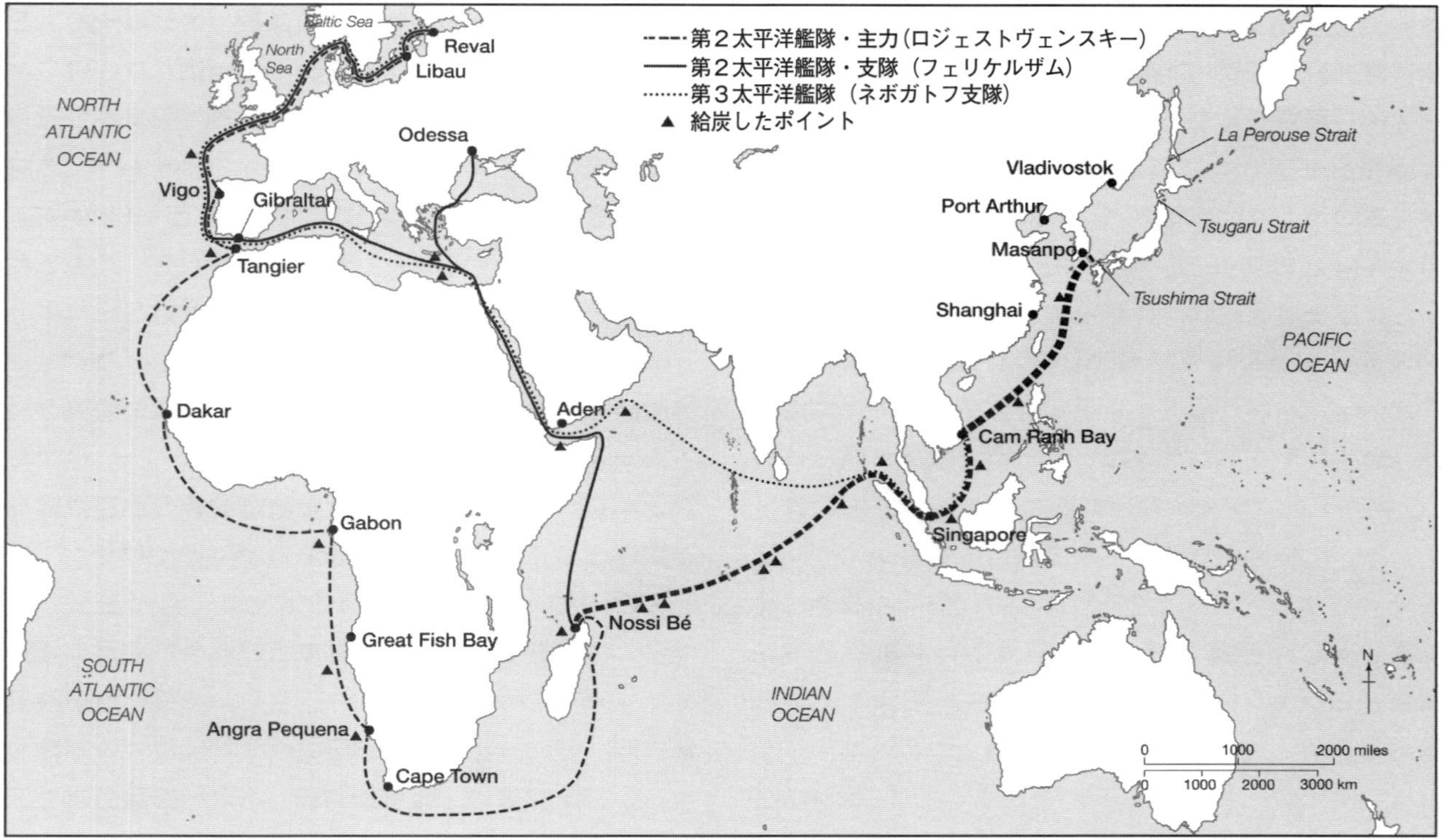

図２ バルチック艦隊の航海

ことであったが、もはやそれは意味をなさないのである。司令長官は待機を指示された。彼は旅順要塞陥落を予期していたのかも知れないが、新しい状況にどう対処すべきか、確かに混乱させるものがあった(90)。

皇帝は、動きのとれない状態であるにもかかわらず、今回は変則的な決心を示した。旅順降伏から三週間ほどたって、皇帝はロジェストヴェンスキーに、目的に関する最新の短い指示を与えた。「貴官の任務は、数隻の艦とともにウラジオストクに到達するに非ず。日本海を制することにあり」という内容である(91)。

計画の抜本的変更で、司令長官はマダガスカル島待機を余儀なくされた。彼の艦隊は、緊急修理の必要性と石炭補給上の込み入った問題のほかに、この新任務遂行のための増援到着を待たざるを得なかった(92)。早い段階で、ロジェストヴェンスキーの艦隊は一九〇五年一月九日に、マダガスカル島北岸沖合のノッシベー島(現・ノジーベ)に到着し、ここでフェリケルザムの支隊と合流し、さらに二月一四日には、ドブロトフォルスキーの小さい支隊とも合流した。しかし、ニコライ・ネボガトフ海軍少将(一八四九〜一九二二年)の指揮する主たる増援艦隊は、まだバルト海にいた。この部隊は、第三太平洋戦隊と呼ばれるようになったが、翌日ようやくリバウを出航した。出航が遅れたため、バルチック艦隊の極東水域への到着は、少なくとも六週間遅くなった(93)。熱帯の暑熱のなかで時間を無為に過ごし、兵員たちの士気は下がるばかりであった。司令長官は閉じ込もったままである(94)。ロジェストヴェンスキーの怒りは、主に増援派遣決定に起因していた。おかげで前へ進めないのである。彼は、旧式で速力も遅い軍艦で編成された増援部隊は、火力を増すことにはなるが、これから生起する激突には、何の足しにもならないと信じていた。

ロジェストヴェンスキーは気がつかなかったが、この後ネボガトフは重要な役目を掌握することになる。彼はサンクトペテルブルク近郊の出身、海軍士官の家庭に生まれた。バルチック艦隊のなかでは昇進が遅く、小型の砲艇の艇長になったのは三九歳。ずいぶん歳をとってからである。その後、ネボガトフは巡洋艦三隻編成の部隊指揮官となり、戦争勃発直前には、黒海艦隊の訓練隊司令に任命された。彼は、経験豊かで実務能力が高いだけでなく、良識ある海軍軍人と考えられていた(95)。彼を指揮官とする増援部隊派遣の動きは、一九〇四年一〇月に始まり、新聞とロシア海軍の上級幹部数人の支持を得て、ニコライ・クラド海軍中佐（一八六二〜一九一九年）によって調整された(96)。ロジェストヴェンスキーが正確に読んでいたように、増援部隊は老朽戦艦インペラトール・ニコライ一世を旗艦とし、動きが遅いアドミラル・ウシャーコフ級装甲海防戦艦三隻、旧式装甲巡洋艦ウラジーミル・モノマーフ、そして補助艦船七隻の編成であった(97)。しかしながら、黒海艦隊は黒海に閉じ込められた状態にあり、戦艦スラバはまだ建造中であったから、時代遅れの老朽艦の寄せ集めが、ロシア帝国海軍のできる精いっぱいの編成なのであった(98)。

この行動遅延は、日本にとって極めて都合がよかった。緊急の海上危機に直面しないのは、開戦以来、もっと正確にいえば一九〇五年初め以来のことであった。それは、一年近くも使用し続けた艦艇を修理、整備する機会でもあった(99)。しかし、安堵感は、一時的なことであった。多くの日本人が、バルチック艦隊はゆっくりではあるが着実に東進しつつある事実を知っていたのである。日本の情報要員が情報収集のネットワークを張りめぐらし、全航程で、逐次その動向を報告していた(100)。

一二月初旬、東進敵艦隊対処法の実施について、東郷は山本海軍大臣、伊藤祐亨海軍軍令部長（一八四三〜一九一四年）と話し合った。彼らの主たる課題は、早期警戒と邀撃手段をどうするかであった。この目的のため、海軍としては、朝鮮海峡に補助艦艇部隊、津軽海峡に巡洋艦の小艦隊を配置する意図であった。一方、敵の前方警戒隊として行動する特務船舶を探知するため、日本の南方水域には哨戒艇が派遣されていた。

艦隊主力は、日々の課業として、通信、魚雷攻撃、そして特に砲術訓練に精を出し、即応態勢を整えることが求められた(101)。東郷は、朝鮮半島の南岸地帯で、馬山浦（現・昌原）と釜山の港湾都市の間にある鎮海湾を連合艦隊の錨泊地として選んだ(102)。ロシアの艦隊が中国の沿岸沖合に基地をつくり、そこを攻撃発進地として使用する可能性を考えた場合、この錨泊地は艦隊を常時警戒態勢におくためにはいちばんよい選択肢のようであった(103)。

ロジェストヴェンスキーは、二カ月以上もマダガスカルに足止めされ、次第に苛立ちを募らせてきた。やがて、ネボガトフ艦隊の到着を待てとの明確な指示にもかかわらずシンガポールへ向け出航した。一九〇五年三月一六日のことである(104)。

一九〇五年四月八日、数千の見物人が見守るなか、ロシアの大艦隊がこのイギリスの港を通過していった。そして六日後に艦隊は仏領インドシナ(現・ベトナム)のカムラン湾に投錨した。戦闘前のこの最後の停泊地で、束の間ではあるが、フランス当局の厚意でさまざまな便宜を受けながら、ロジェストヴェンスキーは、ネボガトフの到着を待った。この艦隊はすでにスエズ運河を通過し、マラッカ海峡を目指しているところであった(105)。戦闘前の最後の停泊地に長期滞在を続けるうちに、第二太平洋艦隊の士気は、これまでになく低下し、戦艦アリヨールでは抗命事件が起きた(106)。

日本では、ロシアの艦隊がインドシナ沿岸の沖合に停泊を続けることに、反仏デモの嵐が吹き荒れ、外交上の圧力も強まった。結局パリは屈して、ロシアの大艦隊は出港を要請された。これは五月九日に可能となる。この日、第三太平洋戦隊がようやく主力に合流したのである。到着を待ち望んでいた士官の一人は、五隻の艦影を認めると、「全員大いに興奮し、一斉に艦橋に向かった」と述べている(107)。どれも比較的古い艦だが、大きい二二九〜三〇五ミリ砲一七門は、来たるべき戦闘では頼りになり、低速力を補って余りある戦力であると思われた(108)。

作戦計画と海戦前夜の戦力比較

日本帝国海軍は、一九〇五(明治三八)年春の段階で、迫りくるバルチック艦隊との直接対決に準備ができていた。その戦略と戦闘上の詳細な戦術は、すでに練り上げられ、何度も演習されていた。二つとも、秋山真之海軍少佐（一八六八〜一九一八年）の立案であった。第一艦隊の参謀である秋山少佐は、今や連合艦隊の作戦計画立案を担当する人物である。秋山自身は異端の海軍士官であった(109)。ニューポートにある合衆国海軍大学に入学しようとしてできず、アルフレッド・セイヤー・マハンに師事しつつ、個人的な研究に努めた。たとえば一八九八年の米西戦争時には、北大西洋戦隊の艦隊参謀と一緒に観戦武官として、スペイン海軍に対する作戦を観察した。そしていよいよ、幅広い知識と経験を、対ロシア戦の作戦計画に活用する時がきたのである。

戦略構想の大枠からみると秋山は二日間の戦闘を計画している。艦隊は、ロシア艦隊のウラジオストク到達を阻止するため、敵と交戦しつつ、日本列島への南通路を守るのである。このため秋山は、七段階の殲滅計画を立てた。昼間は主力艦による戦闘を中心とし、夜間は小型艦艇による襲撃が主体となる。ロシアの艦隊が日本へ接近した段階で邀撃が始まり、一日後、その殲滅をもって終わる(110)。

秋山は、一九〇三年の間に、連合艦隊作戦計画（連合艦隊戦策）をまとめあげた。この計画は、バルチック艦隊の来航を予期してはいなかったが、目的は大きい艦隊、特に太平洋艦隊の接近に対する処置として構想された。この戦策は、開戦で使用する鍵となる戦術とともに、各隊の任務と陣形を規定しているところに特徴がある。戦術の基本面は〝丁字戦法〟として知られる運動であった。しかしながら、それを想定外の時間維持ができないので、秋山はL戦法として知られる改訂陣形を考案した。この運動で、敵の縦列は、二つの部隊によって〝挟み撃ち〟にされるのである(111)。

一九〇五年五月一〇日、秋山は改訂版を提出した。それは、これまでの戦闘経験、特に黄海海戦の戦訓を反映したものであった。その海戦では、ロシアの艦隊は交戦せず遁走したのである。改訂版は同じ戦法をベースにはしていたが、L戦法は最初の案より支配的ではなかった。秋山は、併行戦での交戦を重点とする新しい方式とともに、長さ一〇〇メートルのロープに機雷四個を結びつけた罠を考案した。この連繫水雷は、主力艦の戦闘開始とともに水雷艇と駆逐艦によって、敵の針路前方に仕掛けられるのである(112)。

バルチック艦隊全体も、ようやく態勢が整ったように思われた。北東へ向け出航する前にロシアの二つの艦隊の将官たちが一堂に会した。最初にして最後の指揮官会同であったが、話し合いは短く、作戦計画の詳細や明確な指示は話題に含まれていなかった(113)。

ロジェストヴェンスキーの蔑視にもかかわらず、ネボガトフは航海中気骨のあるところをみせた。八三日に及ぶ長旅で事故ひとつ起こしていない。艦隊が主力と合流し、艦艇三八隻となった大編成部隊は、出航準備を整えた。世界もこの動きを待っていた。世界中の新聞からその動静が不断に報道されていたのである。日本も、ロシア艦隊のルートに沿って情報収集のネットワークを設け、その動きを追っていた。しかし日本帝国海軍は、最も重大な情報、すなわち最終段階でのロシア艦隊の正確な針路が判らなかった。東郷と秋山は、目的地はウラジオストクであり、最も短いコース、すなわち対馬海峡を通ると考えた。さらにこの思考の線に沿って日本側は、海峡に近づくロシア艦隊の位置を確認するため、多数の哨戒船派遣を計画した。ロジェストヴェンスキーの方も、ウラジオストクへ向かう三つの通過点——朝鮮海峡、津軽海峡、そしてラ・ペルーズ(宗谷)海峡——のそれぞれの得失を検討し、比較評価した。

日本側が予想したように、ロジェストヴェンスキーは、ウラジオストクへ向かう通過点として朝鮮海峡を選んだ。彼は、距離がずっと長く、北寄りの狭い津軽海峡や、さらに遠くて危険な宗谷海峡よりも、濃霧で視界の悪い、朝鮮海峡を選んだのである。その選択の真意は不明のままである。彼は、自分の計画とはっきりした目的を誰とも相談しなかったからである。

しかし、意図は明らかであると思われる。最も重要な考慮は、距離にあった。二つの北寄り海峡は朝鮮海峡より相当長い。そして、それでもやはり東郷の連合艦隊から邀撃される(114)。さらに五月二四日、脳溢血で副司令官フェリケルザムが死亡した。フェリケルザムの旗艦オスラービヤは沈没するまで、副司令官の将旗を掲げたままであったから、フェリケルザムの死で副司令官となったネボガトフをはじめ誰も事情を知らされぬままであった。

日露の艦隊司令長官。写真左上：ジノーヴィー・ロジェストヴェンスキー中将、右上：ニコライ・ネボガトフ少将、右下：東郷平八郎大将、左下：上村彦之丞中将。(Courtesy of the British Newspaper Archive)

海戦の前日にあたる五月二六日、東郷はロシアの輸送船六隻が上海に到着したとの報告を受けた(115)。数日前、艦隊が同じ水域(馬鞍列島沖合の揚子江河口付近)で目撃されていた。日本の司令長官からみると、ロシア艦隊の針路に関する賭けが正しいことを示す、なによりの証拠であった。しかしながら、艦隊自体をさらに目撃する必要があった。そして状況不明の不安感が再び広がっていくのである(116)。

ロシアの増強艦隊が日本列島に近づくにつれ、海軍の専門家や新聞はそれぞれ予想し意見が割れた。ワシントン・ポスト紙のように、ロシアの勝利を予想する報道機関がいくつかあった。海戦前日、同紙は「東郷は数で圧倒されている」と書いた。もっとも、その記事は「ロシアの艦船はひどい。したがって俊敏ではない」と条件をつけた(117)。ニューヨーク・タイムズ紙は、ロシア海軍のニコライ・フォン・エッセン海軍大佐の発言を引用し、大佐は「東郷の敗北を確信している」と書いた(118)。

確かにロジェストヴェンスキー指揮下の艦隊は、戦艦の数からいえば断然優位であった。当時、戦艦は海上戦の王であり、火力において群を抜く存在と考えられていた。その頃の艦艇で強力な三〇五ミリ砲を装備するのは、戦艦だけで、その威力は、九カ月前の黄海海戦で証明されていた(119)。この点で、バルチック艦隊の八隻に対し連合艦隊は四隻にすぎなかった（総トン数では一〇万一四四六トン対五万七五一〇トン）。さらにロシア側は、どの大口径砲でも明らかに優位にあった。当時の海戦では決定的な重要性を持つファクターである。

ロジェストヴェンスキーは、最大口径砲（三〇五ミリ）を二六門有し、それに対し東郷は主力の戦艦四隻に同じ口径をわずか一六門（訳注：ほかに連合艦隊第三艦隊第五戦隊所属、防護巡洋艦厳島、松島、橋立は三二〇ミリ砲をそれぞれ一門搭載、二等戦艦鎮遠は三〇五ミリ砲四門を搭載。これらを合計すると全二三門）しか持っていなかった(120)。ほかの準大口径砲（二四〇〜二六〇ミリ）においても、ロシア側が優位で一五門対一門である（表2参照）。ロシアのこの優位性は相当なものであり、海軍の専門家もその差に納得した(121)。

不思議にみえるかも知れないが、ロシア艦隊の乗組員の多くは納得していなかった(122)。彼らの悲観論は主観的な面が大きかった。しかし、彼らの気持ちを裏書きする確かな事実がいくつかあった。二つの艦隊の総トン数を比較すると、東郷の連合艦隊のほうが、戦艦を除き、ほぼどの基準でもまさっていた。全艦艇の総トン数は、日本の二二万八一六一トン対ロシアの一六万五二六六トン、駆逐艦以上の総トン数は一九万四九六三トン対一六万一九六四トン、第一線の主力艦の総トン数は一三万八四九トン対一〇万六三〇九トンである(123)。同じように、戦艦につぐ強力な装甲巡洋艦の数でも、八対三で、連合艦隊がまさっていた。さらに軽装甲の防護巡洋艦は一五対五、駆逐艦は二一対

艦　艇	日本海軍連合艦隊（a）	ロシア海軍バルチック艦隊
戦　艦	4	8
旧式戦艦/海防戦艦	2	3
装甲巡洋艦	8	3
防護巡洋艦	15	5
非防護巡洋艦	0	1
海防艦/砲艦	5	0
駆逐艦	21	9
水雷艇	31（※49）	0
艦艇総計	86	29
艦船総計	110	38
排水量総計（全艦艇）	218,161 t	165,266 t
排水量総計（全艦船）	約 265,000 t	約 229,000 t
乗組員数	約 16,000 人	約 14,000 人
武装（b）		
大口径砲（305～320 ミリ）	16（23）	26
準大口径砲（240～260 ミリ）	1（10）	15
中口径砲（203～229 ミリ）	26（31）	14
中口径砲（120～152 ミリ）	198（331）	160
小口径砲（75～100 ミリ）	62（194）	163
魚雷発射管	147	101

注：（a）は対馬沖海戦の主要戦闘水域に投入された日本海軍艦艇。※印はほかの水域から追加投入が可能な水雷艇の数。
（b）は戦闘開始時の連合艦隊第 1 および第 2 戦隊主力艦艇の門数。（ ）内は全艦艇の門数。魚雷発射管は全艦艇の門数。

乗組員数は『極秘明治三十七八年海戦史』（海軍軍令部編）第 2 部 5：70-5 に基づき算定。ロシア海軍については、Kostenko、Na' Orle'、Kowner、Historical Dictionary,Passim による。
艦砲については、第 1 章脚注 108, 120 を参照。

表 2 1905 年 5 月 27 日 対馬沖海戦時における日露艦隊の戦力

九、そして特に水雷艇になると三一対ゼロである（表2注参照）。夜間戦闘になると、大型艦の襲撃用にこの二種の小型艦艇を投入できる。多数の魚雷発射管を装備しているので（一四七対一〇二）、それを使って致命的打撃を与えることが可能である。武装については、日本は中口径砲（二〇三〜二二九ミリ）では二六門対一四門、それ以下の中口径砲（一二〇〜一五二ミリ）で一九八門対一六〇門と、数のうえでまさっていた。

連合艦隊には、ほかにも重要な優位点があった。速力である。主力の艦艇はいずれも、少なくとも一五ノットは発揮できるのに対し、ロシアの戦艦で最も遅い艦は一二ノットしか出せなかった。さらにロシアの艦隊は、随伴する補助艦船が足を引っ張っていた。この種の船舶は九〜一〇ノット以上は出せないのである(124)。この補助艦艇を除外して比較しても、日本の艦艇はそれほど雑多なものを含まず、艦種の統一がとれており、艦艇の質も高かった。

兵員の質からみると、その相違の正確な数値化は難しいとはいえ、日本海軍の乗組員は、ロシア海軍と比べれば士気が高く、攻撃精神が旺盛であった。鍛えられて練度が高く、実戦経験もあった(125)。ロシアの艦艇内では、乗組員の相当数が、身体的あるいは精神的に病んでいた。全艦隊は時々機動演習を行なったが、射撃訓練は一回しか実施しなかった(126)。

その一方で、負け戦になった時、たとえ一部敗北の場合でも、日本海軍は補充手段がなく、艦艇の交代ができなかった。ロシア海軍は計算上、追加用の艦艇をいくらか寄せ集めることがまだできた。皮肉なことであるが、勝利しか生き残る道がないという追い詰められた状況が不退転の決意を生み、これが日本の戦争遂行の努力のいちばん大きい原動力の一つになるのである。

第二章　戦闘——最大、最後の艦隊決戦

　一九〇五年五月二六～二七日夜、双方の艦隊は、張りつめた空気で、ぴりぴりしていた。この数週間、世界そして二つの交戦国は、根拠のない噂や臆測が入り乱れるなか、息をこらしてこれから生起する巨大な激突を予期していた(1)。ロシアの艦隊は北東方向に針路をとり、ゆっくりと朝鮮海峡へ進んでいた。乗組員と幹部将校は、この海峡の持つ意味を深刻に受け止めていた。来たる日はまさに正念場——長途遠征の行き着く先であった。その日は皇帝の即位九周年にあたり、待望の勝利を皇帝に捧げるまたとない機会でもあった。海戦に勝利すれば、力のバランスは圧倒的にロシアに有利となり、長期戦に終止符を打つことさえ考えられた。一方、日本側にはさらに厳しい緊迫感があった。敗北の対価は、勝利の利益よりとてつもなく大きくなると思われた。連合艦隊司令長官東郷平八郎海軍大将は、艦隊主力とともに鎮海《チネ》湾の泊地で警戒態勢のまま待機中であった。

　五月二六日早朝、東郷はロシアの補助艦船数隻が上海沖で目撃された旨、報告を受けた(2)。前日、ロジェストヴェンスキー海軍中将は脆弱で足手まといになる船舶六隻を艦隊から引き離したところであった。しかしながら、ほかの補助艦船九隻は艦隊に残留した。そのうちアリヨールとカストローマの二隻は、赤十字社が初めて戦闘艦隊のもとに送りだした病院船であった(3)。

　東郷にとって、そのような話題はともかく、補助艦船分離のニュースは待ちに待った情報で、朗報であった。それは、ロシアの艦隊が近くまできており、おそらく自分の方に向かっていることを示唆していたからである。日本側提督の手持ち艦艇は七〇隻ほどであった。これをもって、朝鮮南部群島と西日本を分かつ全水域を

カバーするのである。その第一哨戒線は、日本の五島列島と朝鮮の済州島《チェジュド》を結ぶ約一八〇キロメートル（九八マイル）と幅の広い線である。さらにロシアの艦隊がこの線を回避した場合に備え、これより北の対馬の近くに第二線を設けた。その夜、日本の仮装巡洋艦四隻が第一線を哨戒し、別に二隻が北の第二線を警戒、ほかに四隻が五島列島の水域で待機した(4)。それでも、海上は濃霧に包まれ、ロシア艦隊の位置は、この数日不明のままであった(5)。ロシアの艦隊は進んでいるのに、東郷は連合艦隊ともどもロシア艦隊の位置をつかむ手がかりを得ようと必死であった。時間がむなしく過ぎていき、彼の確信は薄れ始めた(6)。

第一段階──邀撃戦

その夜遅く、待ちに待った通報が届き、バルチック艦隊の位置に関する長い間の混乱は、ようやく解消した。ロシア艦隊の先遣艦を最初に認めたのは──まだ艦種の確認はとれていなかったが──仮装巡洋艦信濃丸、一九〇五年五月二七日、午前二時四五分のことであった。本船は、日本郵船所属で、当時最大の貨物船であったが、戦時中日本海軍に徴用され、一五二ミリ砲を搭載していた。この時、捜索に投入され（図3参照）、乗艦中の連絡将校で実質上艦長である成川揆《はかる》海軍大佐が、船型を確認できたのは、それから二時間ほど後である(7)。それは白塗りの病院船アリヨールであった(8)。成川大佐は、後続するロシアの軍艦数隻を認めて確信し、午前四時四五分頃、日本製無線電信機（三六式無線機）で、「敵艦見ユ位置区画二〇三」と打電した(9)。これは画期的なメッセージであった。海戦史上初めて、邀撃が無線で伝えられたのである(10)。報告は、対馬に錨泊中の第三艦隊旗艦の巡洋艦厳島に中継され、午前五時過ぎ、東郷の元に届いた(11)。信濃丸の乗員は、位置計算を少し間違えており、さらに海霧のため大型目標との接触がすぐに絶たれたが、日本海軍の指揮官は、この短い警報だけで十分であった(12)。

東郷は、ロシアの艦隊が自分の予期していた所へ向かっていることを、ついに確認した。艦隊は朝鮮海峡

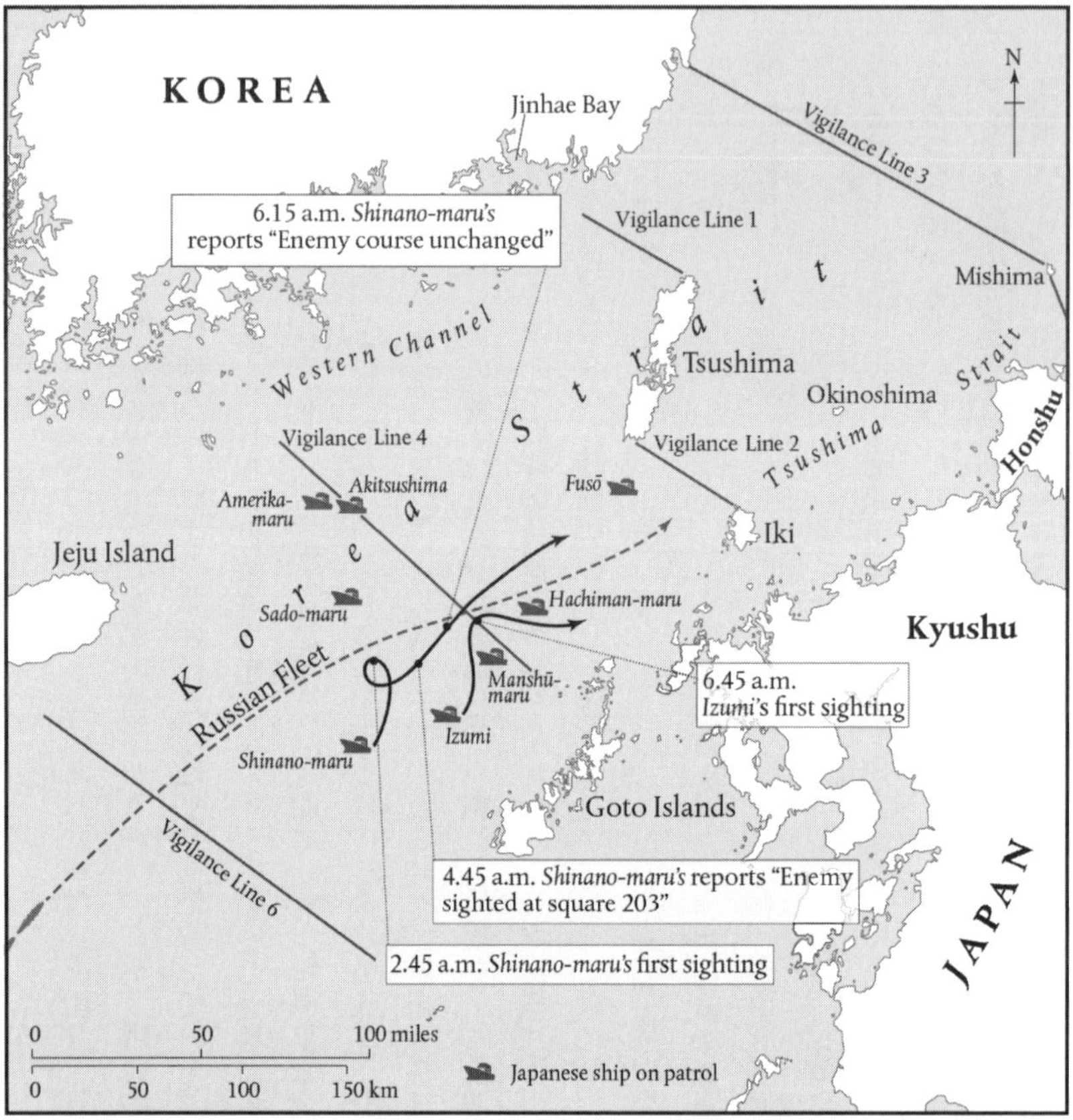

注：斜線は日本側の警戒あるいは哨戒線、第5はもっと北にあり、地蔵岬（松江市付近）から竹島そして朝鮮沿岸を結ぶ線である。バルチック艦隊発見の経過は次の通り：午前2時45分、信濃丸が東航中の汽船の灯火を発見。午前4時45分、10余隻の軍艦を発見「敵艦らしき煤煙見ゆ」、同50分「敵方第2艦隊見ゆ、位置区画203」と発信、6時15分には「敵針路変らず」と通報した。一方、信濃丸の通信で敵の存在を知った和泉は索敵行動を起こし、6時45分、敵艦隊を発見した。破線はロシア艦隊の針路、黒線は哨戒艦船の動きを示す。

図3 バルチック艦隊の発見（1905年5月27日早朝）

1905年5月27日朝、朝鮮南部の鎮海湾を出航、加徳水道を経て決戦水域へ向かう日本海軍連合艦隊第1戦隊。

の東側航路帯にあたる対馬海峡を、すぐに通過するはずである。午前六時三〇分、東郷は連合艦隊主力を率いて、鎮海湾の泊地から出撃した。彼は、まず東へ向かい、ついで速力一四ノットで南東方向へ変針した。司令長官は、暗号電文ではあるが、参謀秋山真之海軍中佐が起草した「本日天気晴朗ナレドモ浪高シ」で終わる有名な第一報を打電した(13)。これは、海軍軍令部、そして後年、市中の日本人に、作戦状況に関する詩的かつ熱血の表現と受け止められた(14)。

実際にはそれは簡潔な気象報告であった。霧は晴れたが、強風で波がかなり高いので、駆逐艦、水雷艇は大型艦と行動をともにできず、東郷は駆逐隊、水雷艇隊に対馬中部の三浦湾に退避し、波浪の静まるのを待てと命じた(15)。のちに、戦況の推移とともに、東郷はこの艇隊が必要になってくる。

朝の早い段階で、ロシアの艦隊は、日本の艦隊主力からまだ七〇マイルほど離れていた。その艦隊は、楔型の陣形で航行していた。主な縦列が二つと偵察隊の編成である。右側の縦列は(ロジェストヴェンスキー海軍中将の直率)、主力艦で編成されていた。すなわち、戦艦クニャージ・スウォーロフ、インペラトール・アレクサンドル三世、ボロディノ、アリョール、オスラービヤ、シソイ・ヴェリーキー、そしてナヴァリンの七隻、これに装甲巡洋艦アドミラル・ナヒーモフが加わっていた。左側の縦列は(ニコライ・ネホガドフ海軍中将指揮)は、戦艦インペラトール・ニコライ一世、沿岸警備用のいわゆる海防戦艦ゲネラル・アドミラル・グラーフ・アプラクシン、アドミラル・セニャーウィン、アドミラル・ウシャーコフの三隻、装甲巡洋艦ドミトリー・ドンスコイ、ウラジーミル・モノマーフの二隻、そして防護巡洋艦オレーグ、アウローラの二隻(オスカル・エンクヴィスト海軍少将指揮)と、これに駆逐艦五隻が後続していた(16)。偵察隊は防護巡洋艦スウェトラーナと(非防護)巡洋艦アルマーズ、仮装巡洋艦ウラールの編成であった。このほかに二つの縦列の先頭艦には、それぞれ横に警戒のための偵察隊の艦艇がついていた。左に防護巡洋艦ジェムチュークと駆逐艦二隻、右に防護巡洋艦イズムルードと駆逐艦二隻である。この大艦隊の後方に特務艦船が八隻が随伴していた。輸送船三隻、工作船一隻、航洋曳船二隻、病院船二隻である。艦隊は全部で三八隻、そのうち三〇隻が正規の戦闘艦艇であった(資料17~18頁参照)(17)。

ロジェストヴェンスキーは午前五時頃、艦隊が探知されたことに気づいた。一時間後、彼は偵察隊に対し、後方に移動し、補助艦船の護衛につけと命じた。まさにこの時点から、日本艦艇の姿が頻繁にみられるようになってきた。午前六時四五分、右舷真横のはるか遠方に一隻の艦が出現した。その後すぐ日本の巡洋艦和泉と確認された。午前八時すぎ、艦隊は、艦首左舷方向に、日本の第三艦隊の巡洋艦四隻を確認した。そしてその二時間後、同じ方向に第二艦隊第四戦隊の巡洋艦四隻が出現した(18)。この時点でロジェストヴェンスキーは知らなかったが、彼の艦隊はこのまま進めば東郷の艦隊主力とぶつかる針路上にあった(19)。

午前九時三〇分、ロジェストヴェンスキーは戦闘隊形に移れと命じた。そしてほとんどの艦が一列縦隊と

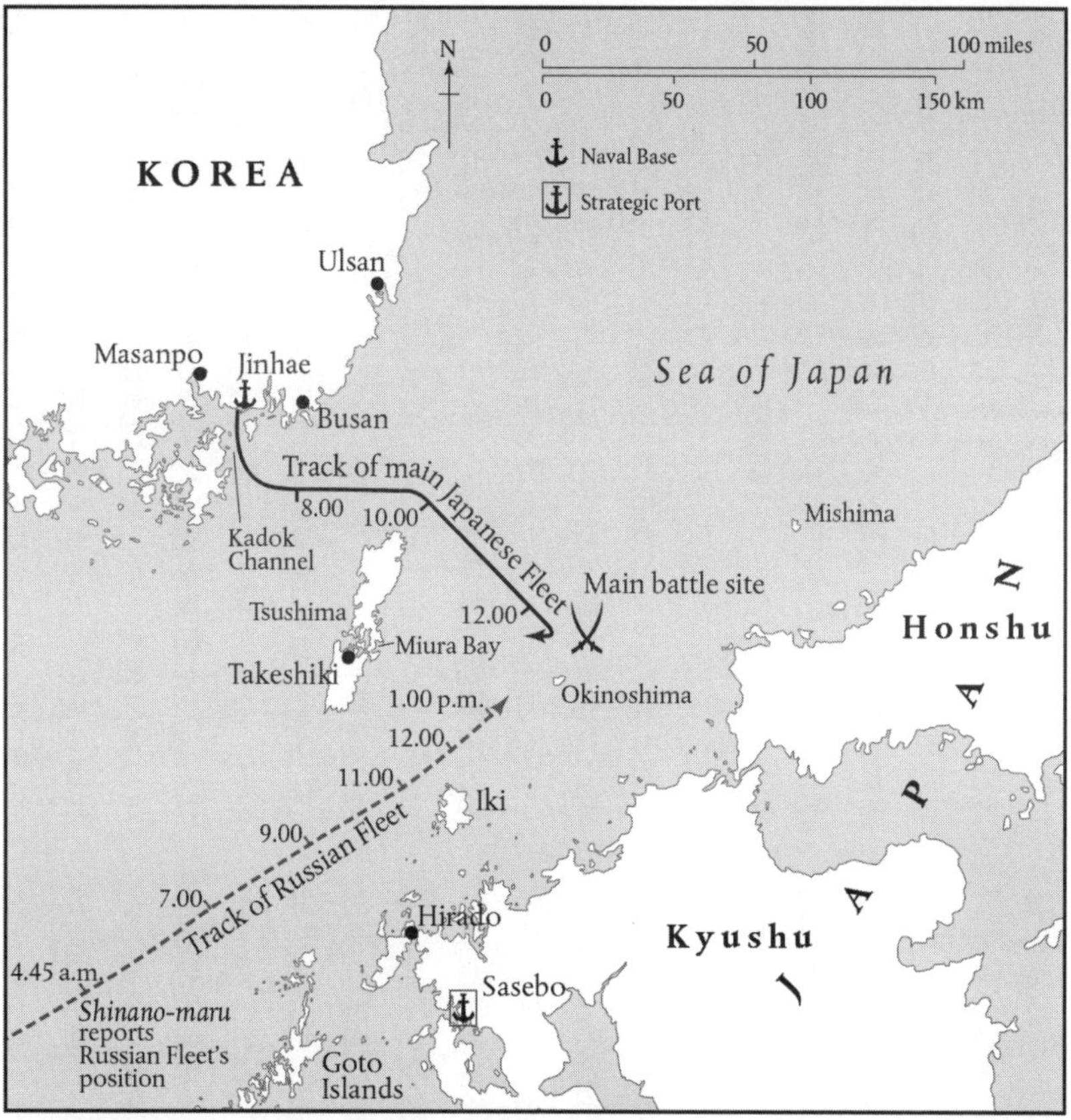

注：矢印付き破線は6時45分の信濃丸の発信以降のロシア艦隊の針路、数字は時刻を示す。黒い線は加徳水道（三笠は鎮海湾）出撃後の連合艦隊主力の針路。数字は時刻を示す。「剣の交差」のマークは主戦闘水域、四角で囲んだ錨は日本海軍鎮守府を示す。

図4 戦闘第1段階（1905年5月27日）

なった。一時間後、艦隊は合戦用意を終え、そして午前一一時二〇分、最初の砲撃戦が起きた。影のようにつきまとう水平線上の巡洋艦に対して、戦艦アリョールが旗艦からの命令を待たずに射撃を開始した。これに対し日本の巡洋艦も一時応射した。ほかのロシアの艦艇も撃ち始めたので、ロジェストヴェンスキーは、全艦隊に弾薬の無駄使いをやめさせるまで数分を要した(20)。

それから一時間後、ロシアの提督は日本艦隊主力の存在をまだ確認していなかった。しかしながら、九～一〇ノットで北上中、いくつかの日本艦艇が追尾しているのに気づいていた。こちらの動静が敵に知られていることも判っていた(21)。

正午の段階で、ロシアの艦隊は、壱岐の西側で対馬海峡を通過し始めていた。艦隊は依然として、第三艦隊の巡洋艦四隻から追尾されており、追尾する艦は敵の位置を断続的に報告していた。東郷は戦艦三笠の艦橋に立ち、水平線を見詰めていた。彼は、最強艦六隻(戦艦三笠、敷島、富士、朝日、そして装甲巡洋艦春日および日進)で編成された第一戦隊を先頭としていた。水雷艇による奇襲作戦をとりさげ、この第一戦隊で、ロシア艦隊を叩くことにした。東郷は主力艦六隻を率いて南東へ針路をとり、敵の予想コースの前へ出た。それから、敵艦隊が進んでくる間、急激に西へ転針した(図4参照)。

一二時四〇分、ロジェストヴェンスキーは、東郷の主力部隊から約二八キロメートル(一五マイル)離れた地点で陣形を変えた。これで二度目である。彼は、水雷艇の襲撃、あるいはもっと悪ければ浮游機雷に触雷することを恐れ、再び二列縦隊に戻したのである。東の縦隊は、戦艦八隻のうち七隻で編成され、クニャージ・スウォーロフ、インペラトール・アレクサンドル三世、ボロディノ、アリョールと巡洋艦一隻が先頭集団を形成し、平行して進む第二列は、ネボガトフの指揮で、戦艦オスラービヤを先頭に、ほかの全艦を含んでいた。

ロシアの艦隊は、午後一時一五分頃、東郷の主力部隊を確認していた。西の靄の中へ進んでいる時であ

「三笠艦橋の図」（部分）。幕僚たちに囲まれ、連合艦隊旗艦、戦艦三笠の艦橋に立つ司令長官・東郷平八郎大将。東城鉦太郎（洋画家・1865〜1929年）画。

る。東郷はまず比較的弱い縦列に対処する意図で、午後一時三一分に主力部隊に南へ変針を命じた。八分後、日本の艦隊は今や姿を現わし、二つの艦隊はついに相手をはっきりと見ることができた。双方の距離約一五〜一六キロメートル（八〜九マイル）である。ロジェストヴェンスキーは、日本の主力出現に驚き、列の先頭艦すべてが互いに危険にさらすことなく射撃ができるように、二列縦隊の再合同を命じた。

午後一時三八分、東郷がその戦術的指揮能力を発揮し始めるのは、まさにその時である。彼は直ちに第一戦隊に針路北西、ついで北を命じ、ロシア艦隊から距離をとった。このようにすることにより、彼は敵艦隊がその針路を維持することを許しつつ、自分の罠へ誘い込んでいた。午後一時五五分、日本の提督は、さらに広い空間を確保するため、一五ノットの戦闘速度で西へ変針した。東郷は戦闘が切迫していることは承知のうえで、あえてロシア艦隊との距離を空けたのである。そして秋山作戦参謀の発案のもと、全艦隊乗組員とともに、この戦闘がもたらす日本の命運を共有するのである。伝統的な形式による意思表明というべきか、トラファルガー海戦時ネルソン提督が発した、有名な戦闘開始の信号にならない、東郷はZ旗の掲揚を命じた。「皇国ノ興廃比ノ一戦ニアリ、各員一層奮励努力セヨ」を意味する信号旗であった(22)。乗組員たちは、この信号旗に意気あがり、多くの者は、これからの自分たちが戦闘を決し、おそらくは戦争の動向を左右すると考えた。しかし、今は思いにふけるときではなかった。数分後にはこの二つの艦隊が激突するのである（図5参照）。

第二段階──緒戦

午後二時二分、ロシア艦隊の先頭艦から約一一キロメートル（六マイル）の距離で、東郷は再び変針を命じた。艦隊は南西微南（SWbS）へ転じ、ロシアの艦隊と反航する態勢になった。続行すれば、この針路は、二つの艦隊が距離をおいて、反航しつつ短時間撃ち合うことを意味するが、双方いずれにも明確な利点はない。そして午後二時七分、東郷はこの海戦で最も重要な変針を命じた。東北東への針路変更である。艦隊はロシアの艦隊と短時間平行する形になった。しかし、その速度が相手より速いため、ロシア側の先頭に接近した。回頭しつつある時、上村彦之丞中将指揮下の第二戦隊が、第一戦隊の後方についた。装甲巡洋艦六隻（出雲、吾妻、常磐、八雲、浅間、磐手）である。左舷約五〇〇メートルの距離で同航したが、この増強六隻を加えて、日本側主力艦隊の先頭隊列は一二隻となり、これに小型通報艦二隻（龍田および千早）が随伴していた(23)。この時点で、戦闘隊列は黄海海戦時の陣形になっていた。しかし、突然の回頭で、二つの艦隊は衝突しそうになった。

東郷艦隊の運動は、思いつきの行動ではないし、無計画な決心の結果でもなかった。事前に検討しており、この後、三回これを繰り返すのである。海軍史家たちは、これを東郷の類いまれな戦術的才能の顕現と解釈する傾向があった。確かに東郷は、一九一六年のユトランド沖海戦でイギリスのジョン・ジェリコー

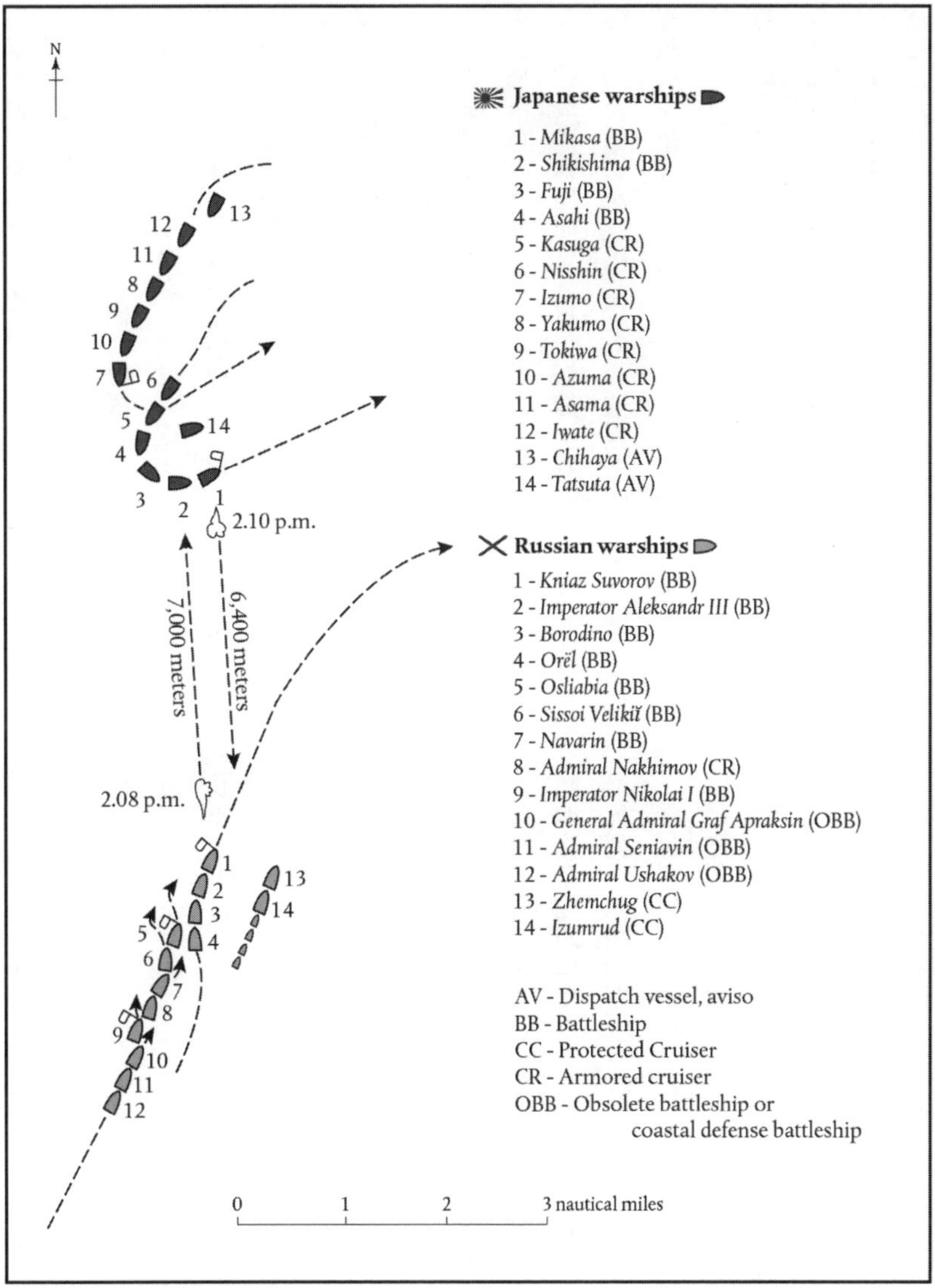

注：午後2時08分ロシア側が距離7000メートルで発砲、日本側は2時10分距離6400メートルで射撃を開始した。略号はAV=通報艦、BB＝戦艦、CR＝装甲巡洋艦、CC＝防護巡洋艦、OBB＝海防（旧式）戦艦。

図5 1905年5月27日午後2時08分の砲撃開始後の両艦隊の動き

海軍大将がやったように、バトルターンをやり、運動を早めることができた。しかしそうすると、旗艦を縦列の背後、あるいは中間に位置させることになる。東の間ではあるが、ロシア側は戸惑った。しかし、敵が突然攻撃にさらされやすい態勢になったので、すぐに大喜びした。戦艦クニャージ・スウォーロフの艦橋にいた将校の一人は「何と軽率な!」「主な艦は(側面攻撃)一分間で片付けられる!」と叫んだ(24)。事実、一ダースの日本艦艇が、ロシアの旗艦から七〇〇〇メートルの距離で、理想的な標的になったように見えた。その艦隊は、正確な照準ができず砲撃しないばかりでなく、後続艦は同じ一点で転針するので、遅い速度で群がった艦影が現出し、その位置を照準すれば、正確な砲火を浴びせられる。ロジェストヴェンスキーは、予期しない転針を見て、直ちに射撃を命じた(25)。最初に撃ったのは、ロジェストヴェンスキーの乗艦、戦艦クニャージ・スウォーロフであった。午後二時八分、最初に転針した戦艦三笠、そして敷島を狙って発砲した(26)。

三笠の艦長伊地知彦次郎海軍大佐は、戦時日誌に「午後二時七分、方向東微北東、我は敵と真正面に向かい合うが、彼らの前を遮断する位置をとった。その時点で、我々にいちばん近い敵艦オスラービヤはまず我々の方に向首し、ついで発砲す」と率直に書いた(27)。それが有効な砲撃であったことは、後日双方が一致して認めた(28)。

ほかのロシアの戦艦もすぐ射撃に加わった。当初、標的を撃つような容易な砲撃に見えた。しかし東郷はまだ射撃を控えていた。ロシア艦隊内に流れた歓喜は一瞬のことであった。転針を終えると、第一戦隊の戦艦四隻を先頭にする日本艦隊は、直ちにロシア艦隊の最前列へ向かった。奇跡的にどの艦もまだ重大な被害を受けていなかった。ただし、装甲巡洋艦浅間は、大口径砲弾一発が命中し、一時戦列を離れざるを得なかった(29)。東郷は、敵との距離六四〇〇メートルで、一五二ミリ砲による側面射撃を命じ、午後二時一一分に全艦に射撃を命じた。日本の艦隊は、ロシアの艦隊とほぼ平行した針路で航行し、よく言われているような完全な丁字戦は実行しなかった（第一章参照）。一つには、ロシアの艦列との距離が近すぎて、直角コースはとれなかった。さらにロジェストヴェンスキーは、この運動の意味するところを理解していたので、機敏に反応した。少し右方向へ舵をきったのである（30）。それでも日本の艦艇は、速力一五ノットで進み、今や敵の前方に出て敵艦よりも速く、主砲全門を使うことができた。一方、ロシアの艦艇はそのコースのゆえに、あるいは、もとはと言えば、この艦隊は艦列を乱したまま、一縦列になろうとしていた。事実、いくつかの艦は互いに衝突を避けるため、停止した。それから速力を一一〜一二ノットに上げ（艦によっては一四ノットまで増速）、補助艦船を（少なくとも一時は）置き去りにして、進んだのである（31）。

東郷は自分の優位点を逃さなかった。敵艦より速い速力を利用しつつ、距離をほぼ五五〇〇メートルに維持することができた。この後の時間の大半は、併行戦に使われたが、彼の艦艇は有利な状況を十分に利用した。艦艇は、ロシアの先頭艦クニャージ・スウォーロフ、ついでオスラービヤに射撃を集中した。オスラービヤは遅い速力で、単縦列になるべく、クニャージ・スウォーロフの後ろに続こうとしていた。二つの艦隊は猛烈な砲撃戦を展開しつつ、約三〇分間並進して航行した。この間、砲撃で双方に相当な被害があった。しかし、日本艦艇の射撃は、目標艦を絞って集中射撃を浴びせたので、より正確であり効果的であった。

午後二時四〇分、ロジェストヴェンスキーは、味方艦列に生じた無惨な破壊を確認し、旗艦に少し東へ変針し、日本の艦列から離れるように命じた。東郷はこれに対応して南東に舵をとり、接近戦を続けることができた。この変針の効果はすぐに出た。午後二時五〇分、日本の砲弾数発がクニャージ・スウォーロフの中央部と操舵装置に命中した。致命的な損傷で、これが初回交戦の転換点であった。ロシアの旗艦は動きが不規則になり、艦の中央部から黒煙を上げつつ、制御不能におちいった。旗艦は戦列に戻れなくなった。同じように致命的であったのが、艦上の提督の状態であった。司令塔に飛び込んできた砲弾破片で、艦長もろとも重傷を負った。提督は艦橋から降ろされたが、以後戦闘に直接かかわらなくなる。この時点からバルチック艦隊は事実上指揮官のいない部隊となった(32)。

クニャージ・スウォーロフは相当な損傷をこうむったが、バルチック艦隊で最初に沈没したのは旗艦ではない。ロジェストヴェンスキーが負傷した頃、戦艦オスラービヤが致命的損傷を受けた。大半は上村中将の第二戦隊の装甲巡洋艦が放った弾であった(33)。大口径砲弾一発が艦首に近い吃水線に命中した。乗組員たちは「艦全体が振動した。まるで生き物が痛みで身をふるわせているように」感じた。破壊孔は大きすぎて修理できず、海水が奔流となって流れ込み、附近の区画はたちまち水であふれた(34)。オスラービヤでは、前部砲塔を動かす電動ケーブルが切断された。ケーブルはすぐに修理されたが、相次いで二発が命中し、砲塔は動かぬままであった(35)。この新型戦艦は戦闘力を喪失したまま、敵の有する最大口径の三〇五ミリ砲弾一〇発を含め、多数の弾を撃ち込まれ、突然、艦首を南へ向けた(36)。三つの破壊孔から海水が流れ込み、区画は水でいっぱいになった。オスラービヤの命運は尽きた。午後三時三〇分、日本艦隊が砲撃を開始してちょうど一時間後に艦は転覆し、乗組員五三一人を道連れに、艦首から沈んでいった(37)。生き残ったのは二二一人、その多くは近くの駆逐艦数隻によって救助され、のちに装甲巡洋艦ドミトリー・ドンスコイに移されたが、うち七六人が負傷していた。無傷の者はわずか一四五人であった(全乗組員の一九パーセント)。彼らの厳しい試練はこれで終わったわけではない。その大多数は二日後捕虜になるのである。

ロシア艦隊が南東方向へ四散し始め、だんだんと大きい損害をこうむるようになるが、オスラービヤは、その先触れであった。東郷は、クニャージ・スウォーロフに砲撃を集中していたが、ロシア側の混乱と指揮官不在という日本にとってはプラス要素を十分に活用できないでいた。ロシアの旗艦の猛烈な抵抗は、観戦者だけでなく日本側にさえ強い印象を与えずにはおかなかった。しかし、死にもの狂いで戦うロシア艦は旗艦だけではなかった(38)。先頭を進む艦長ニコライ・ブクボストフ大佐指揮の戦艦インペラトール・アレクサンドル三世は、死中に活を求める勢いで、日本の艦列に真っ直ぐ突入してきた(39)。日本側は、艦列の最後尾に位置する装甲巡洋艦日進に至る全艦一斉回頭で急激に北東方向へ変針し（その結果、日進が先頭になった）、混戦を恐れた東郷は、あとは魚雷攻撃で決着をつけられると判断し、午後二時五八分に一時離脱を決心した。クニャージ・スウォーロフは、このため一時的に難をのがれた。一方、インペラトール・アレクサンドル三世は短い砲撃戦で被害をこうむり、惨憺たる状態にあり、数時間後にその命運を決する状況になる。

海戦の緒戦は日本側が優勢だったが、勝敗を決するには至らなかった。午後三時三分、日本の艦隊主力は、約一時間一体となって行動した後、再び分離し、上村中将指揮の第二戦隊は、逃走した敵艦の捜索のため、南へ向かった(40)。三分後、東郷はロシアの艦艇から十分離れたところで、第一戦隊に北西への変針を命じた。丁字形を再び作ろうとするのである。ロシアの艦列を南へ回頭させる意図であった。一方、上村の第二戦隊はロシア艦を一隻も発見できず、主力と合流するため北へ向かった。しかしながら、二時間ほど別行動をとっていたため、第一戦隊の火力、打撃力が減少してしまった(41)。その間日本・ロシア両艦隊主力の距離は、時々一五〇〇メートルほどになることもあったが、砲煙と霧のため視界が悪かった（図6参照）。

双方の戦艦同士が撃ち合う間、それより軽量級の艦艇も互いに砲撃を行なった。午後二時五〇分、防護巡洋艦からなる日本海軍の第三および第四戦隊が戦闘に加わり、主に速力の遅い補助艦船を対象にして攻撃した(42)。日本の戦隊はまず仮装巡洋艦ウラール（一年前帝政ロシア海軍がドイツから購入した立派なサロン付きの大型客船を徴用）に砲撃を集中した(43)。ロシア側の第一巡洋艦隊（ドミトリー・ドンスコイ、ウラジーミル・モノマーフ、オレーグ、アウローラの四隻、のちにジェムチュークが加わった）は、ウラールを果敢に守ったが、この同艦は砲弾を散々撃ち込まれて無残な姿となり、ほかの補助艦船は統制を失い、ば

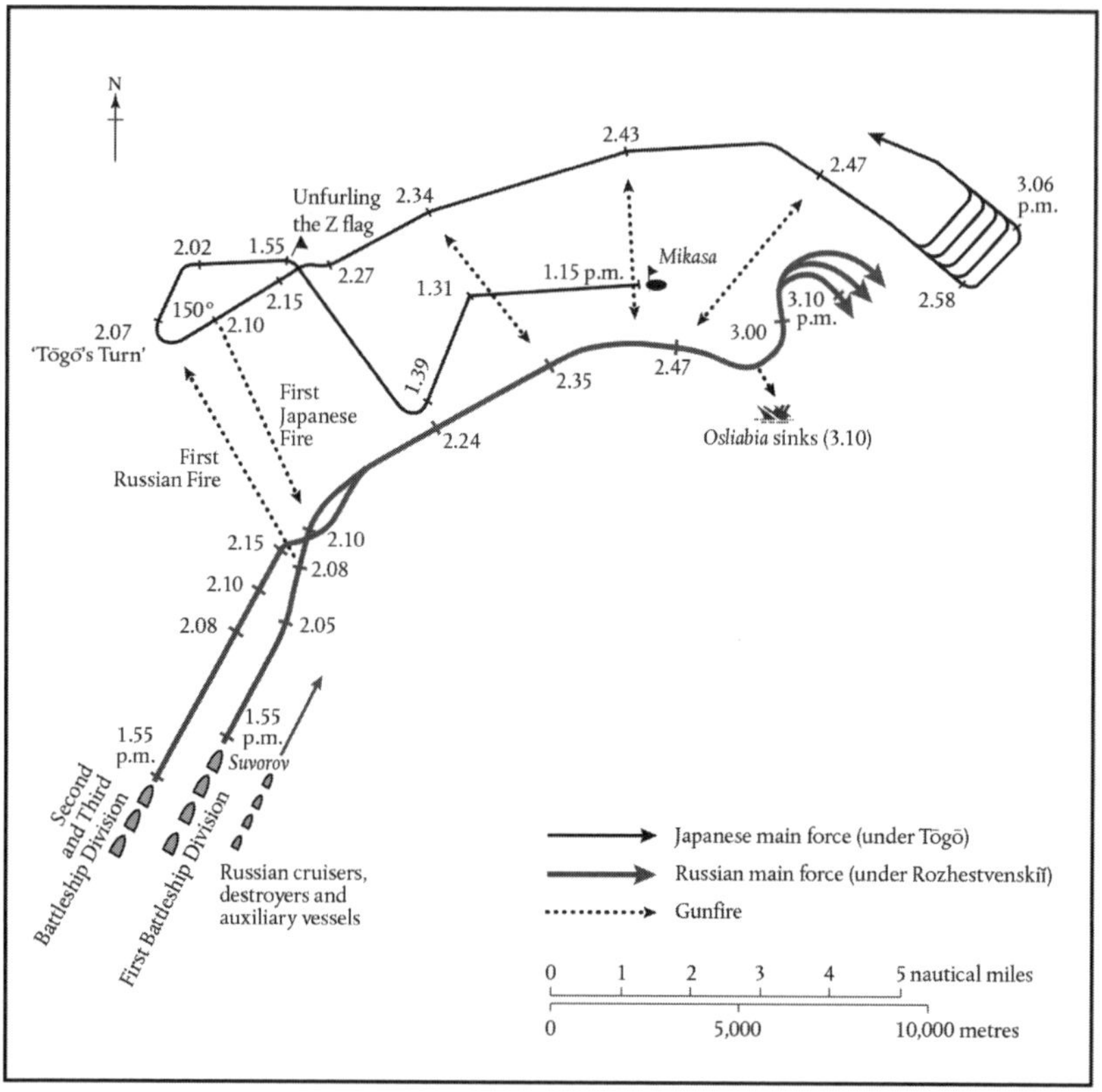

午後1時15分からオスラービヤ沈没の3時10分に至る海戦。細い線は日本艦隊、太い線はロシア艦隊（第1戦艦隊および第2戦艦隊、その後続は巡洋艦、駆逐艦および補助艦船）。破線矢印は砲撃方向。

図6 海戦第2段階（1905年5月27日）

らばらになっていた。奇跡的に一隻も沈まなかった。さらに巡洋艦同士の砲撃戦は、六〇〇〇～七〇〇〇メートルの距離で展開したため、あまり効果はなく、どちらが優勢ともいえなかった。しかしながら、第五戦隊が午後四時少し前に到着し、その後第六戦隊も加わって、日本側は、その戦力を有効に利用できた。これらの巡洋艦戦隊は、二隻の病院船アリヨールとカストローマを停船させ、戦利品として捕獲した後、佐世保まで回航した(44)。

補助艦船群はパニック状態となり、仮装巡洋艦ウラールは防護巡洋艦ジェムチュークと衝突、輸送船アナズィリは航洋曳船ルースに激突し、ルースを沈めてしまった(45)。午後五時二〇分頃、残る補助艦船はすっかり包囲された状態にあったが、突然味方の主力が見えた。ロシアの戦艦隊が、防護巡洋艦松島および笠置に相当な打撃を与え、ほかの巡洋艦も簡単に追い払った。

午後遅く、再び濃霧が発生し、あたりを覆った(46)。ロシアの戦艦隊は思いがけない助けを得て、追尾する日本の艦艇を振り切り、一方エンクヴィスト少将の巡洋艦と補助艦船は、ゆっくりと戦艦隊に合流した。

午後五時頃、東郷の主力は敵との接触を失い、主力同士の決戦に空白が生じた。ロシア艦隊は立て直しの時を得た。ただしクニャージ・スウォーロフは、艦体にいくつも大きい穴が空き、マストと煙突も失った状態で、艦列から離れて漂っていた。駆逐艦ブイヌイが旗艦に接近し、負傷したロジェストヴェンスキー、参謀と将官のうち七人、そしてほかに乗組員一五人を収容し、午後五時三〇分に離れた(47)。司令部機能をより状態のよい戦艦に移すための措置であった。結果的にそれは叶わなかったが、ロジェストヴェンスキーらは死からのがれることはできた(48)。司令部は移り、負傷した指揮官がいなくなって、クニャージ・スウォーロフの状況は絶望的となった。艦は、無傷の七五ミリ速射砲一門を頼りに、一人の海軍大尉が指揮して、ゆっくり南へ向かった。艦は取り残され、あたりを探しまわる日本艦艇のなすがままとなる。

この段階で、ロシア艦隊は離脱を試み、一時南へ向かっていたが、四時間に及ぶ前段の戦いがようやく終わりつつあった。日本側は、相当な勝利を収めたが、まだ目的達成にはほど遠い戦果であった。バルチック艦隊はひどく傷つけられ、かなりの損害を出した（死亡者は一〇〇〇人に近い）。しかし、艦艇のほぼすべてがウラジオストクへ到達しようと懸命に努力し、まだ航行していた。極めて重大なことであるが、この時点でも、日本の四隻に対し、ロシアにはまだ機能する戦艦は六隻残っていた。しかしながら、目的となると双方の間に顕著な相違があった。ロシアの艦艇は何とかしてウラジオストクへ到達しようと決意し、日本の艦隊は少なくとも到達を阻止する決意であった。東郷は、艦艇に対する損害が相手に比べれば大変小さく、艦隊の速力はずっと速く、乗組員の士気もずっと高かったが、まだロジェストヴェンスキーの負傷を知らず、日没までの残る二時間が勝負の時と考えていた。

第三段階――追撃戦

午後五時二七分、ロシア艦艇の捜索がうまくいかなかった後であったが、日本艦隊の主力は北へ向かい始めた。主力は被害を制御し再編成して、再び艦艇一ダースの二個戦隊に立て直された。多数の艦が被弾していたが、人員の損害は比較的少なかった。間もなく艦隊は仮装巡洋艦ウラールに遭遇した。損傷して漂流していたが、砲撃で撃沈された(49)。そして午後五時五九分、霧が晴れて、東郷は安堵した。ロシア艦隊の主力を再び発見したのである。相手は艦首方向左舷、同じ針路で航行していた。かくして第二段階の戦闘が始まる。今度は性格の異なる戦いである。双方が猛烈果敢に撃ち合った前段の戦いと違って、一方的な追撃と容赦なき獲物狩りを特徴とする。さらに日本艦隊の主力はロシア艦隊の前方に位置していたが、この時は後方に位置していた。ロシア艦隊は、距離約八一〇〇メートルで撃ち始めた。追撃する日本艦艇を撃滅するというよりは、払いのけようとする行動である。日本艦隊はすぐに積極的な行動を開始する。遁走中の相手を撃滅するのである。

日本の主力は、速力の大きい艦艇を有し、たちまち

２日間に及ぶ戦闘で大きな損傷を負った戦艦アリヨール。写真左側の乾舷に命中弾による大小複数の破孔が見える（1905 年 5 月 27 日）。

追いつき、こちらも午後六時二分に砲撃を開始した。逃げるロシア艦隊は、戦艦ボロディノを先頭とする戦列になっていたが、日没に身を隠そうとしたが、砲撃を避けることはできなかった。日本艦隊は接近し、約四五〇〇メートルの距離を維持した。その砲撃はいよいよ正確となったが、ロシア側の火力は、搭載砲が次々と使用不能となり、次第に衰えていった。この夕方の戦闘でまず犠牲になったのが、戦艦インペラトール・アレクサンドル三世である。三〇五ミリ砲弾の一二発を含め、多数の命中弾を浴びた（50）。着弾観測でも、艦首がひどく損傷し、左舷前方の船体に大きい穴が空いているのが確認できた。午後六時三〇分、火災が再発したすぐ後、艦は戦列から離れた。すでにひどく傾斜し、主砲が水面につく状態になって転覆した。艦は約九〇〇人の乗組員もろとも三七分後に沈没した（51）。

東郷は、インペラトール・アレクサンドル三世を撃沈すると、砲撃目標を姉妹艦に切り換えた。戦艦ボロディノとアリヨールである。この時点で撃ち合いは、片舷斉射になっていた。距離五五〇〇～六六〇〇メートル。ロシアの艦列先頭が、日本の旗艦のやや前方に位置する態勢である。先頭艦のボロディノは新型艦で、数マイル進むことができたが、すぐに終わりを迎える。防護巡洋艦アウローラに乗る軍医ウラジーミル・クラフチェンコは、遠方から砲撃戦を見ていた。それは、無惨であると同時に息をのむ壮大な光景であった。

> 勇猛果敢なボロディノは戦列を離れず、左舷方向へ変針もせず、戦隊の先頭に位置し、北東二三度（のコースを）を維持した。西は真っ赤な血のような夕焼け、日はまさに水平線の彼方に沈まんとしていた。誰もが、哀れな艦を闇で包んでくれる夜の到来を待ち望んでいた。一瞬一瞬に多大な犠牲が出る。五分間は永遠の時間のように思われた(52)。

日没近くには夕陽が海上を照らし視界がよくなり、射撃精度も改善した。ただし双方の距離は七七〇〇メートルに離れてしまった。戦艦富士の三〇五ミリ砲の斉射が、吃水線にあるボロディノの一五二ミリ砲弾の弾薬庫に命中し、六時五七分に誘爆した(53)。隣接する別の弾薬庫も次々と誘爆、船殻がむき出しになった。ボロディノはスクリューをくるくる回転させながら、数分かかって転覆した(54)。クラフチェンコ軍医は、「吃水線の下の部分は外板が吹き飛び、むき出しの状態だった。竜骨が夕日に照らされ、巨大魚の鱗のように輝いた」(55)。そして「艦はオスラービヤよりも速く、三〇秒足らずで波間に消えた」が、衝撃を受けたほかの観戦者が目撃したように、「白い泡が噴き上がるだけで、あとには何もなかった」(56)。当初の乗組員八六六人のうち、助かったのは水兵一人であった(57)。東郷の第一戦隊は、ボロディノ沈没を見届け、午後七時二三分、撃ち方やめを命じ、南東方向へ向かった(58)。七分後、上村中将の第二戦隊も戦闘を切り上げ、同じ針路をとった。そして艦隊全体が第一戦隊の後につき、それぞれ定位置に戻って、北へ向かった(59)。

約四〇キロメートル（二二マイル）南では、ボロデ

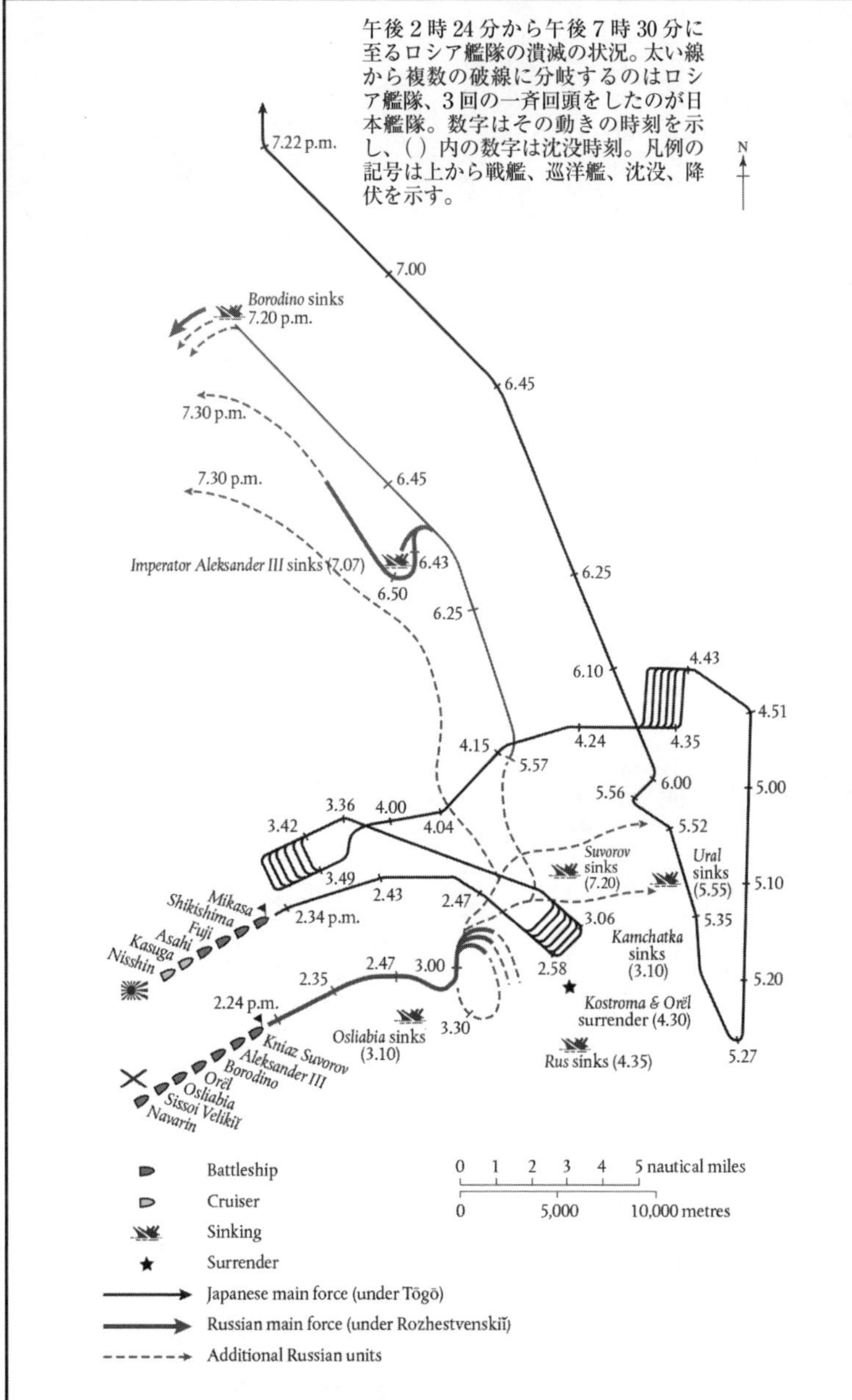

午後2時24分から午後7時30分に至るロシア艦隊の潰滅の状況。太い線から複数の破線に分岐するのはロシア艦隊、3回の一斉回頭をしたのが日本艦隊。数字はその動きの時刻を示し、( ) 内の数字は沈没時刻。凡例の記号は上から戦艦、巡洋艦、沈没、降伏を示す。

図7 海戦第3段階（1905年5月27日）

ィノ級の姉妹艦クニャージ・スウォーロフが航行不能の状態にあったが、同じ頃終焉を迎えた。同艦は、工作船カムチャッカと航行していたが、瓜生外吉中将率いる第四戦隊の艦艇に襲撃された。日本の艦艇が蝟集して攻撃、まずカムチャッカが午後七時一〇分に沈んだ(60)。クニャージ・スウォーロフは、より堅牢で巡洋艦の砲撃に耐えると思われたが、それも時間の問題であった。第一一艇隊の水雷艇四隻から魚雷攻撃を受け、魚雷二発が命中した。その結果、弾薬庫の一つが爆発し、外板が吹き飛び船殻がむき出しになった。ロシア艦隊の旗艦は大きく左舷に傾斜し転覆、それから乗組員もろとも沈没した。生き残ったのは先に駆逐艦ブイヌイに移乗した者だけである(61)。後日、いろいろな人が証言しているが、クニャージ・スウォーロフの喪失は、生き残ったロシア艦隊の間に、士気と意欲に致命的な打撃を与えた(62)。損害も増大するばかりであった。バルチック艦隊は、この時点で主力艦四隻を失い、乗組員もその四隻分だけで、約三二〇〇人が死亡していた。海戦の全戦死者の約三分の二である(図7参照)。この四隻は、いずれも開戦一年ほど前に竣工した新鋭艦、艦隊の中核であった。新鋭艦に火力を集中するという東郷の決心は、正しいことが証明されたのである(63)。

ロジェストヴェンスキーの最強戦隊の消滅とともに、立ち直りの機会はほぼ不可能になった。少なくとも東郷は、翌朝までロシア側の損害規模の全容を把握していなかった(64)。その時までに、夜間戦闘の結果が、戦局を逆転できぬまでに変えてしまうのである。

第四段階――夜間戦闘

戦艦クニャージ・スウォーロフ撃沈が、日本の駆逐艦と水雷艇による夜間戦闘の幕明けとなった。日没少し前、東郷の主力は計画通り北へ移動した。夜戦で大型艦を危険にさらしたくなく、朝鮮半島の東約一二〇キロメートルの鬱陵島《ウルルンド》付近で、翌朝まで待機することにした。一方、ロシアの艦隊は休息の余裕などなかった。ウラジオストクまであと約七〇〇キロメートル

（三八〇マイル）、夜間の離脱が成功する見込みがないわけではなかった。先頭に立つのは、旗艦になった戦艦インペラトール・ニコライ一世で、その左舷にエンクヴィスト少将率いる巡洋艦部隊がつき、駆逐艦と残存の補助艦船はさらに後方に位置していた。生き残り艦船の速度は一一～一二ノット、ネボガトフ少将の旗艦が出せる最大速力であった(65)。

午後五時三五分から六時五分にかけて、艦隊指揮の移譲は、手旗信号で隊列に順繰りで伝達された(66)。ロシアの艦列では、多くがロジェストヴェンスキーは死んだと信じていた。しかしネボガトフ少将は、新しい役割を完全に掌握しているようには見えなかった(67)。彼が初めて決定らしい決定を下したのは、午後八時四〇分になってからで、針路を北東へ向け、艦を増速した(68)。

ネボガドフの艦が速度を上げると、速力の遅い補助艦船が落伍し始め、エンクヴィスト少将の防護巡洋艦二隻、オレーグ、アウローラとも連絡が途切れた。複数の日本水雷艇と数回遭遇し（被害なし）北に向け突破しようとした後、この二隻の巡洋艦は午後一〇時頃、南西へ変針した(69)。この二隻には、いくつかの艦が加わって進んだが、しばらくしてネボガドフが一八ノットに増速したため、次々と落伍し、ついているのは、防護巡洋艦ジェムチュークと駆逐艦ボードルイおよびブレスチャーシチーだけになった(70)。その数時間後、エンクヴィスト少将は上海かサイゴンへ向かうのである。しかし彼の旗艦オレーグに乗艦中の士官たちは、彼の意図に反対し、北へ戻ることを強く要求した。アウローラ乗り組みの軍医の回想によると、「彼は戦闘の結果にひどく動揺しているように見えた」という(71)。エンクヴィスト少将は、目に涙を溜め、意気消沈していたが、戦闘を避ける意志は固かった。「私は老いさらばえてしまった。これ以上長くは生きられない。しかし私以外に一二〇〇人の乗組員がいる。これから祖国に貢献できる若者たちだ。駄目だ。士官たちに伝えてくれ。彼らの気持ちは痛いほどわかる。その選択を多とするも、私はできない。すべての責任は私がとる」と言った。それから彼は、アウローラ乗り組みの士官たちと話をつけようとした。しかし彼らも黙認することはなかった。救いの手を差しのべたのか、オレーグの艦長レオニド・ドブロトフォルスキー大佐である。彼はマニラ行きを提案した。エンクヴィスト少将はすぐ同意した。アメリカ当局がロシアの艦艇を武装解除することはないと考えたのであろう(72)。いろいろ問題はあったが、エンクヴィスト少将の決断が、日本の駆逐艦、水雷艇九隻によるその晩の猛攻から彼が指揮する巡洋艦三隻を守ったといえよう。一方、東郷は少なくとも追撃の手をゆるめる意図はなかった。

この時点で出番を得たのが日本の小型艦艇である。赫々たる戦果を上げる機会を得たのである。駆逐艦二一隻(五個駆逐隊)と水雷艇三一隻(八個艇隊)の戦力で、残余の古いロシアの艦艇を襲撃して魚雷攻撃をかけるとともに、バルチック艦隊の小型艦艇の脱出ルートを遮断するのが任務であった。波は朝ほど高くはなかったが、視界が悪く、日本の小型艦艇は敵の位置確認に困難をきたし、混乱のなかで数隻が衝突した。

それでも何隻かは成果を上げた。いちばん活躍したのが、鈴木貫太郎中佐(一八六八〜一九四八年)の指揮する第四駆逐隊であった(73)。四〇年後の一九四五年八月、七七歳の退役提督は終戦時の首相として、日本帝国の終焉に立ち会った。しかしながら、日露戦争の前夜、当時の鈴木はまだ帝国海軍の水雷の専門家として知られる存在であった。海戦の一年後、ネボガトフ少将は、かつての敵である鈴木とその戦友たちを賞賛するのである。

日本の水雷艇は、魚雷攻撃時極めて敏捷かつ大胆であった。たとえばインペラトール・ニコライ一世の近くで水雷艇一隻が魚雷を発射した。見張りが発見、私は警報を受けていたので、どうにかかわすことができたが、魚雷はすれすれのところを通過したとの報告を受けた。水雷艇は大胆不敵、砲撃を続け、副砲に命中し数人が負傷した(74)。

ほかの魚雷はさらに正確であった。五月二七〜二八日夜、第四駆逐隊の駆逐艦四隻は、鈴木中佐の教育訓練の成果を発揮した(75)。夜陰に乗じて接近し、時には一〇〇メートル以下の距離で敵艦に魚雷を発射した。ロシア艦艇は、昼間の砲撃戦の後、サーチライトがほとんど使えなくなり、盲目状態にあった(76)。イズムルード乗り組みの士官の回想によると、「魚雷攻撃は何時間も連続して繰り返された――暗夜を貫くサーチライトの光芒、殷々《いんいん》たる砲撃音、日本兵の怒鳴り声、そして、投光で照し出された、パノラマのごとき地獄絵が展開した」という(77)。

午前二時三〇分、大々的な捜索の末に彼らは、一万二〇〇〇トンの戦艦ナヴァリンを発見した。対馬の北東約五〇キロメートル(二七マイル)の水域である。艦は、いくつも砲弾を浴びたうえ、魚雷一発が命中し、乾舷が低くなり跛行《はこう》状態で北へ向かっていた。夜空は晴れ渡り、日本の駆逐艦は魚雷三発を発射し、うち二発が命中した。さらに駆逐艦は機雷を結びつけたロープ六本(機雷計二四個)を、艦首前方に投下し、そのうち少なくとも一個が艦に当たった(78)。雷撃と触雷による爆発でナヴァリンは乗組員(当初六二三人)もろともすぐに沈没した(79)。七〇人ほどが艦から脱出したとみられる。しかし、一六時間後に発見された時に、生存者は三人しかいなかった。次に鈴木中佐の駆逐隊に狙われたのが、戦艦シソイ・ヴェリーキーである。トン数はナヴァリンとほぼ同等であったが、形状が違っていた。海戦前オスラービヤに次ぐ主力艦であったが、大口径(二五四~三〇五ミリ)の砲弾五発を含め、何発も撃ち込まれ、多数の死傷者を出した(80)。シソイ・ヴェリーキーは針路を維持していたが、魚雷一発が命中し、舵と推進機が損傷した。午前三時一五分、浸水が激しく、艦首が水没した状態となって、前へ進めなくなった。もはや処置不能で、脱出の見込みもない。五月二八日朝、乗組員たちは、海水弁を開いて沈めようとする一方、全員が降伏した。日本側は乗組員六一三人を救助し、艦の曳航を始めたが、午前一〇時頃転覆した。人員に被害はなかった(81)。

日本の軽量級艦艇は、この戦艦二隻のほかに、二隻の戦果を上げた。古い海防戦艦ウラジーミル・モノマーフと装甲巡洋艦アドミラル・ナヒーモフで、翌日沈没した。前者は最初日本の巡洋艦和泉と交戦し、死者一人、負傷者一六人を出したが、損害は限定的であった。しかしながら、午前八時四〇分、艦に魚雷一発が命中した。水雷艇一隻を沈めたと伝えられる(82)。雷撃された同艦は船体が傷つき、早朝浸水が激しくなったため、艦長ウラジーミル・ポポフ大佐は、対馬の北端からすぐの水域で、艦の放棄を決断した。艦長は、乗組員の一部をいくつかの救命ボートに乗せ、それから海水弁を開けるように命じた。同艦は午前一〇時二〇分に沈んだ。乗組員の大半は、日本の補助艦艇二隻に移された(83)。

アドミラル・ナヒーモフの運命も大差はない。同艦は戦艦隊八隻のうちの一隻で、戦闘が始まると主力艦列の最後尾に位置し、最初に生起した二回の交戦で、約三〇発を撃ち込まれ、九一人の死傷者を出したが(うち死亡二五人)、船体に重大な被害はなかった(84)。しかしながら、夜間にこの艦も魚雷一発が命中し、翌朝降伏時に対馬の北東水域で、乗組員により海水弁が開かれ、沈没したと伝えられる(85)。

第五段階――敗走、降伏そして終局

一九〇五年五月二八日早朝時点で、ロシアの主力艦数隻は、まだウラジオストクを目指していた。バルチック艦隊中核の生き残りは主力の後衛で、ネボガトフ海軍少将が指揮していた。新型のボロディノ級戦艦アリヨール、旧式戦艦インペラトール・ニコライ一世、沿岸警備のいわゆる海防戦艦二隻、ゲネラル・アドミラル・アプラクシンとアドミラル・セニャーウィン、防護巡洋艦イズムルードである。いずれも重大な損傷を受けておらず、乗組員の犠牲も比較的少なかった(86)。

対峙する日本の艦隊は依然、敵撃滅の意志は固く、沈着冷静に待機していた。東郷とその二個戦隊、そして多数の小型艦艇は、一晩休養した後、対馬の北東約三五〇キロメートル(一九〇マイル)の鬱陵島と竹島の間で、ネボガトフの艦隊を待ち構えていた。午前六時二〇分頃、武富邦鼎少将指揮の巡洋艦が、北上するロシア艦数隻を発見し、全艦隊に警報を発した。それから三時間もたたぬうちに、日本帝国海軍の艦艇多数が現場水域に集まった(87)。午前一〇時、ネボガトフは水平線上に、駆逐艦を含まぬ大型艦二七隻を確認し、包囲されたことに気づいた(88)。疲労困憊し士気喪失状態の提督は、自分の鈍足艦隊には、恐るべき強敵に勝つ可能性はほとんどないと感じた。後日、ネボガトフは「敵を一撃することなどとてもできなかった」と主張した。艦艇は弾薬が欠乏し、艦砲が使用不能になった艦も何隻かあり、初日の戦闘による被害が大きかった(89)。一年後、ネボガトフは、自分の苦境を次のように述懐した。

私が危機的状況にあるのは明白であった。指揮官として当然、私はさまざまなことを考慮しなければならない。全員私を見ていた。なんとすべきか、私には誰もいない。長は一人である。しかし規則集があった。私は、規則集に時に宣誓破りを許す条項のあることを知っていた。そこで私は規則集を開き、読んだ。第三五四条がそれであった。私は、自分がこの条項に想定された状況にあるのか、自分で決めなければならなかった……私の心に何が起きているのか、私の部下は誰一人としてその表情から読み取る者はいなかった……(90)。

ネボガトフは、いちばん良い選択を決める前に士官たちに相談した。彼は、ほかの艦艇に連絡し、弾薬の残存量をチェックし、重大なことであるが、この計画に対する支持を得ようとした(91)。彼は、自艦内にみられる反対に鑑みて、士官たちを前にして話をした。それは、内容、形式ともに数時間前エンクヴィスト少将が行なった演説に類似していた。「私は六〇歳の老人である」と提督は言った。そして「私の命は、もはや特に価値があるというわけではない。終わったのである。私はこのため処刑されるだろう。しかし君たちは若い、将来がある。ロシア海軍の栄光を取り戻す仕事が待っている。この責任はすべて私がとる」と述べた(92)。ネボガトフの率直な論議を全員が受け入れた

降伏時のネボガトフ海軍少将の旗艦ニコライＩ世。前部マストには「ワレ降伏ス」を示す万国船舶信号旗３枚が掲げられている。写真左に日本海軍の戦艦敷島、そのはるか後方にはロシア戦艦アリヨールが見える。

わけではなかった。士官のなかには、敗北主義と非難する者が何人かいた。それでも大多数が彼の決心を認めた。ただし例外が一人いた（93）。イズムルードの艦長バシリー・フェルゼン海軍中佐（一八五八〜一九三七年）である。単独でもウラジオストクへ向かう決意に燃え、提督の決断に従わぬことを決めた（94）。

装甲巡洋艦春日は、ネボガトフの旗艦上で展開するドラマに気づかず、午前一〇時三七分砲撃を開始した。初弾は命中せず、春日はすぐ次弾を撃った。そしてすぐに日本の艦隊全体が、距離七一〇〇メートルで撃ち始めた。ロシアの艦隊は応射せず、針路を少し変えた（95）。数分後、ネボガドフの旗艦インペラトール・ニコライ一世は、（万国船舶信号旗をもって降伏の意を表し）ロシア旗を降ろし、日章旗を掲げた。ロシアの士官のなかには、戦艦アリヨールの艦長代行コンスタンチン・シュベデ海軍大佐（一八六三〜一九三三年）を含め、この動きに反対する者もいたが、ネボガトフの権限に従った（96）。一〇年前、清国の北洋艦隊司令官丁汝昌は、日本海軍を前に同じような絶対的状

ウラジオストク北東水域で乗組員によって爆破され、大破着底した防護巡洋艦イズムルード。

況に追い込まれたが、海水弁開けを命じ、自分は副司令と同じように、阿片を過剰に摂取して自決した(97)。これと対照的に、ネボガトフは自分の決心を断固として守った。日本の艦艇は、ほかのロシア艦にも日章旗が掲揚されているのに気づくまで一〇分を要した。そして全艦が砲撃を中止するまで、あと数分を要するのである。彼らは一様に驚いた(98)。戦艦朝日に乗艦していたある観戦武官は「全員笑っていた。愚弄した笑いではなく、心底安堵した笑いであった」と観察した(99)。

この間、防護巡洋艦イズムルードは、一瞬の混乱をついて現場から逃げ出した。速度を上げ南東へ向かい、しばらくして速力二四ノットで北へ変針した。近くには日本の巡洋艦四隻がいたが、いずれも本艦を停止させることができなかった(100)。イズムルードは懸命の脱出を続けるうち、ウラジオストク付近の島が日本側の手に落ちたという情報に接し、さらに北方のウラジーミル湾を目指した。そして五月三〇～三一日の夜ウラジーミル湾で座礁した。ウラジオストクの北東約四三〇キロメートル（二三〇マイル）の地点である(101)。数回離礁を試みた後、石炭残量は一〇トンとなり、フェルゼン艦長は日本の手に渡らぬように本艦の爆破を決心した。数日後、乗組員は陸路ウラジオストクにたどり着いた(102)。ネボガトフが捕虜になったことは、ロシアの誇りに対する究極の打撃ではなかった。数時間後、ロジェストヴェンスキーも、日本に捕らえられたのである。移乗した駆逐艦ブイヌイが、日本の駆逐艦漣、陽炎と短時間交戦した後、降伏したのである。ここでも乗組員が降伏を拒否したが、司令官付参謀たちの説得であきらめた。ロジェストヴェンスキーは、病床にあってほとんど意識混濁、あるいは意識不明の状態であったから、降伏の決定に直接かかわったわけではない(103)。

速力の遅い海防戦艦アドミラル・ウシャーコフも逃げきろうとした一艦である。戦闘初日、同艦は何発も命中弾を浴びて相当な被害があった。しかし速力が遅いので、後方に取り残されたので、日本の小型艦による夜襲をまぬがれることができた。第二日の朝、ネボガトフの部隊を包囲した日本艦隊は、のろのろと進むアドミラル・ウシャーコフにほとんど注目しなかったが、午後三時頃再び同艦を目撃した。装甲巡洋艦二隻（八雲、磐手）が、同艦の姉妹艦二隻（ゲネラル・アドミラル・アプラクシン、アドミラル・セニャーウィン）が数時間前説得に応じたように、同じやり方で降伏を呼びかけた(104)。しかしながらアドミラル・ウシャーコフは説得を受け入れず、砲撃し始めた。午後五時二〇分、日本の艦艇はすぐ応戦した。降伏しなければどうなるか。アドミラル・ウシャーコフの悲運は、ネボガトフ艦隊の運命を示唆する。一時間も経たぬうちに、もはや同艦の姿はなかった。おそらく乗組員が海水弁を開き、自沈させたのであろう(105)。

装甲巡洋艦ドミトリー・ドンスコイも、最初は日本側の目をのがれていることができたが、そのうち朝になって鬱陵島の東で、再び捕捉された(106)。日本の第三戦隊（防護巡洋艦音羽、新高を中心とする）および駆逐艦数隻と撃ち合いになり、ドミトリー・ドンスコイは散々撃ち込まれたが、それでも航行を続け、夜陰に乗じて鬱陵島のすぐ近くに退避した(107)。翌二九日朝、乗組員は海水弁を開いて自沈させ、同島に上陸した乗員は捕虜になった(108)。

防護巡洋艦スウェトラーナはさらに不運であった。夜中にマニラへ逃げようとしたが、行き先をウラジオストクに変えた。しかし、朝になって、防護巡洋艦音羽と新高に行く手を阻まれた。本艦は戦前、海軍総監アレクセイ・アレクサンドロヴィチ大公(一八五〇~一九〇八年)のヨットとして使用されていた。本艦はいくつかの戦艦より勇猛果敢に撃ち合ったが、スウェトラーナは一六発を撃ち込まれ、一時間もしないうちに沈没した。死者は一六七人で、脱出を拒否し艦と運命をともにした艦長が含まれる(109)。

最初の夜、装甲巡洋艦ドミトリー・ドンスコイに随伴した駆逐艦の一隻、ブイヌイの運命も大差はない。機関の故障に苦しみながら、北に向かって航行を続けたが、別の個所がさらに故障し、やむを得ず乗組員が深夜に海水弁を開いた(110)。ほかの駆逐艦三隻も同じ日に同様の悲運に見舞われた。ブレスチャーシチーは、南西方向へ脱出を図りつつあった時に、砲撃されて沈没した。ベズプリョーチヌイは防護巡洋艦千歳と駆逐艦有明に撃沈された。一方、ブイスツルイは、日本艦艇の追跡を受けつつ、長時間北方向へ逃げていたが、午前一〇時四〇分、朝鮮沿岸で海水弁を開いた。乗組員は日本艦艇に救助された。二〇分ほど経って、別のクラスの駆逐艦グロームキーも、朝鮮沿岸の近く、蔚山の北東で沈んだ(図8参照)。最後に輸送船イルツィシは、五月二九日朝、日本の沿岸近くで、砲撃によって沈没した(111)。

しかしながら、中立港に逃げ込んだ艦艇も何隻かある。いちばん目立つのが、エンクヴィスト少将の指揮する三隻の防護巡洋艦オレーグ、アウローラ、ジェムチュークである。この残存艦隊は、朝鮮海峡を南へ抜け、六日後の六月三日、フィリピンのマニラ港に到着した(112)。アメリカの植民地当局は、期待通りに給炭と出港を認めたものの、サンクトペテルブルクからの命令で六月七日(戦争終結)まで抑留されることになった(113)。それより一週間以上も前の五月二九日、航

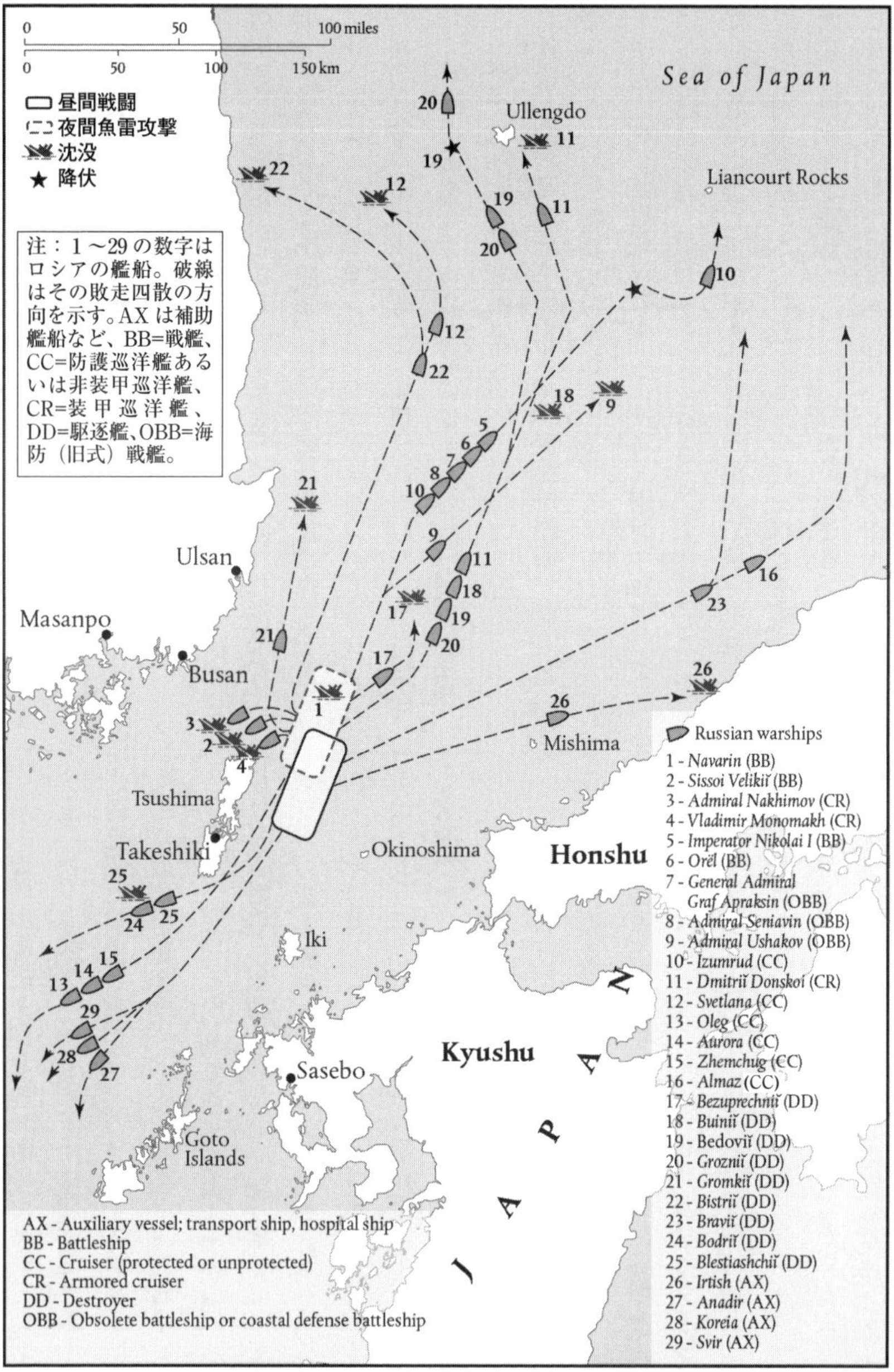

図8 海戦第4および第5段階（1905年5月28日）

洋曳船スウィーリ、輸送船コレーヤが、上海に近い呉淞《ウースン》の港に無事到着し、すぐに清国当局に拘留された（114）。

六月四日、駆逐艦ボードルイが上海に到着した。燃料切れで漂流中イギリスの商船に発見され、曳航されてきたのである（115）。そして六月二七日、海戦からちょうど一カ月後であるが、輸送船アナズィリがマダガスカル北部のディエゴ・スアレズ港（現・アンツェラナナ）に到着した。搭載石炭を使いながら、船は拘留を回避して、その後一カ月足らずで、リバウの港にたどり着いた（116）。

結局、この大艦隊で目的地に着いたのは、わずか三隻である。その最初が（非防護）巡洋艦のアルマーズで、日本の哨戒艦艇をかわしながら日本の沿岸水域を航行し、五月二九日にウラジオストクに着いた（117）。駆逐艦ブラーウィは同じようなコースをたどったが、燃料不足で基地到着は五月三〇日夕方になった（118）。駆逐艦グローズヌイも、ウラジオストクの安全な避難地に到着した。同艦は敵の邀撃をかわしながら北へ急行し、五月三〇日夕方、ほとんど燃料切れの状態で、アスコリド島（ウラジオストク南東五〇キロメートルの地点）に着いた、グローズヌイは、そこで少し給炭した後、残りわずかの航程を急ぎ、五月三一日朝、港に着いた（119）。

五月二九日、戦闘の混沌とした状況はようやく収まってきた。ロシア艦艇で遁走中のものがまだ数隻あったが、双方の海軍軍令部に速報が届きだし、総崩れにかかわる噂が広がり始めた。日本側は祝杯を上げてもよさそうであった。大型艦が基地に戻り始め、降伏したロシアの艦隊が曳航されてゆっくりと軍港に姿を現わし（大半は佐世保港）、捕虜が上陸した。相対的な結果は明らかであった。大勝利を手にしたのである（120）。

ロシア側では、艦隊に関する速報は、（非防護）巡洋艦アルマーズによって打電された。ただしロシア帝国海軍が、艦隊の生き残りを突き止めるには、あと数日を要した。それでも、バルチック艦隊生き残りの三番目にして最後の艦がロシアの領海に入った五月三一日夕方までに、艦艇のほとんどが撃沈され、壮大な航

戦艦朝日に救助収容、佐世保港に移送されたロシア兵捕虜。

海が総崩れの敗北を喫し、大激震にも似た失敗に終わったことが明らかとなった(121)。

最終的な損害をみると、ロシアの艦艇のほぼすべてが沈没、捕獲、あるいは抑留された。この重大な損害には次の主要艦艇が含まれる。すなわち戦艦八隻(沈没六、捕獲二)、海防戦艦三隻(沈没一、捕獲二)、装甲巡洋艦三(全沈没)、防護巡洋艦五隻(沈没二、抑留三)、駆逐艦七隻(沈没五、捕獲一、抑留一)である。

一方、日本側の損害はとるに足りない。水雷艇三隻(資料16~17頁参照)、ほかに主力艦で大きい損害をこうむった艦が数隻あるが、いずれも海戦が終わるまでに戦闘が継続できる状態にあった(122)。沈没、捕獲および抑留を合わせた喪失トン数でみると、その差はさらに大きくなる。ロシアの喪失は一九万八七二一トン(全艦の九二・五パーセント)であるのに対し、日本の喪失はわずかに二六五トンである(七五〇対一)。戦闘による喪失トン数の比較は、九万七〇〇〇対二六五トン。これまた驚くべき大差(三六六対一)である(123)。

戦闘による兵員の損害も、その差は極めて大きい。ロシア側の人的損害は、戦死四八三〇人、捕虜五九一七人（士官一一二人、下士官兵五七九五人）、その多くは負傷していた。さらに乗組員一八六二人が中立港で抑留された。戦友が受けた受難を逃れて味方のいる安全な地にたどり着いた者は、わずかに一一二七人。全兵員の九パーセント以下である。これに対し日本側は戦死わずかに一一七人（四一対一弱）、負傷五八三人である。捕虜、あるいは抑留された者は一人もいない（124）。

なぜ東郷は勝ち、ロジェストヴェンスキーは負けたか

海上戦の勝敗の帰趨を決した諸要因について、洞察力のある当時の観戦者と後年の著述者は、かなり見解を同じくする。彼らは、戦闘前のロシア側の欠点（不釣り合いなもののごた混ぜ、艦船の寄せ集め）と戦闘時の日本側の行為を強調する傾向にあった（125）。それでも、はっきりした結果が最初から判っていたわけではない。公式戦史が刊行されるまで何年もかかり、観戦者の報告をまとめ、目撃者の証言を集めたりして、海戦の全体像が明らかになったのである。海戦以来、最も重大な疑問が、このような目覚しい勝利をどのようにして日本帝国海軍が収めることができたのかであった。結局のところ専門家のなかで、日露いずれかの地滑り的大勝利を予想した者は一人もいなかった。

次節では、戦闘で明らかになった双方の相異を指摘し、一方的戦いになった理由を考察する。この相異は、海戦のあらゆる側面にかかわる。海戦に参加した艦艇の特徴からその戦術、使用法、両海軍の経験とモチベーション、そして両艦隊の戦略目的まで考察する。

(1) 武　装

戦闘の初段階および決戦段階で、搭載砲の運用が鍵を握った。数の上からみると、戦闘の一方的戦いが門数の差で説明できるかというと、両者の砲の数は大差がなかった。二回に及ぶ初日の戦闘では、双方が真っ

先に主砲級の砲に依存し、戦前聞いたことのない距離で使用した。九カ月前、黄海海戦で試みられたことはあるが、この時はうまくいかなかった。この主砲級の砲は、先頭戦艦の厚い装甲を貫通し、主砲を沈黙させ、乗組員に壊滅的打撃を与えるうえで、極めて重要である。しかし、主砲級の大口径砲（標準は三〇五ミリおよび二五四ミリ）が重要であるとしても、当時専門家は、この大口径クラスの砲をわずか一七門（戦艦四隻搭載の三〇五ミリ砲各四門と装甲巡洋艦春日搭載の二五四ミリ砲一門）しか保有しない日本が、四一門も持つロシアにどうして勝ったのか説明に窮した。後年、ソ連の専門家は、日本の艦載砲の発射速度が速く、一発あたりの装薬量も多かった点で、戦闘前から日本側が圧倒的な優位にあったと論じた(126)。

日本の砲手は、大口径砲の数的劣勢を、発射速度、正確な照準、発射弾の威力、そして中小口径砲の数的優勢で補った。日本側は、一万一〇〇〇発を超える弾を発射した。それまでの海戦史上前例のない、弾薬の使用量である(127)。ロシア側の発射弾数は不明である。しかし、いくつかの推測によると、決して少なくなかった(128)。

双方の命中率は比較的低かった。しかしそれでも命中精度は、日本側のほうがロシア側よりもずっと高かった。日本の発射弾は五パーセントほどが命中したと考えられる（大口径砲弾の命中率は一五・九パーセントである）。これに対しロシア側の命中率は一パーセント強（大口径砲弾の命中率は三・五パーセント）である(129)。この前後に生起したほかの海戦を考えると、日本側の命中精度は注目に値する(130)。それは、一九〇四年二月以来、日本帝国海軍が得た戦闘経験、戦闘を前にした乗組員の猛訓練の成果であり、砲撃戦が比較的短距離で行なわれたためでもある(131)。

速い発射速度と高い命中精度のおかげで、日本側の砲撃はロシア艦隊に壊滅的打撃を与えた。黄海海戦と違って、一二〇～一五二ミリ砲を含め中小口径砲による破壊も大きかった(132)。ウラジーミル・セミノフ中佐（一八六七～一九一〇年）は、クニャージ・スウォーロフに乗艦するロジェストヴェンスキーの参謀の一人で、黄海海戦にも参加した筋金入りの海軍士官の一人であったが、衝撃を受けた。「これまでこのような砲撃を目撃したこともなければ、予想したこともなかった。敵弾は間断なく、まさに雨あられと撃ち込まれているように感じられた」と述懐した(133)。

セミノフ中佐の印象は、双方の艦隊にみられる発射速度と命中精度の相違によって、一段と強まった。ロシアの艦艇には、大口径砲弾(三〇五ミリ)七九発が命中し、一方日本の艦艇には、大口径砲弾はわずか四三発しか命中しなかった(砲弾の五四・四パーセントがロシアの艦艇に命中)。この相違は、中口径砲(二〇三あるいは二二九ミリ)になると、さらに大きくなる。命中一一二発対六発(五・六パーセント)、中口径速射砲(一二〇あるいは一五二ミリ)砲は命中三六七発対八一発(二二パーセント)である(134)。全体でロシアの艦艇には各種口径砲弾五五八発が命中、日本の艦艇は一三〇発の命中にとどまった(二三・四パーセント)(135)。

これは大変な相違である。しかし、問題はそれだけにとどまらない。使用された日本の砲弾はさらに威力があり、一発あたり、より大きい被害を与えた。ロシア側は徹甲弾(AP:Armor Piercing shot and shell)を用いたが、その弾は貫通するよりも、命中時の衝撃で爆発する傾向があり、ほとんど艦に打撃を与えなかった。しかも不発弾が相当あった(136)。これとは対照的に、日本の弾は、炸薬の多い鍛鋼榴弾(高爆榴弾HC:thin-skinned High Capacity shell)と、数は極めて少ないが徹甲弾を使った(137)。前者は、ロシアの主力艦の厚い装甲を貫通することはまずないが、艦の構造と乗組員に恐るべき被害を与え、多くの火災を起こした(138)。その打撃力は、徹甲弾より四倍も多い炸薬の使用による(139)。そして下瀬火薬の使用によって倍加した。この火薬は当時入手可能なほかのピクリン酸系の火薬よりも、比較的安定性に欠けるが、より強烈な高熱を発し、非常なブラスト効果を持っていた(140)。

全体的にみて、あらゆる種類の火砲が極めて重要な武器であることが証明された。開戦より最初の一五カ月をみると、沈没した大型艦はすべて機雷によるか、あるいはいくつかの原因が重なったもので、砲撃のみによる沈没はなかったが、この対馬沖海戦により艦載砲がその名誉を完全に回復し、海戦における支配的地位をとり戻した。しかしながら、これは日本側だけで起きた。それは、高い発射速度、前例のない命中精度、そして鍛鋼榴弾の効果的使用による結果であった。

日本側は、ロシア側に比べると魚雷を多量に使用し、その効果もはるかに大きかった。日本側は六四発もの魚雷を発射し、そのうち一〇発ほどが命中した。一方、ロシア側はわずか四発しか発射せず、一発も命中しなかった(141)。魚雷は、この戦争で最も期待外れのものの一つであったにもかかわらず、対馬沖海戦では、極めて有効な兵器であったように思われる。日本帝国海軍は、命中率一五・六パーセントで残存大型艦艇を効果的に始末したのである。

日本の魚雷の大多数(九〇・六パーセント)は、駆逐艦と水雷艇によって発射された。駆逐艦と水雷艇は、天候を問わず、二回目の交戦の後、バルチック艦隊の針路上を縦横無尽に暴れまわった。高速で群がりつつ行動するこの小型艦艇は、敗走するロシアの艦艇を追跡し、夜間あるいは視界不良の条件下でのみ可能な短距離で、時には極めて近い位置まで急接近し、とどめの一撃を加えるうえで、極めて貴重な存在であった。

日本の水雷艇は、砲撃戦で深手を負っていないロシアの艦艇に対しては、あまり威力を発揮しなかったと思われ、外洋であるため、朝になると行動に限界がみられた(142)。バルチック艦隊は、日本側に比べると明らかに魚雷使用に熟練していなかった。遠洋航海であるため、随伴する駆逐艦が少なく、水雷艇になると、皆無であった。しかも大型艦では魚雷の使用は難しかった。艦隊は敗走中であり、向かってくる敵に対しこの目的だけのための姿勢を向けるのは難しいのである。

(2) 装甲と艦の構造

ロシアの戦艦のなかには、日本の砲撃に耐えられなかったものが数隻ある。沈没した第一号が戦艦オスラービヤで、装甲の面で明らかに標準以下で、この級(同型三隻）は「戦艦にみせかけているが、実際は装甲巡洋艦」といわれる程度のものである（143）。就役してわずか二年しかたたないが、そのデザインは古臭く、時代遅れで、非装甲部分がかなりあった。特に艦の舷側にあたる部分である（144）。

このような欠陥が指摘されるものの、装甲が戦闘の帰趨を決めるうえで、決定的な役割を演じたようにはみえない。表面上ロシアの戦艦で日本のものより厚い装甲のものが何隻かあった。しかし現実は違うことを証明した。日本の戦艦について言えば、有力なクルップ製の装甲板（ＫＣ鋼）で防護していたのは、三笠だけで、ほかの主力戦艦（敷島、富士、朝日）は、ハーヴェイ・ニッケル鋼板の装甲であった。ロシアの艦艇でＫＣ鋼の装甲を持つのが四隻もあった。いずれもボロディノ級の戦艦である（145）。

海戦後、ロシアの戦艦の装甲は欠陥があるとか、少なくとも舷側の船体部分が十分に防護されておらず、傷つきやすかったと論じる専門家がいた（146）。いずれにせよ、この点に関する最近のロシア側の研究は、戦闘に加わった少なくともボロディノ級の戦艦四隻については日本の戦艦に劣っていなかった。むしろ優れていたのではないかと示唆している（147）。

この一連の戦艦が持つ装甲上の優位性が何であれ、実戦ではそれが実証されなかった。特に海面下の装甲帯の相当部分でそれが言える。これは、一部には構造上の欠陥に由来するが、全艦が石炭を積みすぎていたためである（148）。加えて、この頃のロシアの戦艦は重心位置が高く、戦闘で損傷・浸水後の転覆の原因の一つになった。このように、日本帝国海軍のイギリス製戦艦は、より防御が厚く抗堪性のあることが戦闘で実証された。

ただ、そうした違いがあっても、最大口径の火砲を含めて戦艦の舷側（装甲帯）を貫通した弾は極めて少なかった。ロシアの戦艦のうち数隻が転覆し沈んだが、必ずしも装甲が直接の要因ではなく、艦の構造、そして防水区画と縦通隔壁の破壊後に傾斜を防止するように設計されていなかったためである（149）。さらに戦艦両舷のいずれも、水雷防御隔壁を設けておらず、片側に浸水した場合、もう一方に注水してバランスをとる有効な装置もなかった(150)。このことから推察して、結論として言えることは、ロシア海軍あるいは日本海軍いずれの艦艇の装甲の質と厚さは、海戦における喪失あるいは勝利の根本原因ではなかったのである(151)。

(3) 速力

対馬沖海戦と比較して、それまでの海戦では艦船の速力が重大な問題になったことは滅多になかった。この海戦では、双方は速力においてはっきり判るほど違っていた。この相違は、日本の艦艇のほうが特に速かったためではなく、ロシアの艦隊が艦船の異種混合度が大きかったためである。低速の補助艦船(たいへんな足手まといである)と海防戦艦を含めた混成で、速力が遅くなった。速力の出る艦艇も、船舶の速力の低下を招くフジツボが船底に大量に付着して重荷になっていた(152)。

低速艦がなく、比較的艦種が統一された東郷の艦隊主力は、最初から相手より高い速力を利用した(153)。海戦の初期段階で、日本側は一五ノットで航行できたが、ロシア側主力はせいぜい一二ノットを出せたにすぎない。日本側の提督は、相手より高い速力のおかげで、接近したり、距離をとったり、自分の位置を意のままに制御することができた。初期の運動は、ロシアがこちらより際立って遅いとの認識をベースにしていた。換言すれば、東郷の有名な運動と第一次交戦時に行なった四度の回頭に関して、アルフレッド・マハンが指摘したように、この速力のおかげで、東郷は「ロシア艦の片舷の砲を次々と使用不能に陥れる」ことができたのである(154)。夜戦においても、日本の駆逐艦、水雷艇は、相手にまさる快速で有利に立った。日本の駆逐艦は、自分より大型のロシア艦艇より素早く行動し、邀撃した艦を容易に出し抜くことができた。

(4) 通信と探知

日本帝国海軍は、艦艇に無線電信装置を装備し、活用することができた。この装置のおかげで、東郷はロシア艦隊の探知から十分な時間的余裕をもって第一戦隊を配置できた。この新開発の装置は、四年後、その開発者にノーベル物理学賞が授与されることになるが、戦闘時、東郷は哨戒艦船を広範な索敵に出し、あるいは呼び戻すことが意のままにできた。進航するバルチック艦隊は、無線電信あるいは偵察連絡の点で、日本側より劣っていた。

ロジェストヴェンスキーは、日本艦隊の探知あるいは通信妨害上、自己の無線電信装置を有効に活用しなかった(155)。さらにロシアの艦艇の排出する濃い黒煙は、低質石炭を使用していたためであった。しかも煙突は鮮やかな黄色で塗られているため、五月後半の気象によくみられる霧や靄のなかでも目立った(156)。

(5) 指揮統率と準備

双方の艦隊にみられる指揮統率のスタイルは相当に異なり、結局これが戦闘の成り行きに重大な影響を及ぼすことになった。第一に、二人の司令長官は、互いに相手を知るうえで、違いがあった。戦闘の前、東郷は敵の性格と配備を知ろうと懸命であり、敵艦隊をいったん発見すると、ぴったりと追尾してその動静を探った。これに対してロジェストヴェンスキーは、敵に関する情報収集はほとんどしなかった。ロシアの提督は日本艦隊について「何も知らなかった」というマハンの観察は大きな誇張ではあるが、マラッカ海峡とシンガポール沖を安全に通過した後、ロジェストヴェンスキーは日本側の配置と計画に関する情報取得にほとんど努めなかった(157)。

これも重要な点であるが、海戦において東郷は、事前に対策を講じ、果敢に運動を行なった。一方のロジェストヴェンスキーは受動的で、対応は優柔だった(158)。

戦闘中一貫して、少なくとも三六時間、東郷は艦隊における司令長官としての最高権威を維持した。重圧のなかで気力の衰えもみせず、終始沈着冷静であり、同時に自分の計画を指揮官たちと共有し、権限を委譲し、部下を信頼した。

　ロシア側は、この種の指揮統率の欠如が明白であった。ロシアの司令長官は、部下（の采配）を嫌う中央集権主義者で、各艦の艦長どころか、直属の指揮官であるネボガトフとエンクヴィストと戦闘計画を共有しなかった(159)。事実、海戦前、ロジェストヴェンスキーはナンバー2のネボガトフとわずか一回しか会ったことはなく、自分の戦略あるいは意図を副司令長官と検討したことはない。旗艦クニャージ・スウォーロフがもはや戦闘に参加することができず、ロジェストヴェンスキー自身が負傷してほかの艦に移送される事態となってはじめて艦隊の指揮権を委ねることになるが、実際にネボガトフが指揮をとることはほとんどなかった(160)。

　この日露の二つの指揮統率のスタイルの違いが全く異なった結果をもたらすのである。日本の乗組員は、戦闘に備えて猛訓練に励み、指揮官たちは戦術を討議し、演習した(161)。ロシアの乗組員は、長期の航海に倦《う》み疲れ、追加増援を期待しながら過ごした。もちろん巡航速度の航海である。彼らは砲撃訓練をほとんど行なわず、指揮官たちは戦術運動の演習をせず、戦闘に備える努力もしなかった(162)。

(6) 意欲

　二つの艦隊は、戦闘に勝利するという意欲と決意の点で相当違っていた。日本帝国海軍の高い士気は、教育制度と軍隊で、一〇年以上も忠君愛国の精神を叩き込まれた結果であった(163)。これに照らしてみた時、この戦争は、日本における民族主義の勃興の分水嶺となる。そして国民の支持が、国家とその海外膨張に手を貸すのである(164)。

　日本帝国海軍が示した不退転の決意は、一部には勝利がそしてそれ以上に敗北が国家全体に対して持つ大きい含みに由来していた。日本は、この一五カ月間戦い続け、今ここで敗退すれば、戦争そのもので敗北することになりかねないので、絶対に負けるわけにはいかなかったのである。さらにロシアと比べれば人的資源に制限があり、経済も未発達である日本は、戦闘の一部勝利でよしとするわけにはいかなかった。

バルチック艦隊のウラジオストク到達を許してしまえば、それは戦争が長引き、日本としては耐えがたい消耗戦に変貌する恐れがある。さらに日本の近海にロシアの大艦隊が存在し続けることは不断の脅威となり、〝牽制艦隊〟となれば、朝鮮半島および南満洲所在の陸軍部隊にとってもリスクが生じる。さらには生存に必要な物資の日本本土への補給がストップする恐れも出てくる(165)。

海戦前、ロジェストヴェンスキー自身、指揮下にある艦艇がたとえ二〇隻しかウラジオストクに到達しなくても、「日本の交通線は深刻な危険にさらされる」と述べていた(166)。一九〇五年五月、東郷はこのような状況を十分に承知しており、黄海海戦で犯した誤りは断じて避けると決意し、これまで以上に思いきって対処すると考えていた。

ロジェストヴェンスキーは、命令にもかかわらず、東郷と違って、日本周辺水域を支配する意志に欠けていた。彼の通信文は、その態度を示唆している。この航海を、必ずしも支配権確立を主目的とする作戦とはみなさず、いつかは始まる和平交渉で、ロシア側が有利な立場を確保するための一手段と考えていたのである(167)。彼の決断の欠如は、海戦の最終段階でほかの上級士官たちが下した決心にも反映していた。エンクヴィストは、南への脱出を選択し、マニラに退避地をみつけ、ネボガトフはめったにない降伏を選択した。

バルチック艦隊にはびこる低い士気は、目的と決心の問題とは別の根深い問題があった。ロシア艦隊の困難な航海は、意欲の問題からのがれることはできない。このような長期に及ぶ遠洋航海に乗り出す艦隊は、たいてい士気の低下をきたし、戦闘能力が減退する(168)。長期航海に加えて、艦内のみじめな状態、下士官兵に対する士官の処罰が、出航当時に少しはあった意欲を微塵に打ち砕いてしまった。ノッシベー寄港時、熱帯の暑熱、乏しい支給品、そして前途の不透明さが乗組員の間に反抗、命令不服従の空気を醸成した。

同じように重大な問題が、無気力の傾向である。もっともそれは広くみられる現象の一つであるが、艦隊の士官の多くがこの特徴を有していた。太平洋艦隊の高級士官たちとロシア満洲軍の司令部幹部の間に目立った、座して増援を期待する姿勢であるが、両者の間にそれほど大きい差はない。しかしながら、ロシア帝国陸軍が、ほとんど無尽蔵な兵士の補給を期待できるのに対し、ロシア帝国海軍の人的資源には限界があった(169)。

(7) 戦術

相対する二つの艦隊は当初、砲撃戦を展開したが、戦闘の少し前と戦闘中、双方の戦術的決定が、その結果に多大な影響を及ぼした。当時を振り返って考えると、双方の下したいくつかの決断が極めて重大な意味を有する。ロシア側にとって、艦隊全体ひとまとめで行動するとしたロジェストヴェンスキーの決心がおそらくいちばん重大な問題であった。彼は補助艦船を切り離して独自に行動させる代わりに、戦闘艦の後から随伴させるという命令を下した。そのため全体の航行速度が遅くなり、脆弱な補助艦船の安全に絶えず気をつかわなければならなかった(170)。

さらに巡洋艦をその護衛にまわしたため、当初の、そして最も肝心な砲撃戦において、その火力が使えなかった。ロジェストヴェンスキーの後を引き継いだネボガトフ少将も、戦術に熟達していなかった。戦史研究者が指摘しているように、彼の主たる努力は「戦艦を犠牲にして敵弾を回避し、暗闇という保護を求めて夜の到来を待つ」ことにあった(171)。

一方、日本側は、東郷が魚雷を装備する駆逐艦および水雷艇五二隻を投入したが、気象条件と当初の期待外れにもかかわらず、極めて効果的だった。夜間戦闘時、この小型艦艇は、イギリスのウィリアム・パケナム海軍大佐（のちに大将、一八六一～一九三三年）が「数をもって殲滅できる」と示唆したように、当代の原則を一変することはなかったとはいえ、小型艦艇による雷撃戦術は海軍の主流になった[172]。つまり、小型艦艇が発射した魚雷六四発のうち一〇発（そして夜間戦闘時の四二発のうち六発）が命中し、戦艦数隻を含む跛行《はこう》中の艦艇を始末したのである。しかも絶えず視界上にあって繰り返し攻撃してくるため、これが戦闘第二日目のロシアの乗組員たちの士気を低下させ、戦闘に多大な影響を及ぼした。

(8) 戦略

　バルチック艦隊が潰滅的敗北を喫したことで、艦隊派遣に底流する戦略的考慮が問題視された。いずれにせよ、一九〇五年一月初旬、旅順が陥落した時、太平洋艦隊の大半が消滅した。その目的は、これが起きる前と起きた後では異なってくる。ロシア皇帝は、その月の後半、艦隊派遣の目的を一部修正した。しかし、この後のロジェストヴェンスキーの行動、特に五月二七日にとった行動は、指示と一致しないようにみえる。彼は、ウラジオストクに到達するため懸命に努力することだけを考えて、その周辺水域を制覇する方策を追求しなかった。

　ロジェストヴェンスキーが、さまざまな困難に直面しながら長途、対馬海峡を目指した努力は賞讃に値するであろう。しかし彼は、より奥行きのある戦略の準備とその実行には完全に失敗した。これとは対照的に、東郷は自分の立てた戦略を見事に遂行した。敵撃滅のための最適の時と場所を考え、時機到来に備えた彼は、敵艦隊が制海権を確保することも、安全なウラジオストクにあって〝牽制艦隊〟として睨みをきかせることも阻止した[173]。

　なかでも、東郷による場所の選択が決定的であった。比較的狭い海峡と彼の考案した捜索探知方法が、敵との遭遇をほぼ確実にした。一〇年後、北海でのイギリスとドイツの戦い（ユトランド沖海戦）が示すように、たとえ無線電信があっても、大きい艦隊同士が互いに相手を見逃すことは避けられず、結局、戦時の大決戦が回避される結果になる。対馬沖海戦後、サー・ジュリアン・スタッフォード・コーベット（イギリスの海軍史家、軍事学者、一八五四〜一九二二年）の言葉を借りれば、ロシア帝国海軍が海軍国としての地位を回復する可能性はあまりにも遠くなり、具体的な検討に値しなくなり、日本帝国海軍は史上初めて恒久的な海上支配権を獲得した(174)。さらに海戦の結果、日本は陸上でもその支配権を維持し、和平交渉を急ぐことが可能になった。

この海戦における日本の決定的な勝利の鍵は、二つに分けて考えることができる。戦闘の初期段階で最初から戦闘の主導権を握ったのが、日本側主力艦隊所属の一ダースの戦艦、装甲巡洋艦であった。ロシアの最も強力な最新式戦艦に火力を集中してほぼ無力化し、かくして海戦勝利の道筋をつけることができたのである。もっと特定していえば、日本の艦隊は、相手より優れた戦術指揮と速力で優位に立ち、そしてまたその砲撃を相手よりも効果的に加えた。敵をばらばらにしてその抵抗力を打ち砕いたのである。戦闘が初日の午後七時で決着がついていたなら、日本側の勝利はまさにずば抜けものであったろう。しかし、戦闘はその後、二四時間続いた。

この最終段階で、特に夜間に昼間より大きい成果を上げ、決定的勝利をもたらしたのは小型艦艇の大量投入で、主に駆逐艦と水雷艇による蝟集攻撃であった。暗夜での行動であるにもかかわらず、敗走するロシアの艦隊を追跡し、分散させ、中立港へ追いやり、あるいは近距離から発射した魚雷で撃沈した。戦術上の巧みな戦力の投入は、ロシア側の戦略的洞察力の機能不全によって効果を上げた。ロシア側が、より攻撃的で建設的な気質は当然として、このような明確な洞察力を持っていたなら、あれほどの大差のつかない戦闘で終わることができたであろう。

第三章　傑出した海軍国になった日本

戦いに勝っても慈悲深い国

勝利のニュースを聞いて、日本国家全体が高揚感につつまれた。いずれにせよ、それは一種醒めた喜びであり、外国の観察者たちが驚いたことに、国民の多くは高揚感と安堵感が入り混じった感情を抑えることができた。明治天皇は、戦闘で命を失った日本兵を心より悼み、その厳粛な気持ちを五行詩に詠んだ。それは当時の国民の心を反映していた(1)。それでも、なかには高揚感を抑えられない者もいた。たとえば、皇居のお濠に隣接する日比谷公園に、一〇万人を超える市民が自然に集まり、戦勝を祝賀した(2)。以前の提灯行列のような対ロシア戦時によく見られた光景と違って、この時は大きな高揚感が横溢していた。新聞各紙は、どこか抑制の効いた見出しをつけていたが、このニュース速報は、奉天戦の勝利以来二カ月余り経っての戦捷報であったから、戦争が終ろうとしていると信じるに足る理由を群集に与えた(3)。

期待感が高まりはしたが、対馬沖海戦が戦争をすぐに終わらせたわけではない。しかしながら、その海戦の結果は、日本のための和平交渉の努力を加速した。そしてそれが、三カ月少しで、戦争を終結に導くのである。奉天戦後、この国は、戦前に思い描いていた以上のことを達成したとはいえ、軍事、経済ともに消耗していた(4)。日本は、満洲の戦場における戦果を考慮した恒久平和を待ち望んでいた。対馬沖の戦いは、この抑えがたい願望を強めた。赫々たる勝利を手にした今、和平交渉を通した戦争終結の見込みは一段と大きくなった。海戦後、平和への一歩を踏み出したのが、サンクトペテルブルクではなく東京であったのは、驚くほどのことではなかった。一九〇五年六月一日、政府が海戦の全貌報告を受けてわずか四日しかたっていなかったが、日本の駐米代表がセオドア・ルーズベルト大統領(一八五八~一九一九年)に接触し、〝大統領自身のイニシアチブと行動〟を要請した(5)。

その五月、日本の交渉担当者たちは、ロシアの海戦敗北を利用して、その指導者たちを交渉のテーブルに着かせようと工作したが、無駄であった。やがて日本側は、ルーズベルトの支持を得て、ロシア領にいちばん近いサハリン(樺太)の占領を決意した。その任務を与えられたのが、片岡七郎海軍中将指揮の第三艦隊と、新編成の陸軍第一三師団であった(6)。

一九〇五年七月五日、外征部隊がサハリンに向け出撃し、二日後、第一次上陸作戦を開始した。七月一三日、全島が日本軍の手に落ちたが、島の北部ではロシアのパルチザンが抗戦を続けた。ロシア駐屯部隊が正式に降伏したのは、一九〇五年八月一日である(7)。

一方、日本政府は、二つの対戦国のイメージをめぐる国際闘争が、対馬沖海戦で終わったわけではないことをずっと痛感していた。戦争勃発以来、双方は国家とその戦闘上の行状が文明的かつ騎士道精神に則るという姿を見せようと非常な努力を払った。

世界の世論についていえば、一九〇五年の初夏の時点で、支持という戦略的増進が明らかになっていた(8)。日本の戦前のイメージは、画期的ともいえるほど改善された。特に合衆国において然りである(9)。一瞬も気をゆるめる時ではなく、ましてや虚勢を張ったり、自信過剰になる場合ではなかった。戦勝の祝賀は延期され、ロシア兵捕虜は、称賛に値する立派な扱いを受けた(10)。

これが、最も高名にして負傷したロジェストヴェンスキーの巡り会った運命でもあった。一九〇五年六月三日、東郷が佐世保の海軍病院に本人を見舞った。彼は、日本の武士道精神の範を示し、ロジェストヴェンスキーの手を握り、「敗北はどの兵家にも見舞う時の運」と強調し、「私たちが任務を遂行したのであれば、敗北を恥じることはない。私は、この前の海戦で貴官の乗組員たちが発揮した勇気を讃えるのみ、重傷を負うまで重大な任務を遂行した貴官に私個人敬意を表するものである」と述べた[11]。

一見、この私的な見舞いは、海戦からわずか六日後に行なわれ、すぐに記事や絵の形で数多く紹介され、不滅の史実として記録されることになる[12]。二週間後、同じような礼儀の作法に従って、日本側当局は、捕獲した二隻の病院船のうち一隻、カストローマを解放した。病院船は負傷兵を乗せて上海を目指し、さらにそこからマニラへ行き、抑留中の負傷したロシア兵を収容すると、ロシアへ向かった[13]。近代戦はメディアの世界でも展開するのであり、一九〇五年に日本が切望したイメージ、つまり戦いに勝っても慈悲深い国であると端的に示すには、これにまさる光景はなかった。

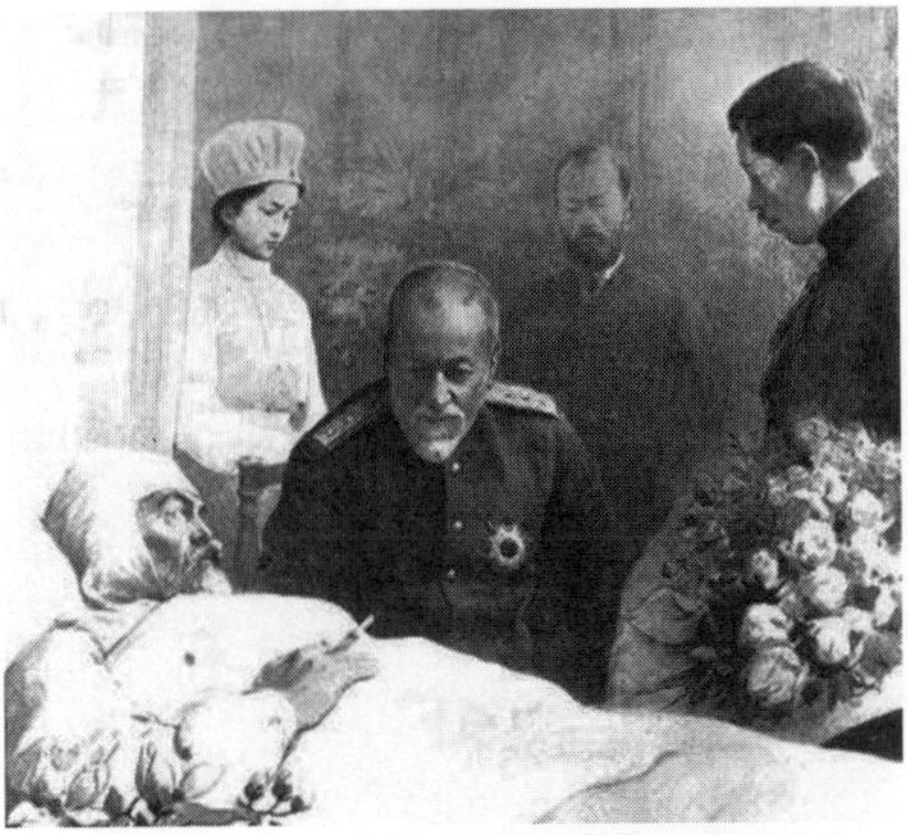

1905年6月3日、東郷大将は参謀秋山真之中佐、ロシア語が堪能な三笠分隊長山本信次郎大尉をともない、負傷して佐世保海軍病院に入院中の敵将ロジェストヴェンスキー中将を見舞った。そのようすを描いた絵画。

ひとたびサハリン島の占領が終わると、平和条約締結の道は近かった。ルーズベルト大統領を調停者として、ニューハンプシャー州のポーツマスで講和会議が開かれることになり、二つの対戦国は、代表を同地に送ることになった。

ルーズベルトは早くも一九〇五年二月、調停者として行動する強い意志を双方に伝達していた。しかしロシア側は、日本政府が三月に交渉の用意がある旨発表していたにもかかわらず、断固として拒否した。双方が、武力闘争の継続より外交戦のほうが苦慮の度合いは小さいと認識したのは、ロシアの対馬沖海戦の敗北とサハリン降伏の後である。心境の変化をきたしたのは主にロシア側で、その交渉代表は、日本側の要求の大半を受け入れる用意があった。しかしながら、ニコライ二世の断固とした反対で、交渉代表は賠償要求を全面的に拒否し、代わりにサハリンの南半分に対する日本の支配権を認める、と主張した。

日本が、ロシアの提示を受け入れて、ポーツマス条約に調印し（一九〇五年九月五日）、これで一九カ月に及ぶ戦争に決着をつけたことに、世界が驚いた(14)。日本国民は、戦争終結にまさる強い衝撃で、このニュースを受けとめた。国民は、長期戦による軍事上、経済上の重圧を認識せず、ロシアが日本の要求に全面的に屈すると期待していた。講和条件、そして特に賠償がないことに対する怒りは相当なもので、これを論じた新聞は〝裏切り〟という言葉を使って批判した(15)。軍港都市佐世保では、ロシアの捕虜たちが〝何かにつけ旗を揚げることが好きな〟住民の家に一本の国旗も揚がっていないのを見て驚いた(16)。条約締結の日、東京の日比谷公園に三万人ほどの住民が集まった（講和問題同志連合会主催）。彼らの抗議は暴動化し、政府は首都に戒厳令をしき、軍隊を出動させた（日比谷焼打ち事件）。その四カ月後、なかなか収まらぬ社会の不穏な空気は、直接（政治の世界に）インパクトを及ぼし、桂太郎内閣の崩壊を引き起こした(17)。

このような戦争の決着に不満が渦巻いていたにもかかわらず、当時日本でこの戦争が勝利の戦いであったことを疑う者は、ほとんどいなかった(18)。一九〇五年一二月二一日、連合艦隊が解散した時、日本の軍でこれほど崇拝されている部隊は極めて少なかった。普通の日本人なら、尋ねられると戦争のクライマックスとして、対馬沖海戦、そしておそらくは旅順要塞占領を挙げた。この後、日本は日露戦争勝利に乗じ、ほかの列強と一連の互恵的協定を結び、北東アジアにおける地位を固めることができた。日英同盟が一九〇五年、そして一九一一年に更新されたように、大英帝国が日本の最も頼り甲斐のある同盟国であった。しかし、驚いたことに、日本は一九〇七年にフランス、そして不倶戴天の敵ロシアと協定を結んだ(19)。ロシアが、朝鮮半島における日本の権益を全面的に認めたのは、これが最初である。ロシアは自国の非介入すら公

約した。一方、日本は外モンゴル（外蒙古）における
ロシアの権益を見返りとして認めた。
戦場における勝利とともに、一連の協定締結による
外交上の地固めによって、世界の列強は日本を地域勢
力と考えるようになる。以後、太平洋圏では合衆国海
軍だけが日本海軍に対抗し得るとみなされる。しかし
ながら日本国内では、戦後一〇年間、特に勝利による
好景気に湧いたわけではなく、荘厳な国家的栄光につ
つまれていたわけでもない。日本が〝突如〟本当の強
大国になるには、あと一四年を要するのである。一九
一九（大正一〇）年一月、日本はヴェルサイユ講和会
議を支配する五大国の一つとなった。その後すぐに新
設された国際連盟の常任理事国になる。

横浜で挙行される連合艦隊凱旋観艦式前日の1905年10月22日、海戦の経過を上奏するため東郷大将は海軍の要職者とともに皇居に参内した。東京駅から馬車で皇居へ向かう東郷大将らを歓迎するため沿道には数万人の市民が詰めかけた。

海戦後の日本帝国海軍

一九〇五年一〇月二一日、日本のメディアは、ホレイショ・ネルソンの没後百周年の記念記事を発表した。トラファルガー海戦（フランス・スペイン連合艦隊を撃破）で戦死したイギリス海軍の指揮官である。横浜では、トラファルガーの英雄を記念する晩餐会が開かれ、イギリスの海軍提督と東郷海軍大将が出席した(20)。ネルソンに突然関心を抱いたのは、自国の利益を考えてのことであった。海外紙が東郷を同じように評価したが、日本の国内紙の場合は、東郷をネルソンの後継者として称えることによって、日本とイギリスを同列においていたのである(21)。タイミングは絶

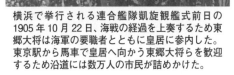

妙で、かつ意図的である。翌一〇月二三日、終戦から一カ月ちょっとしか経っていなかったが、日本では、艦隊の凱旋式が挙行された。日比谷で発生した暴動は、その頃には収まっており、市中は昔ながらの平凡な日常が戻っていた。この週は、東郷の伊勢神宮（神道の至聖所にあたる最も重要な宗廟）参拝を含め、祝賀行事の続く一週間で、艦隊の帰還がそのクライマックスにあたる(22)。

1905年10月23日、横浜沖で挙行された連合艦隊凱旋観艦式を描いた「画報」。この絵は1905年制作のリトグラフで、観閲台に立つ明治天皇（右）、東郷大将（左から２人目）。明治天皇の左からイギリスの遣支艦隊長官ジェラード・ノエル海軍大将、伊藤祐享海軍大将、山本権兵衛海軍大臣、桂太郎首相（陸軍大将）および山縣有朋陸軍元帥（courtesy of Professor Sven Saaler, Tokyo）。

祝賀週間の初日、黒馬にまたがる東郷は、東京の中心に建てられた凱旋門を通り、会場を埋めつくした民衆に、歓呼の声で迎えられた。同じ日、東郷は宮城を訪れ、海戦について、明治天皇に報告した。翌日、天皇と提督は、横浜沖で凱旋観艦式に出席した。式典横浜港周辺域には一五万人を超える民衆が集まった。参加艦艇は一四六隻、捕獲したロシアの艦艇数隻も含まれていた(23)。それまでに挙行された最大規模の観艦式であった。

御召艦、装甲巡洋艦浅間に同乗した東郷は、捕獲したロシアの艦艇を含む各艦とそれらの海戦時の行動を簡単に説明した。目につくのは、戦時中、東郷の旗艦であった戦艦三笠が、この式典に参加していないことであった。ポーツマス講和条約が締結されて六日後、佐世保軍港に碇泊中、非情な災難に見舞われたのである。艦に突如火災が発生し、これがもとで後部砲弾火薬庫が誘爆、艦は沈没着底してしまった(24)。乗組員三三九人の死亡はもとより、艦の喪失は、国に衝撃を与えた。ロジェストヴェンスキーは、捕虜収容所からお悔やみ状を送った。東郷は簡単な返書を送ったが、その苦悩は慰めようがなかった(25)。海戦で戦死した乗組員八人は、この事故の死者の数とは、比較にならない。その差には圧倒される。艦を浮上させるには、ほとんど一年を要し、現役復帰にはあと二年かかった。しかし、その三笠は、かつての地位に返り咲くことはなく、沿岸警備や支援任務にほぼ終始した。後年、痛ましい事故の犠牲艦が海戦の記念碑的存在となるが、当時そうなるとは多くの人が想像すらしなかった。

この不幸な事件は別として、日本帝国海軍には誇るべきものが多々あった。振り返って考えてみれば、日露戦争は日本が成功した事変であり、対馬沖海戦は、この紛争で特に重要な戦いであった。一年後の一九〇六年五月二七日、日本帝国海軍は、初めて海軍記念日を祝った。この記念日は一九四五年まで続く(26)。戦争が終わり、日本帝国海軍は、前よりも大きくなった。絶対数でみると、捕獲戦艦数隻を加え、さらに新造主力艦もあり、そのサイズは相当に大きくなった(27)。諸外国との比較でみると、日本は世界第五位の海軍国になった。一九〇一〜〇三年に維持していた地位を取り戻したのである(28)。

質的面でみても、日本帝国海軍は貴重な戦闘経験を手にし、一定の自信を得た。これが、海外に対する野望、そして国内では陸海の軍部間の競争に影響するのである。対馬沖における海戦の勝利、そして終戦直後における海軍と東郷の非常な人気を背景として、帝国海軍首脳はその気になって、海軍第一主義の課題を推進することになる。つまり、帝国海軍のさらなる増強である。海軍の観艦式は大いに宣伝され、その形式は一九〇五年一〇月に定まったパターンに類似し、各地で実施される艦艇進水式典で、さらに盛り上がり、本や雑誌で強調された(29)。この後の時代、対馬沖海戦とその参加将兵のイメージが海軍の公事《くじ》と記念上重要な伝達手段となる(30)。

一九〇五年以降、陸海軍は相異する目的と優先順位を有し、それを追求していくことになる。これは、明治史を専門にする政治・歴史学者岡義武（一九〇二～一九九〇）が〝コンセンサスの分解〟と定義した新しい状況を反映していた[31]。日本帝国海軍は、帝国陸軍と違って、ロシアとその弱体化した海軍を、もはや主要仮想敵国と見なすことができなくなった。日本海軍軍人（中将）で海軍戦略家である佐藤鉄太郎（一八六六～一九四二年）の影響もあって、帝国海軍は明確な膨張政策を採用した。そのなかで合衆国海軍が有力なライバルと位置付けられる[32]。一九四〇年代初期、太平洋で生起した衝突を顧みれば、この選択は予見性があったように見える。長引く冷戦と解釈されてきた激化する両国の緊張状態を考えれば、特に然りである[33]。それでも、少なくとも当初は、合衆国海軍は日本の脅威になるような姿勢をほとんどとっていなかった。大体この脅威論は、新しく手にした〝対馬の栄光〟という成果を利用するためにつくられた〝予算獲得上の敵〟のことであった[34]。

一九〇五年以降、帝国海軍は自己を、真の力を持つ海の長打力と考え始める。そしてそれを測る基準が、数量的には合衆国海軍、質的にはイギリス海軍なのであった。かくして、帝国海軍は自国型の弩級（ドレッドノート）戦艦と巡洋戦艦の国内建造を急ぐことになる。同様に、一九一一年から一八年の八年間に、主力艦一二隻、それはアメリカという〝仮想敵〟と同じ数が竣工し、一九二一年までにあと二隻を完成させた。ここに至って、ワシントン会議で制限がかかってしまう（一九二二年のワシントン海軍軍縮条約）[35]。

その上に日本の海軍と陸軍が反目し、その関係がぎくしゃくするようになった。新政策は、軍の重点をロシアから合衆国へ移したとはいえ、国家目標をめぐる意見の不一致、そして中央集約的意思決定プロセスの腐食が、この後の時代の特徴となる。帝国国防方針に関する一九〇七年の文書は、この問題を解決するためにまとめられたのである。それは、一本化した国防戦略をつくって、強まる陸海間の対抗意識を限定する意図があったが、海軍第一主義者と大陸指向派との溝を埋めることができず、それどころか後者の肩を持つというか、一定の後者優先を示したのである(36)。

戦力増強の面からみると、海軍は八・八艦隊の構想を立案した。すなわち新戦艦八隻（いずれもドレッドノート級）と巡洋戦艦八隻の建造である（一九〇七年の帝国国防方針で示された建造計画）(37)。財政上の問題もあって、この計画の完遂は妨げられたものの、帝国海軍は、入手可能な最大級艦艇の取得、あるいは建造で増強を続けた(38)。その後、海戦はなく、競争相手国の崩壊もあって、第一次世界大戦が終わるまでに、日本は世界第三位の海軍国になった。実に対馬沖海戦は、日本の海軍力の発展上一時的な通過段階であった。日本帝国海軍は、一八九〇年の時点でとるに足らぬ存在であったが、一九二〇年までに世界の二大海軍国に面と向かって挑戦できるまでになった。

この上昇傾向は、一九〇五年五月から明らかとなる。日本が本物の海軍国であり、太平洋第一の戦力を持つことが初めて認められた時である。一九〇九年にある外国人観察者が認めたように、日本帝国海軍が実力で証明した支配力は〝疑う余地のない地位〟を与えた(39)。帝国海軍の予算は、その名声とともに上昇した。しかしながら、帝国海軍はほかより大きい割り当てを受けているにもかかわらず、対馬の後、その存在目

日露戦争後“海軍強国”の仲間入りをした日本は、欧米列強の目には新たな脅威と映った。米英仏独（首脳）を前に日本（明治天皇）の手許に巡洋艦があるが、「制限なし、弩級に格上げだ！」と気勢を上げる姿を描いた風刺漫画。1909 年のアメリカの雑誌『パック』に掲載。作者はルイス・M・グラッケンズ（1866〜1933 年）。

的の再定義ができなかった。国際政治学者の田所昌幸が論じたように、それは日本の直接的戦略ニーズには〝大きすぎる〟が、全世界とはいわぬまでも太平洋の覇者というマハン流の夢を実現するには〝小さすぎる〟のであった(40)。定義上のこの問題の一部は、政治的なものであった。

日露戦争で戦果を上げ、特に対馬沖海戦に勝利したことで、帝国海軍は陸軍のように、国内問題に深くかかわりを持つようになった。この現象は日露戦争前にルーツを持っていた。この関与は一九二〇年代初め一時後退するが、対露戦争が触媒役を果したのは間違いない。陸海二軍のうち、無傷の戦績のゆえに比較的大きい受益者になったのは、海軍であった。しかしまた、大型の年間予算がなければ、日本はその海上覇権を維持できないことが明らかになったためでもある。日露戦争後、海軍は、陸軍と同等との自己認識を強めるようになり、限られた国家予算のなかでより大きい配分を求めて、陸軍と張り合った(41)。海軍首脳は、この新しい政治状況のなかで、政友会メンバーと政治的連携を結んだ。これは、政友会と対立する諸政党と陸軍が組むという構図を生んだ(42)。一九三〇年代、強まっていく陸海軍部の対抗は、帝国主義的膨張主義の圧力をともなう国内政治に重大かつ破壊的影響を及ぼした(43)。

その後の帝国海軍

対馬沖海戦が日本帝国海軍に及ぼした最も深遠な影響は、その教義にあった。対露戦争自体は、全体として日本の軍国主義にとって、一つの分水領となる一方、対馬沖海戦は、海軍にとって立場をはっきりさせる時であった(44)。海戦の戦訓は、次第に薄れて神話的な土台に入っていくが、少なくとも一九四五年の解体まで、海軍の戦略と考え方に影響を及ぼしていた(45)。結局のところ、一九四五年以降の戦後の視点に立ってみれば、対馬沖海戦は、日本帝国海軍八三年の歴史で、最も重要なランドマークであった。一九四一年一二月八日の真珠湾攻撃が、より壮大であると論じる向きもあろうが、六カ月も経たぬうちに最も手痛い敗北の一つをミッドウェーで喫し、真珠湾攻撃は議論のもととなり、そのレガシーは短命に終わっている。軍事的にみると、日露戦争は、規模において前例がなく、太平洋戦争（一九四一～四五年）まで日本とその海軍力が無敵であるという最も確固たる証拠を示した。この確信は、清国の北洋艦隊に対する勝利の後には生まれようがなかった。相手は一見して劣弱であり、この海戦の勝利はただそれだけの別個のケースであったからである。バルチック艦隊に対する勝利は、必要とされる継続性を与えた。

この勝利は、明白なメッセージも伝えた。それは、日本人の精神力、そして特にその闘志は、兵力と兵器、これにとって代わるわけではないとしても、その不足あるいは欠乏を補って余りある力を発揮するとの既存の信念を証明したのである。海戦で日本海軍が全体的に劣っていたわけではないが、確かに数的劣勢を跳ね返し、相手の戦艦八隻をわずか四隻で対応して勝ったのである。さらにこの海戦は、日本より大きいロシアの海軍力を潰滅する最終段階であった。

戦後、「大和魂（日本人の精神力）」という概念が、巨大なロシアに対する日本の勝利を理解する主な手がかりとなった。この概念は、日本では連綿と続く歴史的背景を持っているが、今や軍事目的のために使われるようになった(46)。〝日本人の精神力〟という概念は一部神話であった。そして、すべての神話と同じように現実と徹底した分析から遊離していた。結局のところ、対馬沖海戦の勝利は、本当の〝物質に対する精神力の勝利〟ではなかった。バルチック艦隊は、太平洋艦隊同様、一〇年前の清国の北洋艦隊よりずっと強力であった。しかし、日本帝国海軍は、戦時中ほぼ一貫して、優位とまでは言わぬまでも、数的に同格の状態で戦ったのである。日本側の乗組員は、相手の乗組員より、精神教育だけでなく、特に射撃とダメージコントロールの訓練が行き届いていた。結局、大和魂の強調は、後年、帝国海軍が乗りだした軍事的冒険と下士官兵に対する命を犠牲にする動機づけに明示されるように、破滅的メッセージを生み出すのである(47)。この線に沿って考えれば、自殺攻撃に投入する神風特別攻撃隊を最初に編成(一九四四年一〇月)したのが帝国海軍であったのは、少しも驚くべきことではない(48)。

作戦構想でみると、対馬沖海戦の経験は、いくつかの局面で帝国海軍に顕著な影響を及ぼし、それが一九四五年に連合艦隊が解体されるまで尾を引いていた。果断な一撃で相手を撃滅する山場の決戦が強調され、おそらくこれがメインにして最も有害な対馬沖海戦の遺産であった(49)。

対馬沖海戦後、将来の敵、特に合衆国海軍との戦いに対する海軍の計画は、すべて日本の近海における決戦、つまり一種の対馬リメイク版を想定していた(50)。この決戦教義(艦隊決戦)は、一九〇五年五月の海戦と同じようなやり方で、侵攻艦隊を強力な戦艦群をもって一撃のもとに葬り去る構想であった。しかし、違いが一つあった。対馬沖の衝突は紛争を終わらせたが、将来の決戦は紛争の最初に生起するのである。数も問題であった。対馬沖海戦のすぐ後、佐藤鉄太郎に率いられた帝国海軍のプランナーたちは、実行可能な防衛には、防者(日本)と攻者の戦力比が最低七対一〇でなければならぬと考えた(51)。この比率は一九〇五~〇七年に決まり、後年壊滅的な結果を生み出す。それは、帝国海軍の建艦計画の土台となり、予算をめぐる紛糾のもとになった。

国際関係でみると、その土台がさらに重大な紛糾のもとになる。一九二一~二二年のワシントン海軍軍縮会議に始まり(軍縮条約で英・米・日・仏・伊の主力艦保有率が五対五対三対一・六七対一・六七と決まった)、その後一四年間続くのである。英米との交渉で、日本は戦艦(そして空母も)の保有を、英米比で一〇対七、あるいはそれ以上の比率を主張し続けたが、英米は六〇パーセント以上を認めたくなかった。双方の主張の対立が国内では非常な欲求不満を強め、日本とかつての同盟国との緊張を深める原因となる(52)。

この時代、艦隊決戦は放棄されぬままであった。このシナリオは、敵艦隊が日本の防衛線を突破し、攻撃によって漸減《ぜんげん》しつつ日本近海に接近した段階で発動されるとした。決戦の生起する正確な位置は繰り返し変わった。しかし、大規模海戦が、一九四一年一二月の真珠湾攻撃のすぐ前の時点でも、帝国海軍の戦略計画の中心に据えられていた。この真珠湾攻撃は、艦隊決戦論をくつがえすものではなく、それを生起させるための賭けであった。太平洋戦争に対する日本側の主たるシナリオは、アメリカが立ち直って海軍力を編成することを予期しつつ、究極の勝利に至る海上決戦でけりをつけることであった(53)。この構想は一九四五年まで完全に消え去ることはなかったが、大艦巨砲主義の戦艦決戦という対馬沖海戦の精神的遺産がすたれ始めるのは、真珠湾攻撃における空母の巧みな運用、そしてミッドウェー海戦におけるこの艦種の支配的威力による。

日本帝国海軍では、対馬沖海戦は、第二次世界大戦に参加した高級士官にとって、確固たる精神的遺産であった。山本五十六海軍大将(一八八四〜一九四三年)と南雲忠一海軍中将(一八八七〜一九四四年)はその例である。前者は、連合艦隊司令長官であり、真珠湾攻撃の立案者であったが、本人によって対馬沖海戦は、少なくとも一九四一年一二月までは頼りにできる最も記憶に残る、そしてまた軍人としての人格形成上の戦闘経験であった。三六年前、当時二一歳の山本は第一戦隊所属の装甲巡洋艦日進乗り組みの海軍少尉であった。第一次合戦で前部砲塔が被弾した時、左大腿に重傷を負い、手の指二本を失った(54)。この後、山本は戦艦を主力とし、一回の交戦で勝敗を決する艦隊決戦という正統派的信念を抱き続ける。この信念が刻みつけられ、海軍航空本部長という経験を持ちながら(第一航空戦隊の司令官でもあった)。この華やかな経歴の提督は、帝国海軍上層部の指導者たちと同じように、真珠湾攻撃の直前まで、依然としてアメリカの旧式戦艦を今後生起する海上戦の鍵となる兵器と考えていた(55)。山本は、アメリカの空母がいないにもかかわらず、航空機による先制攻撃を加えるのである。確かに山本にはこの航空攻撃についてほかの強い動機があったが、彼の〝対馬思考〟を排除することはできない。象徴的でもあるが、一九〇五年に東郷が旗艦三笠に掲揚した有名なZ旗に関連していえば、計画段階で真珠湾攻撃はZ作戦と称されていた(56)。

Z旗は、実際の攻撃中にも忘れられていなかった。三六年前、鈴木貫太郎指揮の第四駆逐隊で若手士官として勤務した南雲忠一は、今や海軍中将となった。主力の空母部隊を率いて出撃した南雲(第一航空艦隊司令長官)も、山本の勧告もあり旗艦の空母赤城に同じZ旗を掲げた(57)。攻撃隊発進の前、南雲は昭和天皇の詔書を励声《れいせい》一番、読みあげた。それは、対馬沖海戦を想起する本文で、「連合艦隊に与えられた責任は重大、皇国の興廃は、その任務の遂行にあり」という主旨であった(58)。六カ月後、事前計画にはなかったようであるが、極めて象徴的なことが起きる。南雲は、対馬沖海戦の三七周年にあたる一九四二年五月二七日の海軍記念日を、艦隊出撃の日に定め、次の戦いに向かうのである。一一日後、ミッドウェー海戦が終わった。それは、太平洋戦争の転換点となり、日本帝国海軍の没落の始まりとなる(59)。

対馬沖海戦の第二の精神的遺産は、漸減作画の考え方である。こちらより大きい、数において勝る敵を相手にする時の戦法である。海軍史研究者ディビッド・エバンズとマーク・ピーティは、この後ずっと帝国海軍が「決戦の前に主力艦の数、火力の相違を同じレベルに持ち込む最良の手段は、消耗を強要する漸減の基本戦略と戦術である」との確信を持ち続けたと結論した(60)。もう一つの精神的遺産が、戦闘部隊の構造、そしてその同質性、特に質に関する考え方である。一九〇五年以降、帝国海軍は、帝政ロシア海軍が経験した混成部隊の使用に起因する不都合なはね返りを避けるため、類似の形式と能力の主力艦を揃えて使うようにしていた。同質性の高い艦隊を保有するのは、貴重な利点があった。しかし、日本海軍史研究者アレッシオ・パタラノが指摘しているように、それは「艦隊のさまざまな機能と戦術上、作戦上の柔軟性のバランスを犠牲にして追求」された(61)。

兵器については、帝国海軍は攻撃的能力の高いものを重視した(62)。つまりそれは、主力艦(ほとんどは戦艦)、そして一九三〇年代後半には航空母艦も攻勢目的に使用することを促した(63)。これは、帝国海軍だけがそうしたという意味ではない。一九四〇年代初期までどの大海軍でも戦艦が主力であった。それでも帝国海軍の主力重視は、対潜水艦戦（ＡＳＷ）の場合にみられるように、ほかの艦種を時になおざりにすることにつながった(64)。

質の面でみると、高価であるが一見したところ頑強な三笠を使用したのは、健全な投資であったことが証明された。対馬沖海戦後、帝国海軍は仮想敵国海軍の建造する同じクラスの艦種と比べて、速力、装甲、火力に勝る、可能なら三つとも優れたものを取得しようと努力した。一九一三～一五年に就役した金剛級の巡洋戦艦四隻は、類似の艦種では当時おそらくベストであり、これを手始めに、帝国海軍は、ライバルよりもさらに大きく、より優れた艦艇を続々と建造し、ついにその権化《ごんげ》が登場する。大和級の戦艦である。

精神的遺産の最後は、マイナーではあるが、海上戦における主要兵器としての魚雷への依存である。一九〇五年の場合と同じように、後年、魚雷攻撃の任務はほとんどが小型艦艇に与えられた。夜間に行動して数において勝る敵を漸減に追い込み、数において劣ると思われる帝国海軍が、昼間の戦闘で同等に戦えるようにするのである(65)。

対馬沖海戦は、いろいろな面で後世に残る一連の精神的遺産を残した。それには、ポジティブな側面が多々あった。そのおかげで帝国海軍は、一九四一年に世界に衝撃を与えた、恐るべき攻撃能力を持つ艦隊になったのである。同時に、有害な危険となりえる側面も有していた。それは、その精神的遺産があたかも将来の戦争が、一九〇五年の合戦の舞台稽古のように解釈され、日々変化していく海軍環境のなかで、長期の総力戦を考え、より大きい柔軟性と準備体制が必要であったが、それを事前に封殺したからである。

海戦の記憶とその意義

戦争に勝ち、それからいちばん利益を得た側として、海戦が日本国民共通の記憶として残ることになるのは、ごく自然なことであった。一九四五年の日本の降伏まで、程度は落ちるが、その後も、この海戦の記憶は祝意の記念と誇りとして、生き続けるのである。それは、おそらく国家が経験したどの勝利あるいは敗北よりも強烈であった。それでも、時間の経過、環境の変化とともに、この海戦に対する評価と解釈は、対露戦争そのものに対する評価と同様に、上ったり下ったりした(66)。それは必ずしも海戦自体にあるのではなく、日本が戦争へ至る、そしてまた軍国主義がたどった、紆余曲折の道程のためである。それに従って、海戦記憶の歴史は、三つの時代に区分できる。四〇年間で終焉に至る日本帝国時代、連合国による占領時代(一九五七年まで)、そして、民主国家日本として主権を取り戻した一九五七年以降の時代である。

誇りと祝意――帝国時代(一九〇五〜四五年)

日露戦争の終結から日本の降伏に至る四〇年間、対馬沖海戦は国家究極の海戦の勝利と解釈されていた。当初日本は、毎年この記念日を大がかりに祝っていた。しかし、国民の関心は急速にしぼんでいった(67)。さらに一九一〇年以降、ロシアとの外交関係が改善されるに従い、お祭り気分はさらにトーンダウンした(68)。それでも集団の意識のなかでは、海戦の卓越した名声は、時間の経過とともに高まるだけであった(69)。毎年五月二七日の海軍記念日を祝うこと以外に、帝国日本は日本海海戦記念碑をいくつか建てた。最初にできた碑の一つが一九一一年、対馬の西泊に建立された石碑である。ロシアの巡洋艦ウラジーミル・モノマー

海戦で撃沈された装甲巡洋艦ウラジミール・モノマーフから脱出した乗員143人がボートで上陸した地(現・上対馬町西泊)に、乗員らを救助保護した同地の住民によって建立(1911年)された日本海海戦記念碑。

フの乗組員一四三人がその近くの海岸に漂着し、西泊の村民たちに助けられた経緯がある(70)。その碑には、東郷平八郎提督の四文字詩「恩海義喬」が刻まれている。「恵みの海、義は高し」の意であり、海の優美と村民の徳を称えている。この最初の追憶の碑は和解の厳粛な記念の碑でもあった。

1911年、イギリス国王ジョージＶ世の戴冠式に出席した帰路のアメリカ訪問時、アナポリスの合衆国海軍士官学校を訪れた東郷大将。

しかしながら、いかなる記念碑や行事にもましてこの時代、偉大なる勝利の生ける証人としての役割を果したのが、東郷海軍大将であった。時間の経過とともに、彼のイメージは戦闘に参加したほかの人物、いやになった。明治天皇自身を含む戦争関与者のそれを超えるようになった。東郷の名声が高まるのは、必ずしも予期されたことではなかった。戦争が始まった年、日本国と海軍は広瀬武夫海軍少佐（一八六八〜一九〇四年）の英雄的行為を称揚していた。旅順港口に閉塞船福井丸を沈めようとして戦死した人物である。死後、広瀬は首都で海軍葬をもって葬られ、日露戦争で戦死した二軍神の一人になった(71)。広瀬の英雄的行為と並んで、生ける東郷は旅順攻略戦の指揮官乃木希典陸軍大将（一八四九〜一九一二年）と同じく、揺るぎのない筋金入りの軍の指揮統率の象徴となった。戦後、東郷と乃木は伯爵（一九〇七年）に叙せられたのをはじめ、国内さまざまな名誉の称号を受け、外国でも幅広く評価された(72)。東郷は、一九〇五年一二月に海軍軍令部長に任命され、一九〇九年には軍事参議官、そして一九一三年に元帥になった。

乃木大将が一九一二年に殉死(明治天皇大喪の礼当日)した後、東郷は裕仁皇太子(皇位一九二六〜八九年)の御育掛りとなった(正式名称は東宮御学問所総裁)。東郷の勝利は、多大な人的損害を出して旅順を占領した乃木と違って、議論の余地がなかった。この事実が、東郷が長寿であったこととあいまって、海戦と本人自身の人格の神話化に手を貸した(73)。国家を救ったという彼のイメージ形成とその助長に大きい役割を果たしたのが、日本海軍が一九四五年に消滅するまで、事実上日本海軍の公式戦史官であった小笠原長成《ながなり》(一八六七〜一九五八年、海軍中将)である。著作も多く、第一次日中戦争(日清戦争)以来、東郷の腹心の友であった(74)。

東郷は、単なる象徴のまま余生を送る気はなかった。そして一九二〇年代、次第に好戦的になっていく。反ワシントン軍縮条約派に加わり、間もなく昭和天皇として即位する自分の教え子(裕仁親王)に強い影響を及ぼすのである。晩年の一〇年、老提督はさらに強い影響力を発揮した(75)。一九三四年、死の床にあって侯爵の爵位を授けられ、国葬の儀をもって葬られた。一八六八年の明治維新以来、この儀式に遇せられたのは、この時までに一八人である。東郷は、大正天皇(皇位一九一二〜二六年)御陵の横に葬られた(76)。その時点で、本人は近代日本最高の軍指導者、全時代を通して最高の著名海軍軍人と考えられていた(77)。しかし東郷に対する深い畏敬の念と海戦における記念碑建立は、海戦の中心的記念の場に代わるものではなかった。

本当の役割を果したのは、海戦時、東郷の旗艦であった戦艦三笠である。この艦を記念の場にする決定のきっかけになったのが、ワシントン海軍軍縮会議(一九二一〜二二年)である。主力艦の総トン数の割り当てが決まり、意図せずして、これが現役艦としての三笠に終止符を打ったのである。一九二三年、この旧式

1926年11月12日、記念艦となった戦艦三笠の除幕式に出席した皇太子・裕仁親王と東郷大将。三笠艦上で撮影されたこの写真は1927年5月27日の海軍記念日に一般に公開された。当時、裕仁親王は天皇に即位していた。

艦が艦籍から除かれることになると、直ちにその保存を求める新聞キャンペーンが始まった[78]。一九二五年、東郷を名誉会長とする三笠保存会が設立された[79]。保存会は、艦を記念の場に変え、その歴史的価値を国民に伝え、民族精神を鼓舞するため、ロビー活動を行なった[80]。

一九二五年は三笠の年代記に新しい頁を開いた年である。三笠の保存は政府の公的政策となり、主力艦の削減を求められる時代であったが、政府は海外の海軍列強に対して記念艦としての保存をアピールした[81]。列強が承認したので、一九二五年六月、三笠は横須賀の係留地へ曳航された。海軍基地のすぐ近くで、東京から車で約一時間の距離にある。

一九二六年一一月一二日、皇太子裕仁親王、東郷、そして五〇〇人ほどが出席して、記念艦の除幕式典が挙行された[82]。周囲をセメントで固められた記念艦三笠は直ちに日露戦争の海軍と海戦の主な記念碑的存在になった。その人気は次第に高まり、太平洋戦争前にその頂点に達した。当時、年間五〇万以上の人が記念艦を訪れていた[83]。

東郷元帥が死去した一九三四年、福岡県福間町（現・福津市）に別の海戦紀念碑が建てられた[84]。紀念碑は軍艦の形を模したコンクリート製で、その砲塔は対馬海峡の方角を向いている。地元の獣医師だった安部正弘の個人的発案でつ

1934年、福岡県福間町（現・福津市）に建立された日本海海戦紀念碑。

くられた。彼は帝国海軍の海防艦沖島（旧ロシア帝国海軍海防戦艦ゲネラル・アドミラル・グラーフ・アプラクシン）の乗組員であった(85)。

一九三〇年代中頃には、愛国主義と軍国主義登場の道具として、日露戦争の記憶を呼び戻そうとする動きがあった(86)。その頃には、対馬沖海戦は、修身教育の中心的テーマの一つとなり、事実上どの歴史教科書にも掲載されていた(87)。しかし、東京では、独自の記念碑をつくるには、もう少し時間がかかった。東郷は死後六年にしてこの都市で、最大の名誉を与えられることになる。死後一人の日本人に授けられる評価の標章でも、こちらは比較的稀な標章である。東郷は公式に神としてまつられ、あがめられることになったのである。それは、国家神道が後押しする民族主義〝パンテオン〟の一部であった。国民と海軍協会の寄付の助けを借りて、首都の中心部に近い原宿に東郷神社が建立された。神社は、一九四〇年の海軍記念日に、海軍元帥伏見宮博恭王の臨席を得て創建の式典が執行された(88)。

建立の手始めは、海軍省に対する国民の圧力の結果であり、以後この目的のための協会が設置され、相当な寄付が集まるという経過をたどる。互いに張り合う陸海軍間の対立が深まる時代にあって、海軍は特に説得に乗りやすかった。海軍の最も偉大な提督をまつる神社を持てば、陸軍の乃木希典大将と妻静子に与えられた名誉と肩を並べることができる。乃木夫妻のためには、早くも一九二三年に乃木神社が東京に建立されていた。やがてこの二神社は、海戦四〇周年記念の二日前にあたる一九四五年五月二五日、米軍の空襲で焼け落ちてしまった(89)。

強制された記憶の喪失
――占領時代とその余波(一九四五〜五七年)

一九四五年、日本の降伏によって海戦に対する関心がいきなり低下した。国民はその日の糧を手にするのが精いっぱいで、長い間強調されてきた軍国主義と武勇の精神は、アメリカの教化と検閲のもとですぐに民主主義の理想と平和主義の理念にとって代えられた。対馬沖海戦について言えば、太平洋戦争へ向かう、ひいては国家の敗北へ至る飛び石の一つとみなされるようになる。かくして、戦後日本では海戦は無視され、その記念の場や碑は、最初の一〇年間無視され放置されたままであった。たとえば東郷神社は荒れ放題となり、記念艦三笠は、一九四五年九月に連合軍が到着すると、その兵隊たちに踏み荒らされた。人の心を傷つけたうえに、さらに侮辱する行為が占領軍当局の政策である。数カ月後、当局は艦のマストと艦砲の撤去を決めた(90)。艦がアメリカ兵の娯楽場になるのに、時間はかからなかった。艦の中央部にダンスホール(キャバレー・トーゴー)が設けられ、後部甲板には海の生物を展示する水族館もつくられた(91)。

占領が終わった後も日本政府と横須賀市は、神社や三笠にほとんど関心を示さなかった。それでも、艦の没落は一九五五年に転換点を迎える。自衛隊の創設一年後である。この年、英字紙ニッポン・タイムズの編集長が一通の手紙を受けとった。艦の惨状に関する内容であった(92)。面白いことに、手紙の差出人は日本人ではなく、ジョン・ルービンというフィラデルフィア在住の実業家で、三笠が建造されたイギリスのバロー・イン・ファーネスの出身者であった(93)。ルービンは、ビッカーズ海軍造船所で一九〇〇年に行なわれた本艦の進水式を見ており、日本人にとって本艦は、イギリス人にとってのビクトリア号と同じと考えた。この手紙の掲載でどうなったかといえばそれほどの世間の反応はなかったが、詳しい内容付きの反響もあった。それは、水交会（日本海軍戦没者および海上自衛隊殉職者の慰霊顕彰、海軍の伝統精神の継承、会員の親睦を目的とした公益団体）初代会長で元海軍大将山梨勝之進（一八七七〜一九六七年）の寄せた書簡であった(94)。その時点で、三笠を戦前の栄光へ戻すという考えは、外国人の圧力や個人的思いつきという問題だけではなく、国の最近の過去、すなわち好戦的性格に対する現今の一般的態度と密接に結びついていた。その第一が、海軍が対欧米挑戦という無分別な陸軍の計画に反対していたとか、少なくとも引き止めようとしたという話である。これは、敗戦後すぐに生まれたという単純な風潮の結果であり、連合国の占領が終わった後も、海軍は良かったが、陸軍が悪かったと区別するため、この傾向が強く残った(95)。もう一つが、特に日露戦争にかかわるもので、この戦争を日本が正当な目的を達成するために敢行した最後の主な戦いとする見方である。

　山梨元提督は、この理念で、また水交会会長という資格で、修復された三笠が対馬沖海戦を超えた主要記念堂になると考えた。国際的な栄光の海軍全盛期に焦点をあてることによって、この艦は海軍全体の記念物になり得る。山梨は、国民の支持が必要なことを認識して、修復のための広報活動を海軍ジャーナリストとして著名な伊藤正徳（一八八九〜一九六二年）に託した(96)。一年後、対馬沖海戦五一周年の日、伊藤は主要紙の一つに記念の記事を寄稿し、キャンペーンを開始した。その記事は、艦の持つ重要性と、海戦が世界に及ぼしたインパクトを強調した内容であった。やがて、伊藤らは横須賀市議会の一議員の支持をとりつけた。横須賀軍港は一九四五年以来、合衆国海軍の第七艦隊が母港にしている。さらに伊藤らは、合衆国海軍の錚々たる上級士官たちにも支援を求めた。それには、当時作戦部長であったアーレイ・バーク海軍大将

記念艦三笠は太平洋戦争敗戦後、進駐した連合国軍によって接収され、娯楽施設（ダンスホール）などに使用された。その後、放置荒廃した状態にあったが、1961 年往時の姿に復元され一般公開された。「三笠公園」（横須賀市稲岡町）の三笠の前には東郷大将像も建てられている。

（一九〇一～九六年）、そして年老いたチェスター・ニミッツ海軍元帥（一八八五～一九六六年）が含まれる。ニミッツは、半世紀も前、士官候補生時代に東郷に会っており、以来、東郷海軍大将に対して深い敬慕心を抱いていた(97)。

誇りと理想
――戦後独立回復時代（一九五七年～）

記憶喪失の時代は、戦後一二年にして終わりを告げた。旧海軍の熱烈な支持者たちが記念艦三笠の復旧保存計画に取り組んでいる間、日露戦争の映画が新しい時代の到来を告げた。この映画は、『明治天皇と日露大戦争』と題し、対馬沖海戦を含めこの戦争の主な出来事が描かれている(98)。日本初のシネマスコープ映画と銘打ち、明治天皇の誕生日に公開（一九五七年）された。映画館は満員の盛況で、記録的な興行成績を上げた(99)。国内ではこのような人気を呼んだが、艦の復旧保存には、アメリカの支援が重要な役割を果した。

一九五九年、日本の主要月刊誌の一つ「文藝春秋」が、ニミッツ海軍元帥の寄稿記事「三笠と私」を二月号に掲載した。そのなかでニミッツは、三笠は当時世界が称えた日本の歴史の転換点に対する歴史的記念の艦であると論じた(100)。ニミッツは、原稿料をこの運動に寄付し、それが先例となって横須賀の第七艦隊関係者が次々と寄付、日本側支援者と歩調が合うようになる(101)。

この盛り上がりと資金援助のおかげで、三笠は修復された。そして一九六一年、海戦の記念日に一般に公開された(102)。一方、東郷神社はそれまでに同じような経過をたどっていた。それにはニミッツの『太平洋海戦史』(F・B・ポッターとの共著)の日本語版印税の寄付を含む寄付が殺到し(103)、神社は再建され、同時に東郷と対馬沖海戦の資料を集めた小さい資料館も併設された(104)。神社が併設館と一緒に再公開されたのは一九六二年で、乃木神社も同じ年であった。記念館三笠の一年後である(105)。


戦争映画と歴史小説のブームは、数年後に戦争を日本の主潮に引き戻すのに一役かった。この点について、変化の先駆になったのが丸山誠治監督の一九六九年度制作の映画『日本海大海戦』で、初めてこの海戦に焦点をあてた作品であった。おそらく明治維新百年の一年前ということに刺激されたのであろうが、興行収入面での動機もあった(106)。主役の東郷を演じるのは、名優三船敏郎で、東宝のスタジオは、二年前に大当たりした映画『日本のいちばん長い日』と同じような興行成績を狙ったのである。〝良い海軍〟という礼讃が前提にあって、海軍をテーマにする映画が非常に人気になった。その一年前には『連合艦司令長官 山本五十六』が制作上映され、一年後には、日米合作の『トラ・トラ・トラ!』が公開された。そして、それより二年後には、『激動の昭和史 沖縄決戦』(一九七一年)が制作された(107)。

この新しい時代、この海戦に関する最も重要な文化的言及が、書物のかたちで登場した。『坂の上の雲』と題する歴史小説で、全国紙のサンケイ新聞に、一九六八年から七二年まで連載された。この小説は日露戦争をテーマとし、全六巻のうち丸々一巻は、この海戦を扱っている(108)。本書が広く読まれた理由の一つは、作者が司馬遼太郎（一九二三～九六年）であったことに間違いない。歴史小説の分野で今日も日本で最も傑出した著名作家である(109)。ほかにも理由がある。それは、その内容と背景にある。日本国民が、いわゆる一五年戦争（一九三一～四五年）の苦い過去を再検討する余裕と自信を持ち始めた頃、『坂の上の雲』が、正義の戦いと愛国的士官たちの姿を描いたのである。愛国心、忠誠、そして無欲恬淡《てんたん》という武士道の価値観、そしてそれに対する司馬の熱情を凝縮したかたちで、この小説は実在した三人の人物、秋山好古、秋山真之、そしてこの兄弟の友で俳人であり文芸批評家の正岡子規の人物像と行動に焦点をあてた(110)。話の筋は、三人の生い立ちに始まり、対馬沖海戦でクライマックスになる。全六巻で描いた司馬の叙事詩は、対馬沖海戦に対する国民の関心を呼び起こした。たとえば東郷平八郎も、話題の一つで、四年の間に新しい伝記が三冊も出ている(111)。司馬の最終巻が出た年に、吉村昭（一九二七～二〇〇六年）の『海の史劇』が刊行された。この小説も、セミドキュメンタリータッチで、戦時中の海軍の闘争と対馬沖海戦を描き、ロシア側の事情をより詳しく伝えている(112)。

この二〇年間、書物のかたちで海戦の記念に最も貢献したのが漫画小説である。その最初が、『実録日本海海戦』（高貫布士原作・上田信ほか作画）で、海戦に焦点をあて、二〇〇〇年に発刊された(113)。一年後、江川達也の『日露戦争物語』が話題となりヒットした(114)。ストーリーは秋山真之が世に出ていく過程を取り上げ、日清戦争のところで連載（週刊「ビッグコミックスピリッツ」）が中断したが、一〇年後の対馬沖海戦が副題で示唆されている（訳注：戦闘開始前に秋山が起案した〝天気晴朗ナレドモ浪高シ〟がサブタイトルである）(115)。

二つの作品の成功が新しい世代に『坂の上の雲』の人気を増幅したのは間違いない。これが大方の見解である。その結果、数年後、初版から四〇年にあたるが、司馬の作品は映像化されて二度目のピークに達した。日本の公共放送ＮＨＫは、小説が軍国主義的内容であるとして、何年も躊躇していたが、これに基づく大型ドラマの番組制作を決定した（116）。この番組は二〇〇九年から一一年にかけて放映され、その最終回が「日本海海戦」である。一三話で構成されたこのテレビ番組は、ＮＨＫが制作したドラマのなかでは最も費用をかけ、綿密な時代考証で仕上げた作品であった（117）。

国内では、近代における日本の戦争とアジアを対象とする帝国主義が、ずっと議論の的になっていた。近隣諸国ではなおさらである。それでも、一九八〇年代の目を見張る経済的発展と自信の回復を背景として、戦前の過去に対する関心が政府機関でも復活した。

一九八八年、日本の文部省は小学校および中学校の教科書に掲載が推薦される歴史上の人物リストに東郷を含めた（118）。文部省の決定は轟々たる批判を浴びた。しかし、日露戦争は自衛のための戦争、そして対馬沖海戦はその中心にある輝かしき精華である（119）。最近の日本の教科書は、日本史や世界史いずれも、近代史についてはこの傾向に合わせ、海戦とその意義に触れる場合が多いが、戦前の教科書にみられた英雄的美徳の強調はない（120）。

この海戦に対する戦後の大いなる感動のクライマックスが、二〇〇五年の百周年頃に生じた。当時すでに海上自衛隊（ＪＭＳＤＦ）は、日露戦争を、自衛隊が実行を期待される防衛上の役割という道義的ひな型と認定していた。海上自衛隊の見解では、その戦争の頂点は疑問の余地がなく、もちろん対馬沖海戦であった。したがって、百周年の主な記念行事に海上自衛隊がかかわったのは、別に驚くべきことではない。なかでもいちばん重要な行事は、五月二八日に挙行された（戦前の海軍記念日と混同してはならない。同記念日は一日前の二七日である）。海戦水域での慰霊祭である。三笠での行事には二千人の来賓が出席した（訳注：三笠前広場での慰霊祭。同じ日、長崎県と民間団体主催の洋上慰霊祭が挙行された。二八日には護衛艦「ひえい」など三隻の自衛艦が参加し、体験航海を兼ねた洋上追悼式も行なわれた）（121）。

以来、記念艦三笠で販売されている小冊子は、三笠を世界三大歴史艦の一隻として紹介している。ポーツマスに係留されているイギリス海軍のヴィクトリー号（トラファルガー海戦）、ボストンに係留されている合衆国海軍のコンスティテューション号（第二次対英戦争）に伍する存在としての紹介である[122]。

1934年に東郷平八郎元帥を祀るため創建された東郷神社（渋谷区神宮前）。社殿にはZ旗が掲げられている（2019年撮影）。

国際的感覚は、そこで終わらなかった。この年、海上自衛隊はイギリスのポーツマスへ練習艦隊を派遣した。六月二八日にソーレントのスピット沖で挙行された国際観艦式に参加するのが主目的であった。トラファルガー海戦二百年記念と日本海海戦百年記念を組み合わせたのである[123]。同じ年、東郷が旗艦三笠に掲揚したZ旗の故国帰還もあった。海戦から六年ほどたって、東郷はジョージ五世の戴冠式に出席した際、一八七〇年代初期に学んだテムズ航海訓練学校に、この旗を寄贈した。海戦百周年が近づき、この旗を引き継いだ航海協会（マリンソサエティ）が、東郷神社への永久貸与に同意した[124]。神社は交通に便利な所にあり、すでに海戦の記憶と記念の主たる施設としての地位を取り戻していた。Z旗はこちらへ戻されてから、神社の主要な象徴になり、以来、その複製品がベストセラーの記念品になっている。

二〇〇六年、対馬に新しい記念施設ができた。日露友好の丘として知られる。古い日本海海戦記念施設のすぐ横である。この野外施設の中央には、東郷大将が負傷したロジェストヴェンスキーを佐世保に見舞うようすを描いた巨大なレリーフがある。さらに近くには、海戦で戦死した日露双方将兵の名を記録した銘碑板がある(125)。一見したところ、これは記念の脱国家のように思われるが、それでも施設全体は和解の名を装いながら、国の徳目を強調している(126)。それは、古くて新しい動向の一環として、事新しく、強調して、現代史の人道主義的面を前面に出すことによって、過去の軍国主義のイメージを払拭しようとする政府、そしてそれに続く地方の諸団体による動きの一部と考えられる(127)。

いずれにせよ、二一世紀に入ってから、日本における対馬沖海戦の記念は、これまで欠けていた新しい結合物を反映しており、そして、それは新しい聴衆を惹きつけているということである(128)。

今日この海戦は、国家とその大義に対する幅広い国際支持が見られた時代に生起し、人道的行為が多々みられた特異な自衛の挿話として、提示されている(129)。議論の余地はあるが、それは、本当の、あるいは創作された戦争犯罪がなく、日本が祝賀し、記念し、あるいは記憶できる唯一の近代戦である。事実、多くの現代日本人は、二〇世紀初頭のこの出来事にあこがれているように思われる。それは軍事力を発揮し、何の拘束もなく愛国的精神を吐露できると同時に、国際社会では巨人ゴリアテと戦うダビデとして尊敬された短い期間であった。後年、日本はこの二面性を失った。第一次世界大戦後、日本は他者に脅威の帝国主義勢力とみなされ、それに対し第二次世界大戦後は、新憲法の制約下で大方は温和な国家であると同時に軍事的に弱い国とみなされるようになった。このような経緯から今日の日本では、対馬沖海戦は、強いが同時に尊敬される公算は稀ではあるものの可能であるという思い出として存在する。

第四章　打ち砕かれたロシア海軍の夢

想像すらできなかった潰滅的敗北

海戦の第一報がサンクトペテルブルクに届いた時、非常な打撃が見舞った。後年、詩人アンナ・アフマートヴァ（一八八九～一九六六年）は「対馬はショックだった。それがいつまでも続いた。それが最初であったから、特に恐ろしかった」と述懐している(1)。外国人たちは、戦争勃発以来、初めて首都が本当に動揺したと見ていた(2)。数日のうちにその衝撃波がロシア全域に広がり、「驚愕と暗澹たる重い空気が全土を覆った」(3)。つい最近まで、ロシアの首都では期待が高かったのである。海軍の圧倒的勝利の明確な予想はなかったが、敗北を予言する者は一人もいなかった。ましてやこのような潰滅的敗北など想像すらできないことであった。

ニュースが電光のようにかけめぐり、作家アレクサンドル・クプリーン（一八七〇～一九三八年）は、一九〇六年に出版された作品のなかで、「誰もが対馬という言葉を口にしていた」と書いた(4)。ロシアの報道機関にとっても、このニュースは言論を乱暴に叩き起こす作用をした。目覚めたメディアは、書き手の政治的傾向に従って、それぞれ敵視するターゲットに向かって怒りを爆発させた(5)。たとえば政治・文芸紙ペテルブルグスカイア・ガゼータは、歴史は繰り返すとして、「彼らは、我々ではなくセバストポリで傷ついたもの（クリミア戦争時の黒海艦隊自沈の海軍）を打ち負かしたのである」と書いた。記事は、それでも変化のためのさい先のよい時であるとし、「歴史の教訓に留意することが絶対に必要である」と結んだ(6)。ほとんどの新聞が共有する教訓とは、東アジアにおける紛争の経過に関するものであった。政府の介入がないまま、彼らはほとんど異口同音に戦争の即時終結を求めた（7）。

地方政府のゼムストポ（革命前の地方自治会）組織内では、対馬沖海戦が短期間ではあるが、多数派の民主主義派と少数派のスラブ派を団結させた（8）。それ以外の場所では、潰滅的な敗北がロシア人を団結させることはほとんどなかった。何かあったとすれば、逆は真なりである。海戦から一カ月後、評論家でエッセイストのピョトル・ボボリキンは「我々の敵は一つ、東京ではなくもっと身近にいる」と苦々しげに書いた（9）。

強硬路線の革命家たちは、帝政ロシア政権が敗退するたびに歓喜した。対馬沖海戦も例外ではなかった。迫害されている少数民族も敗北を嘆くことはなかった。複雑な気持ちを共有したという程度である。ロシアのユダヤ人社会では、多くの者が近年複数のポグロム（迫害行為）が発生し、帝政ロシア政権に対する憎しみを禁じ得なかったが、同時に戦争の成り行きを心配していた。ユダヤ人数千人が徴兵され、ロシア側で戦っていたからである(10)。そのためユダヤ人社会の新聞は、海戦の結果について中立的トーンを崩さず、〝真のロシア〟のよみがえりの期待さえ表明した(11)。

一方、ロシアに隣接するオーストリア・ハンガリーでは、喜びがはっきりと表明された。たとえば、リビィウのユダヤ教正統派系新聞マクシケ・ハダス(宗教の守護者の意)は、日本の勝利を数週間前、ロシア北部のジトーミルで起きたポグロムに対する報復とみた。新聞は読者にお祝いを禁じはしたが、敗北は神の御業と論じた(12)。

神は、皇帝のニコライ二世の本質と帝政の合法性にも決定的役割を果した(13)。しかし、ロシアの絶対君主として皇帝自身の海戦に対する反応が最も重要であった。五月二九日、第一報を受けた時、ニコライは「いつものように、何も言わなかった」。従兄弟アレクサンドル・ミハイロヴィチ大公(一八六六～一九三三年)の後年の述懐である。彼は「死人のように蒼白になり、煙草に火をつけた」(14)。皇帝は断片的な報告に当惑し、同じ夜、日記に「今日我方の艦隊と日本側との戦闘について、最も矛盾する報告が届き始めた。いずれも我方の損害ばかり、敵方の損害については何もない。このような情報の欠如は、本当に憂鬱になる！」と書き留めた(15)。三日後の六月一日、彼は詳細な報告を受け取り、「今日、二日間の海戦で、艦隊のほぼすべてが潰滅したとの恐るべきニュースがついに確認された。ロジェストヴェンスキー自身は捕虜、負傷している。天候は素晴らしかった。それで私の苦悩はさらに強まった」と書く(16)。これは、皇帝が艦隊に過剰な期待を抱いていたということではない。五月初旬の段階で、戦闘に対する皇帝の自信過剰はしぼんでおり、日本の軍事能力に対する軽蔑も消えていた。しかしそれでも、戦争継続の決意は揺るがなかった。彼は、海戦の勝利が歓迎すべき戦争の転機になると認めた。しかし、ためらいながらも、たとえ一回敗北しても戦争のコースは変わらないとも言った(17)。現実は彼が間違っていたことを証明した。対馬沖海戦は、皇帝の決意を根本から変えたのである。

海戦とロシアの国内外政策

一九〇五年五月三〇日、第三隻目にして最後の艦がロシアの水域に到達した時、ニコライ二世は最高軍事会議を召集した。この段階では、次の一〇年に海戦の波紋がロシアの国内外政策にどれほど浸透していくのか、出席委員たちの誰も予見できなかった。国防大臣ビクトル・サハロフ大将（一八四八〜一九〇五年）は、結果について検討しながら、戦争の継続を提唱した。しかし、ウラジーミル・アレクサンドロヴィチ大公（一八四七〜一九〇九年）は熱心に戦争終結を論じた。皇帝の助言者たちの間で、和平陣営の方へバランスが傾きつつあり、皇帝の当初の決意はゆらぎ始めた(18)。

いずれにせよ、皇帝は思いきった行動をとるに至るが、それは外国の行動と圧力があったためである。六月三日、ルーズベルト大統領はロシア大使をワシントンに招致し、自分の和平計画を論じた。大統領は、現実的とはみえぬ言葉で、ロシアの立場は絶望的で、戦争が続けば東シベリアを失うと警告した[19]。一方、ニコライ二世は、このロシアの破滅よりも楽観的であったが、和平への最初の動きを示したのが日本であったので、国家の名誉の問題は軽減され、アメリカが先導する提唱の利益をみることができるようになった。六月六日、ニコライ二世は再度、最高軍事会議を召集した。会議の意見は、前回同様に割れたが、それでも「我々にとって国内の安寧が勝利よりも重要である。和平の条件、条項を早急に見極める必要がある」との結論を得た[20]。

一九〇五年六月七日、重大な決定が行なわれた。その日、皇帝は駐露アメリカ大使ジョージ・フォン・レンガーク・メイヤー（一八五八～一九一八年）に謁見を許し、その場で平和条約交渉の開始を認めた[21]。陸軍の有力将官たちは、その回顧録で、海軍の完敗とそれに続く和平合意に不満を吐露し、ロシア帝国陸軍は戦い続けることができたと主張するのである。アレクセイ・クロパトキン陸軍大将（一八四八～一九二五年）は、弁明書のなかで「ロジェストヴェンスキーは取り返しのつかない危害をもたらした。我々陸軍が一〇〇万の兵力で——進撃しようとしている時に、対馬沖海戦で艦隊が敗北し、これがもとで交渉と和平になってしまった」と述べている[22]。

純軍事的観点に立てば、一九〇五年三月まで極東方面軍総司令官であった本人の発言は、おそらく正しかった。しかしロシアでは、戦争の話はその頃起きていた革命（第一次革命、五月一日の「血の日曜日」事件）と切り離しては考えられない。海戦は、和平交渉の引き金にはなったが、皇帝の決断をもたらした唯一の要因ではなかった。体制側にとって、対馬沖海戦の敗北のニュースは対日戦争中、最悪の状況下にある時に届いたのである。全土が前例のない抗議の波にさらされていた。大きくなる異議の声は、戦争の動向と密接に結びついており、潰滅的敗北のたびに大きいうねりとなった。革命運動の重大原因は、日本との紛争に関係のない、政治、社会問題であったが、戦争は著しい触媒作用を及ぼした[23]。

旅順の陥落から三週間後、首都では労働者のデモ行進が流血の事態となり、三月の奉天戦の敗退でエスカレートし、さらにバルチック艦隊の悲劇的惨敗のニュースが広まると、その抗議運動は頂点に達し、広大な国土のあちこちで労働者、農奴数百万人が無数の反政府ストライキとデモに参加した(24)。

海戦の結果、大きくなった抗議運動は軍隊、特に海軍の下士官兵に影響を及ぼした。黒海艦隊では士気が低下し、乗組員のなかの過激派グループが同時に一斉反乱を企図した。特に異彩を放つケースが戦艦ポチョムキンの反乱(Kniaz Potemkin Tavsicheskii)である。それは対馬沖海戦のまさに一カ月後に発生した。一九〇五年六月二七日、洋上訓練中、何人かの乗組員が給食に出たボルシチを拒否した。それはウジ虫の湧いた腐った肉が入っていたといわれている。料理に対する抗議は、すぐに全面的な反乱に発展した。八〇〇人の反乱水兵が、艦長を含む士官七人を殺害し、艦を乗っ取った。この後、艦隊の主要基地の一つオデッサ(オデーサ)で、彼らはほかの艦にも反乱を広げようとしたが、一部で成功したにすぎなかった。やがてポチョムキンは、ルーマニアの(黒海に面した)コンスタンツア港に向けて出港し、ここで乗組員は亡命を認められた。この後、彼らは海水弁を開き、艦を沈めた。オデッサでは、当時の推定によれば六月だけで一〇〇〇から二〇〇〇人が殺された。大半は政府軍部隊の手にかかって死んだのである(25)。

一九〇五年の革命は、その夏さらに拡大した。帝政ロシア政府は、北満洲へ一〇〇万人近い兵力を動員していることもあり、治安維持にそれだけの厳しい選択を迫られたのである(26)。一〇月初旬、今にも起きそうな破産の恐怖が政府を襲った時、モスクワでは、鉄道労働者の一部ストライキがゼネストに発展した。一〇月二六日までに二〇〇万人ほどの労働者がストライキを起こし、鉄道全線が止まっていた。現況を論じる際、ロシア人は「スムタ(難儀)」という伝統的な言葉をますます口にするようになった。これは三世紀ほど前リューリク王朝(ノブゴロドに建国)末期の政治的危機と無政府状態を指している(27)。

体制側にとって同じように警戒すべき不安材料が

まだほかにもあった。非ロシア地域、特にバルト地方とポーランドでの暴動の異常な多発、さらにコーカサス全域で増加する人種間紛争である。後年、この人種間紛争を対馬沖海戦の完敗と結びつける者が何人かいた。著名な保守系ジャーナリストのミハイル・メンシコフ（一八五九〜一九一八年）もその一人である。メンシコフは元海軍士官で、反ロシア陰謀の存在を提唱し、ロシアの災難が日本の優位性によるという話が信じられなかった(28)。一九〇八年、ノーボエ・ブレミア紙への寄稿記事で、〝体制破壊の危険分子〟のポーランド人を非難している。そのなかには、ウラジーミル・ラムスドルフ外相などドイツ系の人間とともにロジェストヴェンスキーも加えている。海軍の敗北のためである(29)。

対馬沖海戦の敗北で頂点に達したかに見えた危機は、それでも一九〇五年九月以降エスカレートすることはなかった。研究者ジョナサン・フランケルが示唆したように、ポーツマス講和条約の締結が、「一九〇五年革命の方向性での大きい転換点」になった(30)。戦争が終わり、予備役部隊が迅速に召集解除となって、軍隊内にみられた反乱の空気はかなり薄れていった。当時の状況を考えると、対日戦の終結が帝政ロシアを救ったのである。ニコライ二世は戦争の重圧から解放された。革命分子との間に限定的な連携を得て、国内の悲惨な窮状に目を向けることができるようになった。危機的状況に鑑み、また側近グループの圧力もあって、皇帝は大衆を宥和できる前例のない改革にようやく取り組むことになる。その構築者セルゲイ・ウィッテ首相（一八四九〜一九一五年）は、立法議会（ドゥーマ）の創設、市民的自由の付与、議員内閣制の形成を提案した。このように両者が素早く協調しあったことはこれまで一度もなかった。

一〇月三〇日、ニコライ二世は一九〇六年の第一次ロシア憲法の前触れとなる一通の文書（十月宣言として知られる）を出した。この人参は大きい鞭つきで提示された。体制側がコサック兵と正規軍部隊を動員して、数カ月のうちに革命勢力を次第に叩き潰していったのである。一九〇六年末までテロと暴力が続いたが、体制側は生きのびた(31)。

対馬沖海戦は、ロシアの外交問題に同様の、しかしより継続的なインパクトを与えた。これまで数十年、サンクトペテルブルクは東方指向を示していた。それが事実上の満洲占領に至るのである。しかし、セルゲイ・ウィッテ首相が認めたように、海戦は「極東における我々の野望に致命的打撃」を与えたのである(32)。その時代のある観察者はさらに悲観的で、海戦を「極東における海上制覇の願望に終止符を打ち、太平洋とシナ海に対する念願の展望を何世紀も閉ざし、誰にも計り知ることのできないヨーロッパとアジアに対する帰結を残した」と書いた(33)。

戦後すぐにロシアは西方指向に変わったので、短期的にみれば両者とも正しかった。帝政ロシアは外洋艦隊の大半を失い、満洲と朝鮮半島から押し出され、伝統的なヨーロッパ情勢、特にバルカン問題への介入に戻った。勝者として戻ったのではないのは明白であった。

ロシアのイメージと自信に戦争が及ぼした好ましくない影響は、早くも一九〇五年六月にみられた。ノルウェーがスウェーデンから平和的に分離独立した時で、さらに顕著なのは、ロシアが一カ月後、フィンランドのビヨルコでドイツと条約を締結したことである（批准しなかった）(34)。

対馬沖海戦後、ポーツマス講和条約締結に続いて、ロシアは第一次世界大戦に至る道を突き進む(35)。戦略的窮状とあからさまになった軍事的弱さがからみあって、一九〇五年五月以前には考えられなかった一連の失敗を経験する。たとえば一九〇八年、アレクサンドル・イズボルスキー外相は、オーストリアによるボスニアとヘルツェゴビナの併合を認める旨、皇帝のメッセージを伝えた。これは、のちにさらなる屈辱のもとになる。ロシアは、対馬関連問題の見返りとして、この譲歩をしたのである。

一八七八年のベルリン条約はロシア唯一の生き残り艦隊である黒海艦隊に対するボスポラス海峡の通航を禁じている。ロシアはその条項の撤回にウィーンの支持が必要であった(36)。歴史研究者ロバート・セトン・ワトソンは、その結果生じた一九〇八～〇九年のボスニア危機は「南スラブ問題とオーストリア・ハンガリー帝国とセルビアの関係を第一級の国際問題に変えた」と結論する。そしてそれは、一九一二～一三年のバルカン戦争時も同じであり、やがてそれが一年後に大戦勃発の引き金を引くのである(37)。

この劇的な展開にもかかわらず、ロシアはヨーロッパ問題におけるその地位に大変必要とする改善を手にした。対日戦、特に対馬沖海戦の後を受け継いだのは、はっきりしている。一九〇七年までにヨーロッパで形成された新しい同盟関係で、ロシアが手にした地位がそれである。ヨーロッパに政治的覇権を確立しようとするドイツの決意ゆえに――戦時中極めてはっきりしていた、そして英仏協商（一九〇四年）が成立し、ロシア自身海軍の弱体化といった状況を背景として――ロシアの皇帝はイギリスに接近する（一九〇七年の英露協商）。両者は、一九世紀のほぼ全期間最大のライバルであり、一九〇四年の初期段階でも連帯など考えられなかったのであるが、今やこの協商でヨーロッパだけでなくアジアでも、ロシアの地位を固めることができると同時に、一九〇七年に日本との和睦を促進した(38)。

その年、サンクトペテルブルクと東京は秘密協定を結び、満洲の勢力圏を分けたのである。ロシアの勢力圏は北部のより広い領域である。かくして、この後の一〇年、両国の関係は安定した(39)。全体的にみて、一九〇七年の英露協商の調印と極東問題における均衡確立で、ヨーロッパ列強間の力のバランスが、事実上出現し、これが第一次世界大戦の勃発まで続くのである。

海戦後の帝政ロシア海軍

革命が一応鎮まるとともに、対馬沖海戦は、全体としてロシアに相当なインパクトを与えたが、短期間で終わった。しかしながら、海軍に対する影響は深くかつ長期間続いた。対日戦争そのものから海戦だけを切り離すことはできないとしても、海戦は、一五カ月に及ぶこれまでの海上作戦で打撃を受けた海軍に、とどめの一撃を与えた。一九〇五年五月二八日の夜時点で、海軍は海戦前保有していた三つの艦隊のうち二つをすでに失っていた。戦争は、規模、そして戦意のうえで、陸軍よりもずっと大きい影響を与えたのである。

陸軍は、満洲に投入されれば戦況を変え得る一〇〇万近い兵力を北部満洲に待機させた状態で終戦を迎えたが、海軍は、行動できる部隊がほとんど残っていない状態であった。戦時中海軍は、戦艦一四隻、海防戦艦三隻、装甲巡洋艦五隻、防護巡洋艦六隻のほか、小型艦艇三五隻を失った。この損失によって海軍は事実上黒海艦隊だけとなった(40)。士気は低く、戦略的に行動を制限されている黒海艦隊は、打撃力を持つものといえば、戦艦二隻、装甲巡洋艦二隻にすぎなかった(41)。

兵員の点からみると、海軍は、相当数の有能な幹部級士官とともに全兵員の約五分の一を失った(42)。このため、一九〇五年は帝政ロシア海軍凋落の年であった。ロシアにとってこの恐ろしい年(annus horribilis)は、五カ月以内で偉大な海軍が真っ逆さまに墜落した年であった。開戦前、五大海軍中第三位の地位にあり、対馬沖海戦の前夜に五位にとどまっていたものの、六位、いや七位に転落し、この後何十年も、際立って小さい、取るに足りない存在になった(43)。戦時中のロシア海軍の損失の約半分は対馬沖海戦で生じた。しかも、それまでの損害は少しずつ生じたが、残りの半分は一挙に失ったのである。

ロシアの海上戦力の回復には時間を要した。そして当初は、手がかりになる道は一つしかなかった。かつては尊敬すべき存在であった部隊の将兵の一人は「全員にとって敗北は苦しくつらかった。たくさんの希望が無惨に打ち砕かれ、当然、多くの者が怒りの声を上げた。このような事態を招いた犯人を探し出せ、誰も悪くないとは言わせないぞ！と怒りの犯人探しを始めた」と述べた、これが部隊内の全体的空気であった(44)。

この怒りとそして緊張した雰囲気のなかで、海軍の最高位の指揮官二人が、一九〇五年六月に辞任した。最初に辞任したのが海軍元帥のアレクセイ・アレクサンドロヴィチ大公である。大公が二二年間維持してきた海軍総監の官職は廃止された。二週間後、海軍大臣フェドル・アベランも辞任し、階級を剥奪された。しかしながら、二人の辞任で怒りが鎮まることはなく、敗北とその原因に関する教訓を、海軍が引き出せることにもならなかった。

この行き詰まりのなかで、政府は特別調査委員会を設置した。委員会はすぐ仕事に着手した。委員会は、数百人の証人に聴取した。その多くは、海戦に参加し、日本の捕虜収容所から最近戻った者であった。委員会が到達した結論は、社会には限定的な関心しか呼ばなかったが、率直な内容であった。しかし、上品さに欠けることはなく、常軌を逸してもおらず、皇帝だけでなく政治の世界に踏み込むこともなかった。完敗した技術上の主たる原因については、委員会は艦艇への大量の石炭や補給物資の積み過ぎと旧式艦砲を強調した。さらに異質の艦船を集めた編成の欠点、遅い速力、装甲巡洋艦の少なさも指摘した。さらに委員会は海軍省に明確な作戦計画がなく、艦隊司令長官にロジェストヴェンスキー海軍中将を選んだことを批判し、航海中の準備不足と戦闘時における決心および役割について、厳しい言葉で中将を非難した。

委員会の勧告に従い、帝政ロシア海軍は、敗北の責任者と思われる者に対し、いつもより厳しい処置をすることに決めた。予想されることであるが、ギリシア神話の「アウゲイアス王の牛舎」(三〇年も清掃しない三〇〇〇頭を飼う牛舎をヘラクレスが一日できれいにした神話)ではないが、積年の弊害を一掃する試みは、ほぼ艦隊の生き残り士官に限定され、国内の高級将官には手がつけられなかった(45)。

ジノーヴィー・ロジェストヴェンスキー海軍中将の運命は印象的であった。戦後、本人については、戦闘における手際ではなく本人の性格に関する意見が相当にまちまちではあったが、彼は、最初からロシア海軍の敗北の象徴であった(46)。それでも、彼が処罰されたのか、どのように処罰されたかについては不明

1906年7月21日、クロンシュタットの海軍基地で開かれたロジェストヴェンスキー中将に対する軍法会議の法廷（The New York Public Library）。

のままであった。日本の海軍病院で負傷が回復し、四カ月の収容所生活の後、日本を出国し、シベリア鉄道でサンクトペテルブルクに戻った。一九〇五年一二月初旬、全土で革命熱が荒れ狂っていたにもかかわらず、道中で讃美者が群れをなして本人の帰還を歓迎した(47)。サンクトペテルブルクに戻ると、前の職務すなわち海軍参謀本部総長に復職した(48)。しかしながら、おそらく皇太子の教唆によると思われるが、新聞が彼の免職を求め始めた(49)。提督は非難に対して戦いを挑もうとした。彼は海軍の改革ビジョンについて語り、日本海軍が失敗すれば、日本に代わってイギリス海軍が租借地威海衛の艦艇を使って、艦隊を攻撃する意図であったと示唆した(50)。

彼の挑発は首都でとんでもない騒ぎを引き起こし、非難の声が日を追って高まり、ついにロジェストヴェンスキーは辞任を決意した。一九〇六年五月二一日である。六週間後、クロンシュタットで軍法会議にかけられた。ともに駆逐艦ベドウィに乗っていた部下一一人（士官一〇人、整備兵一人）も一緒である(51)。六日に及ぶ裁判は、敗北自体を扱わず、ベドウィの屈辱的降伏だけに問題を絞っていた。ロジェストヴェンスキーは、降伏の全責任は自分にあると主張したが、判事たちは異なる考え方をした（52）。士官四人（ベドウィのニコライ・バラノフ艦長を含む）が死刑の判決を受け、提督本人は人事不省の状態で捕虜になったとして無罪放免になった（53）。再び自由の身となったロジエストヴェンスキーは、首都にとどまったが、失意のうちに心臓発作で死去した。虜囚の身から戻って三年後である。享年六〇。葬儀のすぐ後、ウラジーミル・セメノフは「これで終わりだ。提督は死んでしまった」と嘆いた。しかし、海戦の記憶は、これを越え、いかなる死も越えて残っていくのである（54）。

オスカー・エンクヴィスト海軍少将は、ほんのわずかではあるが、幸運であった。彼は自分の率いる艦艇三隻とともにマニラにとどまり、終戦になってからリバウへ帰航の途についた。彼は、帰還すると批判にさらされる。相当数の士官が、本人の命令違反を確信していた。敵中を突破してウラジオストクへ向かえというロジェストヴェンスキーの命令に従わなかったという（55）。それでもエンクヴィストは訴追されず、それどころか一九〇七年に海軍中将に昇進した。それから解任され、五年のうちに死去した。

帝政ロシア海軍が待ち望んでいた完全浄化が、ニコライ・ネボガトフの裁判であった。先の二人の将官と違って、彼は虜囚の身から解放されて帰還しても歓迎されなかった。彼の行為は不名誉きわまる、これが周りの一致した意見であったからである。ロジェストヴェンスキーあるいはエンクヴィストいずれも、ネボガトフのように自分の意志で降伏することはなかった。さらに悪いことに、一九〇五年夏、自分の指揮下にあった艦艇のうち三隻が、日本海軍の艦籍に編入され、四番目の新戦艦アリョールも、二年のうちにそうなるのである。

皇帝は、ネボガトフの行為に激怒し、帰還前に階級を剥奪していた。そして本人は、一九〇六年一二月、艦艇四隻の艦長を含む配下の士官たちとともに、クロンシュタットで軍法会議にかけられた。艦船部隊を不当に相手に引き渡した容疑である(56)。海軍の規定が厳として存在し、艦は、すべての防衛手段が尽きた時、自沈あるいは焼失せしめてのみ手放せるのである。しかし、五月二八日朝の状況は、この規定に当てはまらなかった(57)。

それでも、ネボガトフは、欠陥のある艦、艦砲、そして火薬のせいで、有効な抵抗が不可能であったとし、「使用に耐えうるような艦であれば、私は五万の命を犠牲にすることも躊躇しなかったであろう。しかし本件の場合、若者たちの命をなぜ犠牲にしなければならないのか。自殺行為に過ぎないではないか」と論じた(58)。裁判過程でネボガトフは撤回し、自分の乗る艦に対する責任だけを負うとし、ほかの艦長たちは自分に抗命できたと主張した。軍法会議は、艦の状態ではなく本人の行動が問題であるとし、部下の艦長三人とともに本人に死刑の判決を言い渡した(59)。ほかの場合でも、ネボガトフの行為が、人道主義の勝利とは考えられず、海軍の行動の一前例とも受けとめられなかった。むしろ、海軍全体の弱さ、精神的鍛錬の欠如の象徴とみなされた。降伏の罪と罰が再度学習されたわけである(60)。

研究者ホルガー・アフラーバッハが指摘したように、二〇世紀全体で海軍部隊の大々的な降伏は後にも先にもこれだけである(61)。ネボガドフは処刑されなかった。軍法会議は、軽減事由《じゆう》を認めて、皇帝ニコライ二世に慈悲を求めた。そして提督に対する死刑判決は、禁錮一〇年に軽減された。降伏当時、旅順要塞の司令官代行アナトリー・ミハイロヴィチ・ステッセル陸軍中将(一八四八～一九一五年)の減刑と同じである。彼の指揮下にあった艦長たちも減刑された(62)。ネボガドフ自身は、健康上の理由から一九〇九年五月に釈放され、モスクワへ移住したが、その後、消息を絶った(63)。

進行中の裁判は、海軍に対して抱く社会のイメージ刷新にはほとんどならなかった。陸軍と違って海軍は、戦後すぐあざけりとジョークの対象となった。さらに悪いことに「ツシマスコエ・ベドムスボ(対馬部局)」と皮肉な別称で呼ばれ、その艦艇は「サモトピ(自

戦艦クニャージ・スウォーロフと運命をともにした３人の英雄。この追悼写真はサンクトペテルブルクの写真家Ａ・キーフの作品。「1905年5月14日対馬、クルセル、ブルボフ、ボグダノフ：コロメイツェフ海軍准将が目撃したように、戦艦乗り組みのブルボフとボグダノフの両海軍大尉とクルセル海軍少尉は救助される可能性が十分あったが、駆逐艦に移乗することを拒否し、戦艦スウォーロフのほかの士官および兵とともに任務を遂行し、後日判明したように、艦と運命をともにした」との説明がついている（courtesy of Mr. Felix Brenner, Haifa）。

沈屋）」と称された（64）。

帝政のロシア海軍首脳は、この退潮を前にして抜け目なく、海戦参加者のなかからポジティブイメージの者を探し出し、敢然として敵に抵抗した乗組員たちを見つけた。結局、英雄に仕立てられたのが、戦艦クニャージ・スウォーロフ乗り組みの若手士官三人である。敵の軍門に下るのを潔しとせず、艦と運命をともにしたといわれる。かくしてこの三人は社会の栄誉を得た。生存する英雄については、対馬沖海戦はヴァシリル・フェルセンを生み出した。ネボガトフの降伏命令に抗した巡洋艦イズムルードの艦長である。彼が英雄として認められた経緯は、戦争一年目における防護巡洋艦ワリヤーグ艦長フセヴォロド・ルドネフ海軍大佐の場合と類似する（65）。フェルセンは抗命したが、乗艦はやがて太平洋のロシア水域で難破した。それにもかかわらず、ネボガトフが裁判にかけられたと同じ年に海軍大佐に昇進、その後七年の間に海軍中将になった。そして皮肉なことに海軍軍法会議のメンバーとして働いた後、一九一七年に退官した。

同様の方法で海防戦艦アドミラル・ウシャーコフの乗組員が、英雄主義と抵抗の極致として扱われた。捕虜収容所から戻ると、生き残り乗組員三二五人は、聖ゲオルグ勲章を授与された。我に倍する優勢な敵軍に集団で戦った功績である。士官たちはあと一年待つことになるが、さらに高位の聖ウラジーミル勲章第四級が授与された。海軍内部の粛清行為は、必要な改革を生み出せず、海戦とその意義に関する激しい論争を冷ますことにもならなかった。

一九〇六年四月、皇帝は、海軍大臣に新しい部局としての海軍参謀本部の省内設置勅令を出した(66)。三カ月前、海軍内の検討グループが会合を持ち始めた。海軍省の許可を得て、海軍改革に必要な科学的諸原則を確認する目的で行動した(67)。部内の非公開検討と並行して、一般社会でも海軍の改革に関する激しい論争が続いた。なかでも目につくのが、首都に本社を置く数社の主要新聞と雑誌で、この問題とその関連課題について、多数の記事を掲載した(68)。海軍士官、特に海軍参謀本部にとって最も緊急を要する課題がバルチック艦隊の可及的速やかな再建で、太平洋では象徴的プレゼンスを維持するにとどめ、外洋艦隊の戦力は持たないとした(69)。バルチック艦隊の完全壊滅に鑑みて、艦隊は水雷艇、潜水艦、そして機雷を中心とする防備隊にすべしと考える者がいれば、攻撃型艦隊を主張する者もおり、マハンの精神で再度主力艦を中心にすべきと主張する。

帝政ロシア海軍以外では選択ははっきりしていた。国防会議は、一九〇六年一二月の会合で「バルチック艦隊は攻撃型艦隊として見られてはならず、勅令によって防備的役割に限定すべし」と明言した(70)。しかしながら四カ月後に、この防備的云々は少し見直され、新しい海軍大臣イワン・ディコフ（一八三三～一九一四年）は会議の見解を繰り返したが、どこか漠然とした目的を一つ加えた。ディコフは「艦隊は外国の海における帝国の権益を守るため、自由に行動できる海軍力でもあるべき」と述べたのである(71)。

ロシアの国会（ドウーマ）内では、艦隊の再建に関する意見はばらばらであったが、海軍省の提案に対する皇帝の支持が極めて重大であった。ポスト対馬の海軍はいかにあるべきか、その性格と将来像についての論議が延々と続き、艦艇再建開始を妨げた。皇帝が「ロシア国軍の改革発展計画」を承認したのは一九〇七年六月で、海戦からすでに二年が過ぎていた。この計画は、特にバルチック艦隊の小規模再建の手段を講じていた(72)。

二年後、ボスニア危機の余韻が残るなか、ロシアの経済成長が再び始まったこともあり、広く〝小規模建艦計画〟として知られてきた本計画は全面的な見直しの対象になった。小艦艇の建造を中心とする代わりに、新しい〝大型建艦一〇年計画〟は、戦艦の建造と太平洋艦隊の復活に重点を置いていた(73)。この艦隊に関する今回の計画は、バルチック艦隊の長途遠征の記憶がまだ生々しいこととあいまって、北海航路帯に対する関心を呼び戻した(74)。

ノルウェーとロシアの北極海の沿岸に極東の北部とヨーロッパを結ぶ北東水路を開発し、それを航路帯とする夢が探検時代の初期からあった(75)。一九一〇年、初の北極海水路測量隊が、ロシア海軍の砕氷船タイミールとバイガチに分乗し、このルートの組織的調査を目的として、ウラジオストクを出発した。この後五年の間に、水路測量隊は、北極海ルートの東部域水路の調査を終了した。そして一九一五年九月、二隻の砕氷船は、ウラジオストクからアルハンゲリスクに至る全ルートの調査を完了した。ゼベルナヤゼムリヤ群島の発見という功積もあったが、第一次世界大戦の勃発と帝政ロシアの崩壊によって、その精査はできなくなった。ソビエト政府がルート開発努力に着手するのは、一九三〇年代初期までなかったが、その着手は、第二次世界大戦時、軍事目的のための利用という結果をもたらし、近年に至って商業利用が拡大しつつある(76)。

バルチック艦隊については、新しい一〇年計画の着手後、その作戦投入目的はほとんど変わらなかった。一九一二年作成の計画には、防衛作戦が詳述されているが、攻勢作戦にはごくわずかしか触れられていない(77)。限定的作戦構想であっても、新しい戦艦建造は排除されなかった。近年の戦争、特に対馬沖海戦の戦訓をベースに、海軍参謀本部は、ほかの列強海軍と同じように、大口径艦砲を可能な限り多数装備し、速力は従来の戦艦より速いものに決めた(78)。

やがて、ロシア発の大艦巨砲戦艦が、一九一四年一二月末に就役した。ロシア海軍のドレッドノート級戦艦ガングート級(四隻)の第一号艦は、イギリス海軍がその最初の新型戦艦HMSドレッドノートを就役させてから八年後に登場したわけで、ほかの列強海軍と比べても、その出現はかなり遅かった(79)。そのデザインは、悲しいことに沿岸向きであった。対馬沖海戦から第一世界大戦の勃発に至る時間のなかで、相当数の艦艇を建造するロシアの再建計画は遅延し、中途半端ではあったが、極めて金のかかる事業であった。ロシアの予算に占める建艦支出は、一九〇八年から一三年の間に五倍になった。さらに戦艦が再び予算の多くを占めるようになる。同じように、国家の軍事予算に占める海軍の割合は同じ時期にかなり大きくなった。一九〇八年に予算の一七パーセントであったが、一九一三年に二八パーセントに達した(80)。

第一次世界大戦勃発時、帝政ロシア海軍は対日戦による弱体化からまだ回復していなかった(81)。野心的な建艦計画はまだ中途であり、しかも日を追って高まっていた大海軍再興の大いなる夢は、間もなくして大戦が微塵に砕いてしまった。しかしながら、容赦なき二度目の揺さぶりは、対馬沖海戦で経験した暴力的やり方ではなかった(82)。バルト海における作戦には、日露戦争の影がいつも付きまとっていた。今大戦の性格ゆえに、そしてバルチック艦隊の比較的脆弱性ゆえに、さらには対馬沖海戦の後遺症で主力艦喪失の恐怖もあって、帝政ロシア海軍は、せいぜい隅のほうでの行動にとどまった。海軍は攻勢作戦を避け、ドイツ沿岸における機雷封鎖作戦(うまくいった)を別にすれば、国の戦争遂行努力にほとんど影響を及ぼさなかった(83)。地上戦では、敗戦に次ぐ敗戦で、優先順位も変わって、戦前の建艦計画は大半が中止になった。一九一八年にはドイツと単独講和に踏みきり、同年三月のブレストリトフスク条約で、ロシアはバルト諸国に対する覇権をドイツに譲り渡し、バルト海はどう見てもドイツの内海になってしまったが、戦争終結は、ロシアの海上部隊のどん底ではなかった。絶望的状況に達するのは、一九二〇年代初期、海軍の下層階級における過激派の活動のためである。一九〇五年に発生した革命は弾圧されたが、それでもボリシェヴィキ革命後も過激派の活動は収まらず、海軍がそのイデオロギー上の温床であり続けた。その後、海軍全体、特にバルチック艦隊は、足腰が立たなくなるような究極の打撃に見舞われるのである。一九二一年三月、クロンシュタット海軍基地で大規模反乱が起きた。反乱は鎮圧され海軍将兵数千人が処刑され、海軍はとどめの一撃を加えられたのである。海軍不信の日が続き、この後何年も予算配分は限られたものとなる(84)。

この後、ソビエト海軍は限定的な程度とはいえ、麻痺状態に陥り、衰退していく。一九二五年初め陸海軍事問題担当人民委員となったミハイル・フルンゼ(一八八五〜一九二五年)は、欠乏状態を目の前にして「要するに……我々には艦隊がなかった」と述べた(85)。一九三〇年代中頃、当時ソ連邦共産党総書記の地位にあったヨゼフ・スターリンは、巨大な外洋艦隊の建設を思い描き始めた。しかし、再度ヨーロッパで全面戦争が勃発し、心に誓った意図は停止状態になった(86)。ソビエト海軍は「一九四五年の夏時点でバルト海に旧式戦艦二隻、いずれも数回引き揚げられた帝政時代のドレッドノート級……北海に英海軍から貸与された同じ艦齢の戦艦一隻……黒海にドレッドノート級二隻……(そして)太平洋艦隊には戦艦なしの状態」にあった(87)。

結局、ソ連邦に真に大規模な海軍部隊が出現するのは一九六〇年代になってからである。対馬沖海戦は、一九〇五年以来すべての悪の根源とされていたが、その時点では必ずしもそうではないことが明らかであったものの、海戦が海軍の凋落の最も重大な発端となり、海軍が一九〇五年後の時代に経験する、最悪の後退の引き金役になったのは間違いない。

変わり行く海戦の記憶

対馬沖海戦の記憶は苦々しく、なかなか消えなかった。しかしながら、その痛みは徐々にやわらいでいき、政治情勢の変化とともに、記憶も戦争そのものと同様に、極めて曲折の多い道をたどった(88)。日本における状況と同様に、その道程は、基本的に三つの時代に分けることができる。各時代は、その時の政治的情勢とマッチし、前の時代の空気と矛盾する姿勢を特徴とする。その時代には、帝政最後の十数年、一九一七年のボリシェヴィキ革命に続くソビエト時代、そして一九九一年のロシア連邦の成立とともに始まる時代が含まれる。

(1) 衝撃と悲嘆─帝政時代(一九〇五～一七年)

海戦から数年間は、帝政ロシアがこの対日戦争をうとましく無念に思っていたため、記念式典も、ごくわずかであり、あっても熱の入らぬ内容を特徴とした。それは、何人かの記録者が指摘しているように、〝全面残酷な悪夢〟となって帰着する〝邪悪かつ陰鬱な紛争〟であった(89)。当時のロシア人たちは、戦争を振り返り、誇りになるものがほとんどないと考えた。しかしそれでもそれは自分たちの戦争、自身の父親や息子が命を犠牲にした敗け戦なのであった。対馬沖海戦は、戦時中のほかの敗北と非常な相違はない。しかし、海上の敗北が引き起こした失望感は特に強烈であった。それは、一部には落差のともなう時間が関係している。長い時間のなかで期待感が盛り上っていたところへ、いきなり強烈かつ判別の明確なクライマックスがきたのである。落差感はあまりにも極端で、多くの著述家が、政治、そして特に海軍問題における当局の屈辱的ともいえる失敗を象徴する意味で、対馬をネガティブ用語として(対馬のようなとか、対馬よりさらに悪いなど)使い始めた(90)。

対馬沖海戦後、平和主義の提唱者たちはともども、人命損失に絶望感を表明せざるを得なかった。当時七七歳の作家レオ・トルストイ（一八二八〜一九一〇年）は、一九〇五年六月一日付の日記に、戦争そのものがキリスト教徒の信念と相容れないとし、「いかなる戦争であれ、愛国主義と武勇を至上の理想とする非キリスト教徒との戦争では、キリスト教徒が敗北するに違いないのである」と書いた(91)。

海戦は、同じように一つの象徴的殿堂になった。それは、当代ロシア文学と詩歌に短期間ではあるが、マニフェスト的影響を及ぼした(92)。たとえば、詩人ビアチェスラフ・ノバノフ（一八六六〜一九四九年）にとっては、この海戦はロシア人の魂の再生と浄化のための跳躍台を提供した。一九〇五年五月三一日に書いた、彼の有名な四連詩「対馬」は、防護巡洋艦アルマーズの奇跡的なウラジオストク到着という最新報道に着想を得た作品である。「ロシアの無敵艦隊はさらに進み、魔法の呪文がかかった海へ突入し……我らが希望の最後」という言葉で始まり、最後の一節で、一種のカタルシスに達し、「ロシア人よ、汝自ら火の洗礼を受けよ！焼け。そして、黒焦げの山の中から汝の宝石（露語アルマーズ）を救い出せ。汝の指導者たちの手にあって、汝の舵柄は打ち砕かる。見よ、天上にはより偉大なる舵取りがいる」と結んだ(93)。

しかしながら、より象徴的な現象としては、海戦がロシアとその迫り来る破滅の予言的象徴となったことである。象徴主義の作家アンドレイ・ベリー（一八八〇〜一九三四年）は、自分の小説『ペテルスブルク』（一九一三年）で、まさにこの文脈で海戦に触れた。この作品は現在に至るも、多くの者が二〇世紀ロシア文学の傑作の一つと考えている(94)。ベリーにとって、対馬沖海戦は、モンゴルの軍勢によっていくつかの公国が潰滅したカルカ河畔の戦い（一二二三年）のように、ロシアに対する東方世界の脅威を象徴するものであった(95)。

この短い期間に出版された対馬沖海戦に関する書物は、個人の回想録から批判的な分析まで——往々にしてこの二つが組み合っていた——さまざまあった。国際的によく知られ、かつまた最も厳しい批判の書が、ウラジーミル・セミノフ海軍准将の著書である。

本人はロジェストヴェンスキーとともに軍法会議にかけられたが、のちに無罪放免になった人物である。彼は文筆で身をたてる抱負を持ち、自身を艦隊の航海、そして特に海戦の記録者と考えていた。一九〇七年に退官すると、この後三年間早過ぎる死を迎えるまでに、戦時体験の記述に没頭した(96)。彼は自分の貴重な経験から得るところが多く、それが批判に反映している。戦時中、最も重大な意味を有する二つの海戦を体験した唯一の高級士官であった。最初は防護巡洋艦ディアーナで上級士官として勤務した時の黄海海戦、次が戦艦クニャージ・スウォーロフに海軍将官として乗艦し経験した対馬沖海戦である。

ニコライ・クラド海軍准将も、立派な軍歴を持ち人目を惹く批評家であった。バルチック艦隊を極東に派遣するメディアキャンペーンを支え、自分自身その航海に加わったのであるが、スペイン北西部のビゴで、下船せざるを得なかった。ドッガーバンク事件の処理を目的に設置された国際委員会に艦隊代表として出席するためである。彼は影響力のある海軍分析家であったので、対日戦争および海戦に関する著作は、直ちに英、仏、独の三カ国語に翻訳された。クラドの批判書は、バルチック艦隊の戦いぶりを酷評した。しかしそれが本人の命とりになることはなく、一九〇六年に海軍に復帰し、四年後には海軍士官学校の海上戦略担当の教授に任命された(97)。

この海戦がいかに壊滅的かつ屈辱的敗北であったとはいえ、記念すべき正当な理由はあった。無理からぬことではあるが、記念碑を建てて戦死者を追悼する計画は、日本のようにすぐというわけではなく、規模も大々的なものではなかった。記念プロジェクトの発足前に、捕虜が帰還し、軍法会議が結審し、初期のトラウマを乗り越える必要があった。

最初の海戦記念建造物は、サンクトペテルブルクの中心にある聖ニコライ海軍大聖堂（ニコルスキー・モルスコイ・ソボル）の庭園に建立された、花崗岩の大オベリスクである。〝対馬オベリスク〟として知られ、海戦三周年の一九〇八年五月二八日に除幕式が挙行された。戦艦インペラトール・アレクサンドル三世の

サンクトペテルブルクにある戦艦インペラトール・アレクサンドルⅢ世の英雄を讃える記念碑。

乗組員を追悼する碑である。この艦が特に選ばれたのは、ロシアの沈没艦艇のなかで唯一生存者がいない艦だからである。乗組員の全員戦死は、皇帝に対する忠誠の究極の証しであり、彼らを追悼するのは、革命騒ぎのなかで普通の水兵と兵隊の死の意義を維持しようとする、体制側の新しい願望とマッチしていた。この意向にすぐ飛びついたのが、文筆家のミハイル・メンシコフである。除幕式の二日前、大衆紙ノーボエ・ブレミアに「ロシア水兵の圧倒的大多数は降伏せず、逃げもしなかった」と書いた(98)。

初期の計画で、記念教会の建設もあった。記念碑が建立された年にギリシアの王妃オリガ（露帝ニコライ一世の次男コンスタンチン大公の娘、一八五一〜一九二六年）の後援下で募金委員会が設立された。オベリスク建立の時と同じように、皇族が資金の面ですぐに支援に乗り出した(99)。一九一一年、サンクトペテルブルクの海軍用水路沿いに、救世主キリストの教会（ツェルコフ・クリスタ・スパシテルヤ）が開設された。海の救済聖堂としても知られる。海戦の少し前に構想されたのであるが、壁に戦死水兵の名前が刻まれ、海戦に関するロシアの中心的記念堂になった。

帝政ロシアのほかの地域にも、規模は小さいがいくつか記念碑が建立された。主に艦隊の航海のゆかりの地である。バルチック艦隊の母港クロンシュタットには、海戦で戦死した水兵の追悼碑がペトロフスキー公園に建てられた。艦隊の最初の寄港地レーヴァリ（現エストニアのタリン）のアレクサンドル・ネフスキー教会には、海戦の戦死水兵の名前を記した大型の銘板が二枚壁にかけてある。

このような記念の場所はあるものの、対馬に対する無念とその犠牲者を追悼しようとする努力は、比較的短期間のことであった。一九〇五年の革命に続いて、この国は不穏状態に飲み込まれ、日本は一九〇七年の日露条約の締結により、もはや不倶戴天の敵とは考えられなくなった。信じられないことであるが、かなりの数の人にとって、日本は再び文化的魅惑の源となり、時には一体感を覚えることすらあった(100)。

ロシアの厳しい状況は続く。第一次世界大戦の勃発にともない、より身近なところで次々と敗北し、比較にならぬほど大きい損害を出し、一〇年前の極東における紛争の記憶など、影が薄くなった(101)。一九一六年初め次第に大きくなる緊張下で、ロシアは日本が一九〇五年に捕獲した艦艇のうち三隻(うち二隻は戦艦)を買い戻した。この状況の変化にともない、対馬沖海戦の戦死者慰霊は、一九一五年にはまだ実施されていたが、その後打ち切りになった。同様に、この戦争あるいは海戦に対する国としての記念碑計画も放棄された。

(2) 糾弾と警告
——ソビエト時代(一九一七～九一年)

ボリシェヴィキ革命の勃発とソ連邦の樹立にともない、日露戦争の記憶はほぼ完全に薄れてしまった。対馬沖海戦についてはなおさらである。ソビエト政権は、権力の座についた後の初期段階で内戦と内部紛争に見舞われ、人民の記憶は、大半が第一次世界大戦とその後の内戦時の恐るべき犠牲に関するものであった。その頃になると、対日戦争に関する贖《あがな》いは、帝政を支持し革命を拒否することを意味した(102)。筋金入りの革命家は、戦闘がすでに展開している頃、この対日戦争に反対していた。

一九〇五年に旅順が陥落すると、ウラジーミル・レーニン(一八七〇～一九二四年)自身が「プロレタリア階級は、喜びに足る理由を持つ」と宣言した(103)。五カ月後、バルチック艦隊潰滅から一〇日ほど後のことであるが、レーニンはこの事態の意義を有頂天になって指摘し、「すべての者が、戦争の明確な帰趨は海戦の勝利いかんにかかっていることを、理解した」と述べた(104)。

この立場でソビエト政権は、この戦争と特に対馬沖海戦の敗北の記憶を帝政とその無能な軍指導部を非難する追加材料に使った。ボリシェヴィキたちは、艦隊を率いた軟弱な海軍士官たちを見下し、一九〇五年当時国内でまず急進派水兵たちの示した英雄的行為を強調した(105)。帝政海軍士官、特にアレクサンデル・コルチャック海軍大将（一八七四～一九二〇年）に対する憎悪は、反革命運動に果した彼らの積極的役割に由来している面がある。かくして、対馬沖海戦の敗北は、彼らの遺産の不可分の一部となった。

ソビエト政権が、対馬沖における帝政の総崩れの痕跡を抹消し始めるのに時間はかからなかった。この新政策で特に目につけられ、犠牲になったのが、救世主キリストの教会であった。帝政が建てた主たる海戦の記念祈祷の場である。ここは、サンクトペテルブルクの住民多数の抗議にもかかわらず、一九三二年三月八日に閉鎖され、その後にすぐ爆破された(106)。

その同じ年、ソビエト連邦は、対馬沖海戦を扱った最も著名なロシアの小説の第一巻を発行した(107)。出版は歓迎され、特に国内では、桁外れの人気を呼んで、初版だけで九二万五〇〇〇部を売り上げた(108)。数年間に数カ国語で翻訳出版されているが、帝政ロシア海軍水兵と少数の海軍士官の英雄的行為を描き、完敗をもたらした最高司令部の怠慢とともに、バルチック艦隊の航海途次における水兵たちの革命活動が語られた(109)。著者のアレクセイ・ノビコフ・プリボイ（一八七七～一九四四年）は、戦艦アリョールの水兵で降伏後、捕虜となった。日本の捕虜収容所にいる時、回想記をまとめ始め、同僚の捕虜たちの経験も集めた。ロシアに帰還してすぐ出版を意図したが、戦争指導に関するあからさまな批判のため、帝政ロシア当局から発禁処分を受け、プリボイ自身フィンランドへ逃げ、次いでイギリスへ渡った。彼は、第一次世界大戦の勃発直前にロシアへ戻ったが、帝政下では小説執筆の再開はできなかった。プリボイの第二巻はスターリン賞を受けた。しかし、その作品は、海軍復活の時期に士気をくじくようなインパクトを与えるとして、次第に当局の批判にさらされるようになった。作品は、個人の体験をベースとした嘘偽りのない事実とみなされる場合が多かったが、相当割り引いて読む必要のある内容であった。後年、批評家たちは、作品が事実とは違う多くの不正確な記述を多々指摘した。著者のイデオロギー上の屈折に加えて、初版出版後の政治的環境の変化にともなって初期版と後期版の間に、いろいろな矛盾が生じたのである（110）。

逆説的であるが、ノビコフ・プリボイの『ツシマ』の成功は、この海戦に対するソビエトの態度における変転の前触れであった。一九三〇年代後半の日ソ関係の悪化、軍事上の緊張とエスカレートがこの変化に影響しているが、それだけではない（111）。スターリンはもっと皇帝風な姿勢をとり、世界革命の戦略から一国社会主義の建設にシフトし、革命前の旧体制軍事史の名誉回復に着手した。この政策は、日本との二回戦の予想が強まるなかで、さまざまな分析的研究と文学作品にみられるように、この戦争をより客観的かつ冷静に検討する機運が生まれた。前者のなかで特筆すべきは、ニコライ・レヴィツキー（一八八七～一九四二年）とアレクサンデル・スヴェチン（一八七八～一九三八年）の総合的研究である。後者で最も著名なのがアレクサンドル・ステパノフ（一八九二～一九六五年）の『旅順』（一九四〇～四二年）である（112）。ステパノフの作品は、二巻物でそれぞれスターリン賞を授与され、一九四四年に大量に増刷され、非常な人気を呼んだ（113）。

レヴィツキーは、ロシア側の基本的な不利な点を考慮に入れ、対馬沖海戦に幾分バランスのとれた見方をした。旅順の降伏によって、バルチック艦隊は明らかに日本側とは対等ではなくなったのに、政府がロジェストヴェンスキーを前進させたのである（114）。海戦前夜の状況についても、ネボガトフ艦隊の増強にもかかわらず、日本の連合艦隊がほぼどの時点でも、特に火力において絶対的に有利であった（115）。このロシア側の劣勢は、ロジェストヴェンスキーの指揮、特に受け身的な行動によってそれが倍加し、一段と悪化した(116)。レヴィツキーは、総合的にみて「第二太平洋戦隊の軍事行動は投機的であり、軽率であった。軍事上の計算よりは、帝国の一角を守ろうとする政治的考慮で送られたのである」と結んだ(117)。

一九四二年、海軍史講師のピョトル・バイコフ海軍大佐(一八九〇〜一九六三年)は、日露戦争の海軍作戦史を発表した。彼の観察と結論は、レヴィツキーのアプローチに沿った内容である。バイコフも、バルチック艦隊は日本の連合艦隊に太刀打ちできるほど強力ではなく、当初の構想は旅順艦隊と協同して対処する作戦で、派遣はそれを前提にしていたと主張した(118)。バイコフは、いくつかの重大な要因の比較をベースに、ネボガトフの増援は、海戦を前にしたロシア側の劣勢をほとんど変えることにはならなかったと論証した(119)。バイコフの結論は厳しかったが、フェアであった(120)。彼は「対馬沖海戦の敗北は、ロシア艦隊所属艦艇およびその武装の技術的後進性、帝政ロシア海軍の指揮統制の欠陥、凡庸性に起因する」と論じた(121)。そして戦略的にみて「技術上後進的で、準備も不十分な艦隊を派遣し、途中基地一つない地域を、クロンシュタットからウラジオストクまで一万八〇〇〇マイルを航行させること自体、一種の投機であり、破滅へ向かうのは必至であった」と書いた(122)。

対馬沖海戦の敗北に関するこの新しい見解が、ソビエト政権の報復探しにつながった。一九〇五年の屈辱を晴らすわけである。一九三八〜三九年に発生した宣戦布告なしの国境紛争とりわけノモンハン事件で、日本帝国陸軍に勝利したことは、この感情をあらわにした(123)。その一例が、一九三九年後半発行のソ連風刺漫画誌「クロコディル」の絵である。北東アジアの地図を前にして、日本兵とソ連兵の一団が対峙し、「三五年前、我々(日本人)が、奉天、旅順、対馬で勝った」。そして今日、我々(ロシア人)が、ヴォロチャエフカ、スパッスク、ハサン(張鼓峰)で勝った」との説明がついている(124)。

この一連の苦渋の記憶にもかかわらず、この後六年間、二つの国家は戦争を回避した。一方、ソビエト政府は、前線の兵隊たちに大量のパンフレットや書籍を送った。内容は、対馬沖海戦、旅順の戦いと最近のノモンハン戦の勝利である。対比で記憶を新たにしたわけである(125)。やがてソ連邦は、屈辱的ないくつかの敗北のなかで、対馬沖の敗戦に報復するのである。一九四五年八月、満洲に侵攻したソ連軍は旅順になだれ込み、再び当地を占領した。日本に対する勝利は、四〇年に及ぶ闘争のクライマックスとなった。スターリン自身、「わが人民は、日本が粉砕され、汚点がぬぐい去られる日の来ることを信じ、待ち望んでいた。我々はこの日を四〇年間待っていたのである」と述べた(126)。

ソ連邦は、この報復にもかかわらず、対日戦の勝利後も、対馬沖海戦における帝政ロシアの敗北のしるしを躊躇せず抹消した。一九四五年九月初旬、クズマ・デレビヤンコ中将(一九〇四～五四年)を団長とするソ連代表団は、合衆国海軍第三艦隊司令官ウィリアム・ハルゼー・ジュニア海軍大将が、戦艦三笠の艫《とも》に揚げられていた軍艦旗を手渡した時、狂喜した。この軍艦旗は、記念艦に対するデレビヤンコの敵意をやわらげることにはならなかった。彼は日本の武装解除の過程で、三笠は要塞であるから、要塞として破壊すべきであると繰り返し主張した。米英双方が強硬に拒んだので三笠は生き残ることになりはしたが、記念艦としての三笠の戦前の地位を剥奪するうえで、ソ連のこの圧力が大いに功を奏した(127)。

ソ連国内では、海戦はソビエトの名誉を傷つける汚点として残り続けた。一九五四年、仁川沖海戦の五〇周年にあたり、国は仁川沖で起きた短時間の海戦の生存者に勲章を授与し、さらに二年後には、大破、自沈した防護巡洋艦ワリヤーグのルドネフ艦長を讃えて、その彫像の除幕式が本人の引退の地トゥーラで挙行された。対馬沖海戦の生き残りは、負傷兵と無残な最期を迎えた戦死兵すらも無視された(128)。同じように、防護巡洋艦アウローラが、一九五七年にレニングラード(現・サンクトペテルブルク)係留の記念艦になったが、それは、エンクヴィスト海軍少将率いる支隊(一九〇五年)での行動ではなく、ボリシェヴィキ

サンクトペテルブルクで記念艦として保存されている防護巡洋艦アウローラ。人気の観光スポットになっている。

革命における役割が記念艦となった主意であった。

ソ連邦は、一九六〇年代後半までに、帝政時代とその軍事的遺産に対する態度をさらにゆるめた。単なるノスタルジーではないとしても、新しい回顧傾向は、この時代のロシア人の英雄的行為にもはや焦点を合わせない一連の小説と映画によって推進された(129)。対日戦争と対馬沖海戦も例外ではなかった。たとえば、流行作家ウラジーミル・ピクル(一九二八~九〇年)は、この戦争を扱った小説を数点書いているが、その一つ一九八一年作の『オキヌさんの物語』(Tri vozrasta Okini-san)は、対馬のクライマックスで終わる。

一九六〇年代後半、ソ連邦と西側との緊張緩和が進み、対日関係も改善された(130)。それでもソビエト政府は、海戦に対するロシア側の記憶を呼び起こすような日本人の行為にはまだ反対した。一九八〇年、日本人実業家・政治家の笹川良一(一八九九~一九九五年)が、積載しているとされる貴金属の回収を目的に対馬沖に沈む装甲巡洋艦アドミラル・ナヒーモフの捜索を意図した時、モスクワは強く抗議した。しかし抗議は無駄であった。潜水夫たちが沈没艦から金属塊を回収すると、ロシア人外交官が東京の外務省に乗り込み、発見物はすべてソ連邦のものと主張した。笹川は、要求に応じる用意があるが、ソ連邦が一九四五年以来占領を続けている北方四島の返還が条件であると発表し、この問題提起があって騒ぎはすぐに雲散霧消した（131）。

(3) ノスタルジーと陶酔
―ロシア連邦時代（一九九一年〜）

一九九一年のソ連邦崩壊とそれに代わる独立ロシア連邦の登場は、日露戦争一般、そして特に対馬沖海戦に対する自由な評価を解放した。最初の徴候の一つが、救世主キリストの教会再建委員会の設立（一九九〇年）である。一三年後、教会は同じ場所に前と全く同じ様式で再建された（132）。一九九九年、ウラジーミル・プーチン（一九五二年〜）が権力の座につくと、海戦に対する関心は一段と高まった。プーチンは、歴史の記憶の重要性を繰り返し強調し、神話を美化した。そして二〇〇三年に実施した歴史家たちとの会合で、「教科書は、ロシアの青少年の間に、この国とその歴史に対する誇りを涵養するものでなければならない」と要求した（133）。この圧力の結果はすぐに現れた。二〇一五年に発表された調査によると、ロシアで以前に発行されていた歴史の教科書は、対日戦争に関する悲劇的側面を強調していたが、それがロシア兵の英雄的行為を強調するものになった（134）。対馬沖海戦も例外ではなく、海戦に参加したロシアの水兵たちは「英雄的行為と自己犠牲」の精神を発揮したとなった（135）。

この新しいアプローチにもかかわらず、記念事業で日本と協力する姿勢は、依然として限定的で、計算ずくであった。過去の記憶は重要としながら、プーチンのロシアは、手にした領土を放棄する意図は全く示していない。二〇〇二年のＦＩＦＡ（国際サッカー連盟）のワールドカップで、ロシアのナショナルチームが日本チームに敗北した時、アジアライブラリー（Aziatskaia biblioteka）のウェブサイトは、〝対馬〟のヘッドラインをつけ、次のサブタイトルで、国のムードをあらわにした。曰く「日本対ロシア戦は一対〇だが、我々は島を返さないぞ」（136）。たとえば二〇〇五年二月、ロシア海軍は、日本が招待した海戦百周年記念行事の参加をやんわりと断った。それまで両国の艦隊は協力しあい、ほかの戦争関連の記念行事の参加は必ずしも拒否していなかったが、対馬に関する合同記念行事には参加を避けた[137]。二〇〇四年、ロシアの代表団が、韓国の仁川沖で、日露間の初回海戦である仁川沖海戦百周年記念行事を挙行した際、彼らは韓国の軍代表の参加を求めたが、日本の代表は招かなかった[138]。

上対馬町の殿崎公園、通称「日露友好の丘」に建つ巨大レリーフ「平和と友好の碑」。負傷したロジェストヴェンスキーを見舞う東郷大将が描かれている。

しかしながら、ほかの行事ではロシア政府は協力的であった。その行事が日本の世論に及ぼす、多大な政治的意味合いを考えてのことであろう[139]。この点を考慮して、東京のロシア大使館代表は、二〇〇五年五月二七日、三笠で開催された行事に参加し、ロシア政府は戦死者銘板の設置を支持した。その海戦戦死者銘板（その九七・六パーセントはロシア兵）は、対馬海岸、海戦現場を見おろす丘の上に建てられている。ロシア政府は、銘板の横に建てられた大型レリーフの作成に費用を出した。場所の名称も、「日露友好の丘」に変えられた[140]。

このような努力にもかかわらず、またこの課題に関する新しい出版ブームもあったが、一〇〇年も過ぎれば、大半のロシア人にとって日露戦争は遠い昔の話となり、記憶は薄れてしまった[141]。ロシアで二〇〇五年に実施された世論調査によると、回答者の七二パーセントが、その戦争の主戦場の名を一つとして挙げることができなかった。それでも、名前が挙げられたなかでは、対馬が一番であった(142)。

対馬沖海戦は、第一次世界大戦前の帝政ロシアに多大な影響を与えた。革命運動を激化させたのは短期間ではあったが、ロシアの外交および海軍政策、そして北東アジアにおける拡張政策に、長期に及ぶ影響を与えた。さらにロシア、そして後年のソ連海軍は、国家の安全保障上信頼に足る質の高い軍としての地位を回復するまで、数十年を要したのである。

国内における追悼については、時間の経過とともに相当変わってしまったが、国家が経験した最も潰滅的敗北であり、苦々しいが、将来にとっては有益な戦訓の一つとしての地位を保ってきたのである。

第五章　世界の反応と評価

日本勝利のニュースが広がるとともに、対馬沖海戦は、世界中にセンセーションを引き起こした。ニュースが早く広がる時代になりつつあったが、その後の時代でも、戦闘展開中にこれほど社会の注目を引いたのは極めて稀であった。この壮大な海戦に対する関心はまさにグローバルであった。当時、通信社網が形成されつつあり、そのニュースはヨーロッパと合衆国から、その通信網でつながる世界へ広がった。

この戦いに対する社会の好奇心は、海戦の数カ月前に始まり、終わった後も長い間その余韻が残った。もちろんそのクライマックスは、海戦の第一報とその続報であった。それはセンセーショナルなニュースではあったが、解釈の仕方、受け止め方はまちまちであった。多くの者にとって、このニュースは分水領を意味した。希望の前触れとみなした人たちがいれば、迫りくる破滅の予兆とみた者もいる。反響、評価、予言が一様ではなく、いろいろ違いがあることから、この海戦に対する国際社会の反応は興味をそそる。その違いを理解するため、本章は、三つの認識層すなわちマスメディア、国家レベルの意志決定者、そして海軍の専門家について考察する。

メディアの反応

一九〇五年の時点で、地球のかなりの地域がすでに通信用の陸上および海底ケーブルでつながり、戦争地域もこのグローバルな通信網につながっていた。日露戦争が最初の現代通信戦争といわれる所以は、ここにある(1)。

当時、マスメディアは新聞が主体であった。その新聞は、通信社を通した素早いニュース配信を利用し、大いに繁盛した。西半球では小さい地方都市にもあったし、主要都市となれば世界のどこにもあった。一九〇四年以来、世界の新聞が北東アジアの戦争に注目し、これをフォローしていたのは、驚くには当たらない。満洲の陸上戦、旅順口に閉じ込められた太平洋艦隊の苦境が、教育のある社会層の関心を呼び、惹きつけてやまなかった。この関心を満足させるため、欧米の主要新聞社が従軍記者を派遣した。数十人の記者がほぼ全員東京経由で現地入りした(2)。

日本当局は彼らにそれほど協力的ではなく、検閲も厳しかった。さらに無線電信もまだ信頼性が低かった。それでもこの従軍記者たちは、大いに関心をかきたてることができた(3)。バルチック艦隊の動静に対する関心は格段に高かった。その長途遠征は、大艦隊の激突に至ると思われただけでなく、その進行は、〝ハラハラ〟感というか一種の緊張感を作り出した。このロシアの艦隊がアジアの水域に到達した段階で、艦隊にまつわる話は、壮大な広がりに達していた。それはそれとして、海戦が始まった一九〇五年五月二七日時点で、メディアは艦隊の動静を知らず、海戦が終わった後もかなり長い間知らなかった。

日本に最も近い同盟国イギリスでは、新聞がバルチック艦隊の航海と迫り来る海戦をフォローしていた。しかしながら、長距離電信は一九〇五年当時、伝達がまだ遅く、報道が少し遅れて到着した(4)。海戦が始まった一九〇五年五月二七日の紙面は、ロシア艦隊の位置をまだ中国沿岸水域とし、ウラジオストクへ至るロジェストヴェンスキー海軍中将がとり得る予想航路を扱っていた(5)。たとえば、週刊グラフ誌「ザ・スフィアー」は同日の一面にロシアの司令長官を扱い、本人の立像イラストの下に「ウラジオストク到着後更迭か」という説明文をつけた(6)。翌日は日曜だったので、実際のニュースが報じられたのは、五月二九日の月曜日である。ニューカッスル・イブニング・クロニクル紙は「大海戦、日本の勝利・ロシア艦隊〝事実上全滅〟」と報じた。一方、リバプール・エコー紙は似たような大見出しを「ロジェストヴェンスキーの艦隊全滅、東郷海軍大将勝利」と逆の順でつけた(7)。ザ・タイム

イギリスの週刊誌「ザ・スフィアー」（1905年5月27日号）の表紙。同誌はイギリスと世界のニュースを絵や写真を多用して詳細に報じた。この表紙を飾ったバルチック艦隊司令長官ロジェストヴェンスキー中将は、すでに負傷し旗艦で横たわっていた（the British Newspaper Archive）。

ズ・オブ・ロンドン紙はさらに慎重で、控え目に報道した。大見出しは小さく、「伝えられるところによれば日本勝利、ロシア艦五隻沈没」とある。この新聞が腹蔵なく報道したのは翌日で、「日本の大勝利、ロシア艦隊潰滅」と報じている[8]。まだ部分的で不正確な点も多々あったが、イギリス国民は五月三〇日までに、詳しい報道を読むことができるようになった[9]。新聞は、感情を抑えられず、興奮気味に報道した。勝利を冷静に受けとめなかったのである。しかし、六月二日、結果が議論の余地なく明白であることが判ると、ザ・タイムズ紙は、乗組員に奮起を促す東郷の訓辞を「我方のネルソンのアピールに通じるものがある」と書いた[10]。ほかのイギリス各紙も、はっきりと日本側につき、その勝利を強調した。もっとも、海戦のニュースが新聞の第一面を占めることは稀で、ザ・タイムズ紙と同じように、「植民地および外国情報欄」で扱われた[11]。

合衆国では、海戦に対する関心は少なくともイギリスと同じくらいに高かった。二つの艦隊が激突した日、アメリカの新聞数紙が、東京発のロイター電に基づき、ロシアの艦隊は対馬海峡を通過中と報じた(12)。ある地方紙は、ロシア艦隊、日本側追及回避に成功と間違って報道した、圧倒的多数の新聞は、噂に依拠することなく、公式発表を待った(13)。その日、緊張感は一段と高まったようで、ある新聞は「海戦予期さる」「時々刻々迫る露日両艦隊の激突、期待して待つサンクトペテルブルク」と報じた(14)。海戦の終わった一九〇五年五月二八日の段階で、アメリカの新聞は、結果はもちろん、その経過についても、まだはっきりつかんでいなかった。その日は日曜日で、かなりの新聞が、ロシア艦隊の朝鮮海峡を通過中とまだ報じていた。その日、日本の厳しい検閲下で、東京発AP電は、対馬海峡で生起した主要交戦について、概要程度のニュースを流した。数時間後、ニューヨーク・タイムズ紙を含むアメリカの朝刊各紙が、詳細は日本当局によって記事差し止めと明らかにしながら、海戦の模様を推測し、あるいは生起しつつあることを報道することができた(15)。ロサンゼルス・タイムズ紙だけが、時間帯の関係で時間に余裕があるため、事実に近いことを書いた。それでも、この新聞さえ、読者に明らかにできることは、ほとんど持っていなかった。「壮大なドラマの骨組みだけでも知るには、おそらくあと一日は待たなければならないだろう」と書いている(16)。

イギリスと同じように、海戦のニュースは、一九〇五年五月二九日(月曜日)に報道された。二つの艦隊が最初に交戦して二日ほど経ってからである。アメリカのほぼすべての新聞が、写真と地図つきで一面大見出しで伝え、一瞬火がついたような大騒ぎとなった。日本勝利の報道が地方、国あるいは国際ニュースを圧倒し、海戦以外のものは隅へ押しやられた。アメリカの商船が中国水域で沈没したニュースさえ、同じ扱いであった。たとえばサンフランシスコ・コール紙は「ロシアの艦隊潰滅」との大見出しをつけて報じ、別の頁で「東郷の戦略、海軍専門家を驚かす」と題して解説をつけた(17)。同様に、ニューヨーク・トリビューン紙も「海上で日本勝利、ロシアの全艦隊撃破潰走の報」と書いたが、「日本海で追撃戦の噂あり」については、注意を促すにとどめた(18)。首都ワシントンでは、ワシントン・タイムズ紙が「東郷敵を海より一掃——かつてのロシアの強力艦艇群全壊除籍」と報じた(19)。さらに翌日の五月三〇日には、さらに詳しい情報が入

THE CALL

SAN FRANCISCO, MONDAY, MAY 29, 1905. PRICE FIVE CENTS.

RUSSIAN FLEET DESTROYED

TOKIO, May 29, 2:15 p. m.---It is officially announced that Admiral Rojestvensky's fleet has been practically annihilated. Twelve warships have been sunk or captured, and two transports and two destroyers have been sunk.

Many Russian Warships Are Sunk and Japanese Fleet Loses Cruiser and Small Craft While Running Fight Continues Northward on the Sea of Japan.

1905年5月29日付のアメリカの新聞「ザ・サンフランシスコ・コール」。ロシア艦隊潰滅の大見出しをつけ、海戦の状況をセンセーショナルに報道した一例である。

手でき、ロシアの沈没艦船数のほか、ウラジオストクへ逃げ込んだのは二隻だけというのも判った(20)。その日、主要紙の第一面はすべて対馬沖海戦関連の見出しをつけた内容であったが、確証報告と分析の報道は、これからというところであった。

初期の報道の多くは、海戦前に知られていた事実をベースにしていた。たとえば、二つの艦隊戦力の比較、双方の意図などである(21)。どちらの艦隊にも報道班員の割り当てがなく、誰も乗っていなかった。さらに日本はニュースを厳しく統制していたので、新聞報道はまだ推測の域を出なかった。海戦の詳細を最初に報じた新聞はボルチモア・イブニング・ヘラルド紙であった(22)。その若手編集者のH・

L・メンケン（一八八〇〜一九五六年）は、わくわくしていた。後年、彼は「私は、正常な要求を持つ編集長なら誰でもそうだが、この状況不透明で大汗をかいた」と述懐した(23)。メンケンはのちに随筆家として知られるようになるが、初期の断片的情報に依拠しながら、対馬沖の海戦の全貌なるものを創作した。後年の述懐によると、自分の新聞に「世界情勢についてちょっと、そして過去二週間の出来事についてちょっと」書いたという(24)。本物の情報があふれてくると、ほかの新聞もそうであるがボルチモア・イブニング・ヘラルド紙の第一報という価値は、薄れてしまった。メンケンにとって幸いだったのは、この創作記事の骨子が現実とあまりかけ離れていなかったことである。

対島沖海戦における人間的側面も見逃されなかった。アメリカの新聞にとって、それは東郷とロジェストヴェンスキーの対決を明示するものであり、前者については特に幼少期の教育と家族、後者はその悲劇的運命に注目した(25)。東郷海軍大将は、数日のうちにネルソンと比較されるようになる。実際には、両者が結びつけられるのは、これが初めてではなかった。戦争勃発以来、東郷海軍大将はしばしば〝日本のネルソン〟と称されていたのである(26)。しかし、今や両者の比較は当たり前となった。当のイギリスでよりも、日本でこの傾向が強かった。どの新聞も一面を東郷の写真で飾り、対馬はトラファルガーと同義語になった(27)。

ロジェストヴェンスキー海軍中将に対する気遣いは、彼の敵対者（東郷）に対する賞賛と同じように、純粋な気持ちからと思われた。たとえばワシントン・タイムズ紙は、早くも一九〇五年五月二九日に、「ロゲエ《ママ》ストヴェンスキー死亡か、乗艦とともに海没の模様」と推測し、「その生死不明、部下の艦長八人は艦と運命を倶《とも》にす。捕虜多数」と書いた(28)。翌日、同紙は、「ロジェストヴェンスキー負傷するも、ウラジオストクに安着」「パリ電によると、ロシアの提督救出、海から救助さる」と書いている(29)。読者は、ニコライ・ネボガトフ海軍少将の名前にも馴染みになった(30)。五月二九日のニュースは、本人が捕虜になった模様と伝えた。しかし、彼が降伏したという、はっきりした報道は、翌日初めて出るのである(31)。ネボガトフは、この英雄的戦いの卑怯者となり、その降伏は〝見下げ果てた、見るも哀れな〟行為と描写された(32)。

ロジェストヴェンスキーの動静に対する関心は、五月三一日にも続いた。この日、彼の頭骨にひびが入り、駆逐艦ブイヌイに移されたとの報道があった。そして六月一日、ロシアの提督が生き残り、捕虜になったことがようやく判明した(33)。

ロシアの主たる同盟国フランスでは、メディアはバルチック艦隊の航海を通常の関心をもってフォローした(34)。同盟国を支援したい願望と苦労しつつ航行する艦隊に対しては、厳重に中立を守る必要との板ばさみになって、国民の不協和音は容易には解消されなかった。さらにフランスの知識人層のなかには、文化的および倫理的考慮により、あるいは帝政ロシアの専制政治に対する反発などの理由によって、日本の大義を支持する者がいた(35)。それでも、距離を置くこの姿勢は、一九〇五年五月三一日に突如として変わった。海戦に関する驚くべき第一報が、フランスで出た時であ

1905年5月30日付のアメリカの新聞「シカゴ・トリビューン」に掲載された漫画。"然るべき位置につく"と題し、偉大な海軍提督のお立ち台に登る東郷大将を描いている。右はイギリスのホレイショ・ネルソン、左はアメリカのジョージ・デューイ（米西戦争時、マニラ湾のスペイン艦隊を撃滅）の名がある。

る。予想されたように、新聞の見出しと記事は、日本の勝利よりもロシア側の総崩れ（〝潰滅〟あるいは〝大惨事〟）に集中していた。たとえばルプティパリジャン紙は、一面で「ロシア側大惨事、ロジェストヴェンスキー艦隊殲滅」と報じ、同姓でしかも上位階級者の代わりに、東郷正路海軍少将（一八五二～一九〇六年）の写真を、海軍大将の肩書をつけて間違えて掲載した（当時第六戦隊司令官）(36)。

パリのル・ジュルナル紙も、ロシア側の潰滅を発表した。この二紙は、ネボガトフが日本側の捕虜になったことを指摘している(37)。五月三〇日、より詳しい情報が入手可能になるとともに、ロシア艦隊潰滅の規模が明らかになった(38)。その日、フランスのカトリック系のラ・クルワ紙は「戦争は終わらなければならない」と結んだというより、懇願した(39)。六月初めには、日本側の公式報告が広く引用され、フランスの新聞の多くは、西側諸国のほかの新聞と同じように、動静不明のロジェストヴェンスキーを気遣った。それでも、海戦に対する関心は六月三日までに相当薄れてしまい、爾後のニュースは裏面記事となった(40)。その後、一九歳になるスペイン国王アルフォンソ一三世のパリ訪問やフランスの金融家アルフォンス・ド・ロスチャイルドの死去などの国内ニュースがより大きな関心を引くようになった。

ドイツでは、海戦第一報が一九〇五年五月二九日付で出た。リベラル系のベルリナー・ターゲブラット紙は「ロジェストヴェンスキー敗退！」と一面見出しをつけ、ベルリナー・フォルクス・ツァイトゥング紙は「バルチック艦隊潰滅！」と報じた(41)。翌日の見出しは、センセーショナルな表現が少なくなり、地図付きで海戦の模様をより詳しく報道するようになった(42)。

一六歳になるオーストリアの少年アドルフ・ヒトラーは〝喜びで舞いあがった〟。後年ヒトラーは、一九〇五年当時、ドイツ・日本提携をすでに考えていたと述懐している(43)。日本人あるいはロシア人に対する目立った偏見は、イギリスやフランスの新聞に比べるとドイツの報道は比較的少ない。ただし海戦にかかわった人々の悲劇、特にロシア人提督たちの悲運については、同じような懸念を示している。たとえば、五月三一日付ベルリナー・ターゲブラット紙は、見出しで「ロジェストヴェンスキー、フェリケルザム、ネボガトフは捕らわれたのか？」と問うた(44)。新聞は六月一日時点になると、まだ海戦の波紋を要約して伝えていたが、関心を失い始めた。いくつかの新聞は、ロシア人に対し、特に皇帝とその提督たちに同情を示した(45)。しかしながら、海戦の全面的な政治的反響が検討されるまでには時間を要した。戦時中、ミュンヘンの週刊誌「ジンプリチシムス」は、一連の漫画を掲載したが、日本を食い物にするイギリスの対日関係をからかった内容であった。海戦からほぼ五カ月たって、この週刊誌は再び漫画を掲載した。ツィード風の服を着た英国紳士が、日本人に「君に対する委任は最近のことだろうが、今から私の戦争を全部やっていいぞ」と言っている絵である(46)。

アジアとアフリカの新聞は、対馬沖海戦における日本の勝利を熱狂して歓迎した。新聞は、絶頂期にある西側の植民地主義を背景にして、海戦の結果を西側に対する、東の現代史上最初の真なる勝利と称えた。いくつかの新聞にとって、それは「白人の支配が無限ではない」証拠であった(47)。オスマントルコ帝国、イラン、コーカサス地方といったムスリム諸国とその周辺社会のメディアは、特に日本の勝利を歓迎した(48)。それより遠く離れたエジプトやオランダ領東インド諸島（現・インドネシア）などのムスリム世界でも、日本は反植民地主義の勢力として認識された(49)。インド社会も、戦争の推移をはらはらしながら見守っていた。そして、対馬沖海戦の日本の勝利は、解放の先触れと受け止められた(50)。たとえばカルカッタでは、ペルシア語誌（Habl al-Matin）が「神の助けがあってこそ。神の正義の意義ある暗示」と主張した(51)。清国では、多くの新聞、特に上海発行の月刊誌「東方雑誌」は、この海戦を白人の人種主義に対する決定的打撃、〝黄色人種〟を自衛せしめ、〝誇りをもって立たしめた〟戦いの極致とみなした(52)。

海戦の記憶、そしてアジアにおけるその幅広い意義の認識は後々まで残った。対馬沖海戦からほぼ一世紀たって、週刊誌「タイム」アジア版は、アジアを変えた五つの主な戦いを特集し、第一位に選んだのがこの海戦であった(53)。

政策決定者の反応

日本の圧勝は、多くの著名人と政策決定者の注目を集めた。彼らは、海戦の地政学的な意味合い、特に自国に対する意味をほとんど瞬時に理解した。海戦について最も関心を抱いていたのは、日露交戦国を別にすると、合衆国である。一九〇五年時点で世界最大の市場経済国であり、同時に急速に拡大を続ける海軍国で、太平洋と東アジアに利害関係も有していた。近年(一八九八年)手にした植民地であるフィリピンは戦場域からあまり遠くないところに位置していた。セオドア・ルーズベルト大統領は、開戦一年目は日露双方の殺し合いに対する心の痛みは全く感じなかった。しかし、今まさに起きようとする海戦で日本あるいはロシアのいずれかが勝利すれば、地域全体の不安定なバランスをさらに崩しかねず、アメリカの利害関係にも影響する可能性がある。

そのように認識したルーズベルト大統領は、ニュースを詳細にフォローした。海戦の三日前、大統領は日本が優位に立っていると信じた。しかし、三週間後に出した私信には「実際にはロシア側がまっとうな戦い方をせず、対等な戦いというよりは一方的な殲滅戦になるとは考えもしなかった。誰でもそうであった」と告白するのである(54)。その表情から察するに、アメリカの大統領は日本海軍の手際に驚愕した。すぐさま大統領は金子堅太郎(政府特派としてワシントンに滞在中)に五月三一日付でメッセージを送り、祝意を表したうえで、「トラファルガー、スペイン無敵艦隊の撃破といえども、いずれも圧倒的という意味ではこれほど完璧ではなかった」と述べた(55)。

それでも、ルーズベルトにとって海戦結果の当面の意義は歴史的なことではなく、戦略上の問題にあった(56)。彼は、日本があまりにも強くなったと考えた。この戦いが〝日本帝国の興廃を決した〟だけではなく、太

1905年、フランスで制作されたポストカード（作者はT・ビアンコ、彩色リトグラフ）。明治天皇とロシア皇帝ニコライⅡ世を仲裁するアメリカ大統領ルーズベルト（ロシア皇帝は頭に「対馬」と記された包帯を巻いている）の漫画で、ルーズベルトを"公平なアンパイア？"と揶揄している（Museum of Fine Arts, Boston, Leonard A. Lauder）

平洋における合衆国の興廃も決したと認識した[57]。かくして一夜にしてルーズベルトは、東アジアでは絶えず紛争が続くより、安定した力のバランスの方が、アメリカの権益の護持にとって最もよいと認識するに至った[58]。北東アジアにおける日本帝国の野望をくいとめるために、ロシアの地位を維持しなければならず、その目的をもって和平努力に着手しなければならないとした。アメリカの大統領は時間を無駄にしなかった。この後三カ月、彼は双方を交渉のテーブルにつかせ、すかしたり脅したりして、完璧な仲介人の役割を果すのである。ニューハンプシャー州ポーツマスのゆったりした雰囲気のなかで、二つの対戦国は、一カ月も経たぬうちに、継続可能な平和条約を結ぶことができた。

ルーズベルトは、この功績により一九〇六年のノーベル平和賞を授与された。しかし、真意を言えば、アメリカの大統領は、この善意の活動の先にあることを、本当に憂慮していた。自分の海軍が、ロジェストヴェンスキーと似た状況に直面するかも知れないと心配したのである。この恐れは突然生じたわけではなく、就任初期の活動と無関係であったわけでもない(59)。ルーズベルトは、大統領時代一貫して、合衆国海軍の増大と、太平洋におけるアメリカの帝国主義的野心の背後にいる精神的主柱であった(60)。海戦三週間後、イギリスのセシル・スプリング・ライス駐米大使宛書簡で、彼は次のように打ち明けた。

私は、我々の海軍が戦闘単位として最高度の能力を誇る艦を不断に建造、増強することを願っている。我々がこの道筋を追求するならば、日本人その他と問題になることはない。しかし、我々が空威張りしたり、他国に対して無礼な振る舞いをすれば……そして同時に我方の海軍を最高の能力と規模に維持できなければ、その時我々は災難を招く(61)。

イギリスは、日本の勝利について(アメリカほど)相反する気持ちは抱いていなかった。東京のいちばん密接な同盟国で、日本海軍の艦艇の主たる供給者であることから、海戦の結果は、自己に対する賛辞みたいなものであった。海戦で発揮した艦艇の戦闘能力は、イギリスの造船所の能力の高さに対する賛辞であった。権威ある戦時報道記者として知られるザ・タイムズ紙のチャールズ・ア・コート・レピンドン(一八五八～一九二五年)は「イギリス製艦砲による破壊は、我々が最良の火砲で守れるとの確信を裏書きしている」と自慢した(62)。さらに重要なのは、海戦がイギリスのグローバルな戦略に顕著かつ極めて肯定的な影響を与えた点である。一〇年以上も仏露同盟に攪乱され、その海軍力の圧力を感じていたが、海戦の結果を知らせるニュースは、実に素晴らしかった。

一九〇五年六月七日、古参外交官アーサー・ヘンリー・ハーディング(一八五九～一九三三年)は、第五代伯爵ランズダウン外相(一八四五～一九二七年)に対し、〝朝鮮海峡における大惨劇〟についてメッセージを送り、海戦はロシア海軍の脅威を当分排除した旨、正しい判断を示した(63)。事実、ロンドンが東方のトラファルガーと称揚した事件は、戦争終結の出発点になるだけでなく、ヨーロッパにおける新しい戦略同盟形成のベースになり得るのである。日本が対馬沖で火中の栗を拾ってくれたおかげで、帝政ロシア海軍は、もはやイギリス海軍の脅威とならない。振り返って考えると、戦時におけるホワイトホールの抑制策は、つまり日本に対する〝中立の域を出ず、かつ連合以下〟の政策は、少なくとも対露関係上は理にかなっていた(64)。

一方、ロシアは敗北しイギリスに対する脅威にならなくなると、イギリスの姿勢に対応して、自国の対英政策を修正することができた。帝政ロシアは、東アジアにおける権益を完全に放棄したわけではないが、ほかのアジア域では、一世紀近いイギリスとの広範な境界紛争(〝グレートゲーム〟という奇抜な呼び方をされた)からは、一時的に手を引いた(65)。二つの帝国は、双方の敵意がついに抑えられ、戦争が終わって二年後に提携を結んだ(英露協商の成立)(66)。

グローバルな見地からみると、イギリスは少なくとももしばらくの間、新しい状況の真の受益者とみることもできた。一九〇四年に成立した英仏協商はより大きい重要性を有したが、三年後に成立した対ロシア協商は、それより早い一九〇二年の日英同盟と併せ、イギリスの〝光栄ある孤立〟の明らかな終焉を意味した。それは、ロシアとフランスが、この意外な協商から利益を得なかったということではない。両国は利益を得たし、一九〇七年時点でこの新しい三国協商の共通の関心事はもはや秘密ではなかった。イギリスの新しい外相サー・エドワード・グレイは、早くも一九〇六年に「ロシア、フランス、そして我々との協商は絶対確保される」として、なんのためらいもなく「ドイツを阻止する必要があれば、その時はそれができる」と述べた(67)。

フランスにとって、いちばんの同盟国であるロシアの一方的な海戦の敗北は、多少は残っていたロシアの勝利への期待を打ち砕いた。対島沖海戦の知らせはショックであったが、一種の歓迎すべき安堵感をもたらした。テオフィル・デルカセット外相の特別補佐モーリス・パレオローグ(一八五九~一九四四年)は、一五八八年にフェリペ二世の無敵艦隊が敗北したことで、スペインのヨーロッパ支配を凋落に導いたように、今回の海戦をアジアにおけるロシア優位の終焉とみなした(68)。それより一年以上前、対日戦争でロシアが戦闘で敗北を続け、フランスの政策決定者たちは、戦闘のたびに同盟国の軍隊がいかに弱く、頼りにならないかを見せつけられ愕然となった(69)。

同盟国の弱さが、ドイツの軍事力増大とあいまって、一九〇四年以降、ヨーロッパ問題におけるフランスの地位低下につながった。フランスは、和親協商を結んだ後、イギリスとの新しい関係を傷つけまいとして、バルチック艦隊の航行中は微妙な立場に置かれた。フランスの政府関係者は、艦隊の南米最南端のホーン岬経由をロシア政府に求めた。フランスの諸港での給炭を避けるためである。戦後、仏露関係は一時悪化した(70)。それでも、サンクトペテルブルクに対するパリの肩入れは、海戦とともに終わることはなかった。むしろそれは一九〇五年初期段階では期待できなかった外交上戦略の得点に役立ったのである。ケドルセ（フランス外務省）は、日露戦争が始まる前に力のバランスが変わりつつあることを認識し、ドイツの膨張する願望に対抗するため、東南アジアでの軍事活動を制限し、その力をヨーロッパに集中するようロシアに求めていた(71)。フランスは、ロシアのさまざまなプロジェクトに大々的に投資しており、一九〇六年には、ロシアが必要としているローンも与えた。しかしながら、いちばん重要な得点は一年後に手にすることになる。フランスがロシアおよびイギリスと非公式の三カ国協商を結んだ時である。これによって、ドイツの野望に対する強力な対策を持つという見通しが立った。

ドイツは中立の傍観者であるが、表向きロシアの友邦であり、日本の勝利は衝撃と好奇心をもって受け止められた。戦争が勃発した時、皇帝ヴィルヘルム二世は「さあ、我々はあらゆる手段を使って、東アジア全域、特に揚子江流域を奪い取らねばならない」と熱烈な勢いで宣言した(72)。皇帝は、バルチック艦隊の派遣も熱烈に支持し、その成功の見通しについて自信のほどを表明した(73)。

対馬沖海戦後、皇帝の口調や態度は激変した。一九〇五年六月三日、ルーズベルト米大統領が和平仲介の意志を発表した日であるが、ドイツ皇帝も動きをみせた。彼はロシアの皇帝に慰めの書簡を送り、対日戦争が終わらなければ、内部の反目が皇帝の死をもって終わる恐れありとの懸念を表明した。ヴィルヘルム二世は、平和を求めるようニコライ二世に強く忠告した(74)。それがドイツにとって少なくともヨーロッパにおける立場上、利益になるのは明らかで、二カ月後、二人の皇帝はビヨルケ密約を結んだ。これは秘密の相互防衛協定で、対馬沖海戦後のロシアの弱体化を利用しようとするヴィルヘルム二世の個人的外交であり、結局はすぐに流産してしまう(75)。

ドイツに対する紛争の波紋は一九〇五年九月に波及してくる。その頃ドイツ皇帝は、政治、地理、軍事、経済に関わる地政学的願望を募らせていた。それは隣人たちがはっきり認識するところであった。その意味で、海戦はドイツの野心をそれと確認できる段階に押しやり、あるいは行動に駆り立てる究極の触媒作用を果した。野心とは、世界パワーになるとともに、ヨーロッパ大陸の覇権勢力をたばねる存在になることである(76)。

日本の勝利は、西側世界の枠を超えたところで、個々人に抗しがたい熱狂的反応を引き起こした。トルコ共和国全体がそうであったが、オスマントルコ軍青年将校ムスタファ・ケマル大尉(ムスタファ・ケマル・アタテュルク、一八八一〜一九三八年)は、地方州都ダマスカスで勝利を聞き、狂喜した(77)。首都イスタンブールでも、サルタン・アブデル・ハミド二世が同じように反応した。彼は勝利を称え、「日本の上首尾に我々は喜ぶ。ロシアに対する日本の勝利は、我々の勝利と同じ価値を有す」と評価した(78)。

南アフリカでは、インド人の青年弁護士で市民権運動家モハンダス・ガンジーも感動した。海戦から二週間後、新聞への寄稿でこの件を取り上げ、「日本の運勢が上がりつつあるように見える……この戦争で日本は敗北を知らなかった。それでは、この壮大な武勇の秘密は何であろうか」と書いた(79)。英領インドでは別の著者が一歩進んで、この海戦で学んだ教訓について触れ、「米食人種の日本人が、ロシア兵を算を乱した敗走に追い込むことができるのであっても、同じ米食人種のインド人は、きちんと訓練されたとしても、同じことができないとでもいうのか」と書いた(80)。インド独立後初代首相となるジャワハルラル・ネール(一八八九〜一九六四年)は当時一六歳で、彼にとって海戦は政治的覚醒の画期的な大事件であった。イギリスでこのニュースを知り、〝大いに気分がよくなった〟(81)。

辛亥革命後、中華民国の成立(一九一二年)とともに臨時大統領となった孫逸仙(孫文、一八六六〜一九二五年)は、海戦のニュースが広がり始めた時、イギリスにいた(82)。その彼は本当にびっくりした。当のイギリス人たちがそのニュースに驚愕したのである。彼はこれを人種的恐怖に起因するとして、「(白人種の)血は水より濃いということである」と考えた(83)。人種的誇りと報復の気持ちは、多数の東アジア人が共有していた。その気持ちは非常に深く、当時日本の朝鮮植民地計画を心配していた朝鮮人ですら突如、達成感に襲われた(84)。

アジア人の間に湧きあがった人種的な感情は、ヨーロッパと北米で感知されていた。政策決定者を含め、極めて多くの観察者が、対馬沖海戦と戦争全体の勝利を〝白人種に対する非白人種の勝利〟とみなさざるを得なかった(85)。高まってきたこの人種上の意識は、特定の二国関係や地域紛争に限定されず、長期の時間とグローバルな広がりを持っていた。今や多くの者が人種問題の線に沿った、長期の人種解放闘争と、白人種による領土的拡大の終焉の可能性を予想した(86)。日本は、その軍事力と技術的優位性を有し、この歴史的発展の先駆者として期待された(87)。

海軍専門家の評価

対馬沖海戦は、世界中の海軍専門家の間に熱烈な反応を引き起こした。彼らの見解は、すぐに日本の勝因について熱を帯びた論争を呼び、さらにこの経験から得られる戦訓については一段と熱のある論争が展開した。

海戦の四カ月後にイギリスが革命的な戦艦（ＨＭＳドレッドノート、第六章で後述）を起工したことにみられるように、論争は純理論的なものではなかった。その斬新な艦の特性がイギリス国内で活発に論議され、列強海軍国もその成り行きに注目した。論争に入ってきた最初の人物の一人が、アルフレッド・セイヤー・マハンである。

マハンといえば、アメリカの海軍大学校長を二期務め、アメリカで最も重要な戦略家として広く知られていた。一九〇六年、マハンはアメリカとイギリスでほぼ同時に論文を発表して、論争の口火をきったのである（88）。彼の戦術的結論は、現在進行中のドレッドノート・プロジェクトおよびほかの主力艦建造計画に関するもので、その主な結論は率直にして明快、事象を表面的に読んだことをベースにしたものとみられた。この著名学者は、速力よりも火力、その次に装甲が重要とした。火砲は単一砲種よりも、口径の異なる火砲の混合搭載、艦種は少数の特大主力艦よりも、普通サイズの主力艦を多数揃えたほうがよいとした（89）。換言すれば、マハンは新型のイギリス戦艦の特質に反対したのである。

対馬沖海戦後、すぐにマハンは、日本側の成功は「固まり過ぎて柔軟な運動のとれぬ大型主力艦に対する、巧みに組み合わせた数の勝利」と結論した（90）。しかしながら、後年、彼は特に速力の問題を深く掘り下げ、日本側の勝利に対する速力の貢献を考えた。彼は、相手より大きい速力のおかげで、東郷は戦闘の場所を選び、すべての動きをコントロールできたと主張した。彼によると、戦略的にみて、ロジェストヴェンスキーは戦闘をせずしてウラジオストクに到達することはできないから、「ロシアは二者択一を迫られるジレンマからのがれるすべはない」。言い換えれば、速力においてまさる東郷は、自分の選ぶ経路にかかわりなく、戦闘域のどの場所にも相手より先に到着できた（91）。

さらにマハンは速力と火砲を結びつけて考察した。海軍部隊の速力は、部隊のなかでいちばん遅い艦の速力によって決まるから、艦の一つに、たとえば煙突にちょっとした損害を与えても、その部隊の速力はかなり遅くなる。副砲級の火砲は、この種の損害を与えるのに特に有効であり、乗組員に及ぼす影響を考えれば、この副砲級火砲は「主要の名に本当に値する」として、絶対に廃棄すべきではないと、当時の趨勢に反することを主張した(92)。マハンは、戦艦がその実力を発揮するための要素のなかで、「速力と、打撃力すなわち火力が優劣つけがたい」と結んだ(93)。

五年後、マハンは、著書『海軍戦略』(Naval Strategy,1911)のなかで、対馬沖海戦に多く言及した。彼は、近代海戦のなかで、この海戦がいちばん自分の戦略原則を明示していると断言した。戦略的な「位置の問題」を検討するのに際して、マハンは、対馬沖の東郷と一七九八年のナイル海戦のネルソンがともに戦闘前夜、敵の所在位置をはっきりつかんでいなかった点で似ているとした(94)。

マハンは、遠征航海を考察する際にも、この比較を繰り返した。彼は「日本は、臨戦態勢、優れた技量と即応力によって、その国力を遠くの海まで投影し、ロシア側の行動の先手を打った。ボナパルトが大英帝国側に先手を打たれたのと同じで……状況を左右する位置上の鍵はその艦隊が握っていた。しかし、東郷艦隊が敗北すれば、これまでの戦果はすべて帳消しになっていたであろう。それをまさに地でいくのが、ブリュイ(ナイル海戦におけるフランス側艦隊の司令官)で、ネルソン艦隊に敗北し、ボナパルトが成し遂げたことを失った」とした(95)。マハンは、日本とロシアの両艦隊の関係について、通念と違って、少なくとも交戦前、「日本が攻撃する側、ロシアが攻撃される側の関係ではなかった」「日本側はロシアの意図を阻止、挫折させることにあったから、実際は防者」であったとする。一方のロシア側は「攻者」である。これは、砲撃にさらされた瞬間、縦列を放棄せざるを得ぬことを意味した、とも述べている(96)。東郷を賞賛する一方で、歴史は、時間が経過するうちにロジェストヴェンスキーを大目にみるようになると信じた。「司令官としての最後の四日間に犯した間違いは疑いようがない」にもかかわらず、「正義は、この不運な提督の航海を妨げたさまざまな要因、そしてその時までにやり遂げた骨の折れる再編成の仕事など苦労の面を併せた評価を要求する」と断言した。マハンは、ロジェストヴェンスキーが現実には九カ月前の黄海海戦で（本人はそこにいなかったが）戦いに敗けていたと結論づけた。「九カ月後の対馬沖ではない」のである(97)。

しかし、二つの海戦の関係はそれにとどまらなかった。一九〇五年五月二七日、ロシアの提督の針路は、中途半端な妥協の産物、すなわち「逃走と戦闘の支離滅裂と旅順艦隊の過ちの繰り返し」とした。マハンは、二つの海戦が実証しているように、日本の海軍戦略は「判断の正確さ、目的の重点化、ぐらつきのない行動を特徴とし、相手側にはこれが著しく欠けていた」と総括した(98)。

セオドア・ルーズベルト大統領も、海戦が持つ海上戦力と技術上の意義に関心を抱いた。ルーズベルトは、その七年前に海軍省副長官として勤務し、合衆国海軍の急速な発展——一九〇五年までに世界第四位になった——に深く関わった人物である(99)。海戦の二カ月後、大統領は海軍砲術監察官ウィリアム・シムス海軍少佐（のち海軍大将、一八五八〜一九三六年）に書簡を送り、今回の海戦に関する課題の検討を求めた。中口径砲が有効に使用されたとされる件、そしてそれが全門主砲艦の概念に対して持つ意味の調査である(100)。

大統領は、近年の技術革新と目下の論争におけるその位置づけ、本件に関するマハンの見解を強く意識していた(101)。シムス少佐は、相談にはうってつけの人物であった。彼がまとめた二六頁の報告は、マハンの見解は誤った情報に基づくものであり、大口径砲はより正確であり、日本が大口径砲だけを装備した全門主砲艦を保有していたなら、日本の勝利はさらに決定的だったであろうとした(102)。技術的な観点からみれば、シムス少佐は正しく、ルーズベルトは納得した(103)。

大口径砲は、それに従って大型戦艦も、今や流行となった。数カ月前、別の新進気鋭の海軍将校ブラッドレー・アレン・フィスク中佐（のち少将、一八五四〜一九四二年）が、同じ趣旨の論文を書いていた。彼は、日本帝国海軍が複数の小型戦艦を使ってロシア艦隊を包囲し脱出を阻止したとするマハンの見解について、その有利点を認めはしたが、これは「バルチック艦隊が、長射程砲によって打ちのめされた後にのみ起こり得る」ことを強調した(104)。この一連の見解は、いかに正しく説得力があっても、少なくとも当分は、論理的帰着とはならなかった。皮肉なことに、ルーズベルトの伝記作家の一人が認めたように、「正しい選択をしようとする熟慮が、結局は大口径砲装備の全門主砲艦タイプの採用を遅らせる、一つの原因になった」と指摘している(105)。

ニュートン・マックリー海軍少佐(のち海軍中将、一八六七〜一九五一年)も、この海戦について詳しく研究した海軍専門家の一人である。この海戦をロシア側から見た極めて数少ない観戦武官の一人で、当時、おそらく帝政ロシア海軍の内情に最も通じたアメリカ人であった(106)。マックリーは、ロシア海軍をよく知るとはいえ、さすがの彼も日本海軍と比べて全く態勢が整っていないことにショックを受けた。彼は、当局者の腐敗が「準備不足に大いにかかわっており」「政府の契約は、個人的利得の財源とみなされている」ことを知った(107)。

マックリーは、この腐敗と並んで、対馬沖海戦の大敗は、その前のいくつかの敗戦と同じように、根深い構造的問題に起因すると確信した。今次戦争におけるロシア海軍惨敗の根源は、「ロシア人の性格にある。当然の帰結がその政府である」(108)とマックリーは主張した。彼の考察によると、「一人の人間が個人としては全く自由であるが、精神的には極めて拘束されている国は、どこにもない。ここでは、一人の兵隊、士官あるいは市民が考えようとすること自体が犯罪であるが、多くの倫理関係においては全く締まりがなく、だらしがなくても不利益をこうむることはない」(109)

イギリスでは、対馬沖海戦はその戦術的兵術的意義をめぐって、熱気を帯びた論争を引き起こした。一九〇四年以来、イギリス海軍の第一海軍卿(軍令部総長)の職務にあるジョン・〝ジャッキー〟・フィッシャー海軍大将(一八四一〜一九二〇年)は、目下進行中の改革の責任者でもあったが、日本の勝利に感動した。確かに、海戦はイギリス海軍に対する本人のビジョンの正しさをほぼ立証した（第六章参照）。

海戦における東郷提督の役割論議で、フィッシャーは回顧録で認めているように「彼はネルソンのようになった……そして戦隊の乗組員たちは、艦隊の陣形を変えるため――勝敗を決する陣形である――どの信号が上るか、固唾をのんで提督を見守る」と書くのである。

フィッシャーにとって、東郷提督は、第二のトラファルガーに勝利した人物、つまりはそのような実例の一人であり、「彼は、兵術上〝T字戦法〟として知られる行動をとった。それによって、彼が艦隊の艦砲をすべて相手に集中し射撃できるのに対し、敵の艦砲は味方艦艇によって遮蔽された。ロジェストヴェンスキーの艦艇は一隻また一隻と海底に沈んだ」と続けた。フィッシャーの見解によると、日本に勝利をもたらしたのは、速力、良き提督の存在、そして神の摂理である（110）。

しかし、フィッシャーの見解と彼が速力を強調したことは、厳しい反撃を受けた。たとえば、レジナルド・カスタンス海軍大将（一八四七～一九三五年）は「相手にまさる速力は、戦術上有利であるとしても、ほとんど話にならない。戦闘力は防御よりはその攻撃的態勢、端的にいえば装甲よりは兵器――によって決まる。速力は兵器ではない。防御にもならない。遁走用にしかならない」と論じた（111）。

海戦後、イギリス海軍の内部で発せられた特筆すべき声が、サー・ジュリアン・スタッフォード・コーベットである。その時代の最先端をいくイギリス海軍史と戦略地政学の第一人者で、一九〇七年に日露海戦史の執筆を求められた。こうして彼は対馬沖海戦に極めて通暁するようになった（112）。四年後、コーベットは、最近竣工した戦艦HMSドレッドノートの有用性を擁護する論文を書き、そのなかで同海戦の戦訓に触れた（113）。

彼の主張によれば、イギリスはそのグローバルな地位を維持するため、大型で速力の出る艦艇に依存せざるを得ない。マハンと違い、コーベットは速力がこの時代重要な役割を果すと論じた。その見解によれば、東郷提督は、自己の持つ速力上の優位性に従って、ロシア艦隊を待ち伏せる場所を選んだのである[114]。換言すれば、速力が大きければ大きいほど、待ち伏せをする地域を広く大きくとれる[115]。

同じ記事のなかで、エドマンド・フリマントル退役海軍大将は、ロジェストヴェンスキーの遅々たる前進の恐るべき影響を詳しく考察して、コーベットの主張を支持し、「確かに、追撃される艦隊は速力が極めてのろい」「そして追撃する方の速力は最速のものであった」と結んだ[116]。

コーベットは「海洋戦略の諸原則」(Some Principles of Maritime Strategy,1911)と題する論説のなかで、対馬沖海戦を詳しく取り上げた。彼は、指揮の確保に関する方法を論じるなかで、この海戦を敵艦隊の捜索探知と撃滅の原則の〝逆のケース〟とみなした。東郷は、一九〇四年の作戦(黄海海戦)と違って、対馬沖海戦では「敵が来なければならぬような状況を設定し、敵が激突水域に迫ってきた時、これ幸いとその状況に乗じた」「彼は敵が自分の方へ来なければならぬようにして、防御態勢で待ち構えたのである……」と論じた[117]。

コーベットは「海戦における日本の勝利は、精神を高揚させるため、理にかなった判断に代えて、むやみに捜索、探知に走り回ることが許されぬことを立証した」と結んだ[118]。同じように彼は、戦略上の諸選択とそれが時に矛盾する性質があることを論じた時、この海戦に言及し、「東郷がロジェストヴェンスキーを攻撃した時点で、彼の基本的目的は攻勢であり、すなわちロシアの艦隊を捕獲あるいは撃破することにあった。(しかし)彼の表に出ない目的は、日本艦隊に与えられていた防御役割を維持することであった」[119]。これと対照的に、ロジェストヴェンスキーの目的は規定されていなかった。

コーベットの説明によると、ウラジオストクは、それ自体が目的ではなくて、行き先であった。つまり「本質的にロシアの提督は真の目的を持っておらず、あるのは目の前の東郷艦隊」であった[120]。要するに、敵を待つとする日本側の決定は、コーベットによる、海上の指揮の考え方に対する再定義につながる。彼は

「艦隊の第一目的は、交通を維持することであり、もし敵艦隊がそれを危険にさらす位置にあれば、行動不能に陥らせねばならぬということである」と述べている(121)。

フランスでも、ルネ・デーブルイ海軍中佐が、対馬沖海戦に頻繁に触れた。一九〇六年、著作の多いこの海軍戦略家は日露戦争の総合的研究と理論の書を出版した。理論の書はさらに推敲を重ねて三年のうちに全三巻の大著『海上戦略論』(L'esprit de Laguerre navale)として発表した(122)。この書は、ドイツ語と英語に翻訳され、第一次世界大戦前、海戦マニュアルとして幅広く利用された(123)。

デーブルイ中佐は、フランスの主導的な海軍戦略家になったが、現実的問題にもかかわった。世界最初の実用型魚雷装備潜水艦の艦長を務めるなど、実務経験のある士官であったが、海戦で魚雷が有効な働きをしなかったと伝えられているにもかかわらず、特にフランス海軍用として水雷艇による夜間攻撃、テロ攻撃の兵器として推奨し、その戦術的役割を強調した(124)。

同様に、デーブルイは手中にあるすべての手段を投入する必要性を強調する一方で、「同時に、東郷がやったように、敵が同じ手段を講じることを拒否し、主導権を握ることが大事である」とした(125)。彼の見解によると、海戦はすぐに撤収するというよりは追撃戦に転移した。換言すれば、対戦者の一方が「抵抗の意志をすべて放棄した時、彼の主たる目的は脱出となり、回避上必要な場合のみに戦う……それは安全確保の見込みをほとんど与えないので、暗闇で回避がよしとされる場合を除き、一目散に逃げるより、命懸けでやったほうがまだ安くつくであろう」ということである(126)。

ドイツもこの点では変わりがなかった。対馬沖海戦は、海軍理論家の間に強い関心を集めた。大きい野心のともなう海軍膨張期にあって、海軍当局は対馬沖海戦の重大な意義をつかみ、航海とその後の交戦の分析評価が急がれた。極めて限定された資料源をベースとして、八三頁の報告書がまとめられたが、対馬沖海戦は対戦者同等の戦いではなかったとした。それは、戦いから引き出される戦訓が限定されているという意味である。

同報告書は、ロシア側の準備不足（たとえばボロディノ級の新造艦が職工たちをスカーゲン岬まで乗せていた！）、乗組員の規律欠如、ロジェストヴェンスキー海軍中将の人を寄せつけぬよそよそしさと給炭しか念頭にない姿勢、貧弱な砲術訓練を強調した(127)。海戦については、ロシア惨敗の要因として、朝鮮海峡（ラ・ペルーズ海峡――宗谷岬海峡ではなく）の選択、ロジェストヴェンスキーの脆弱なリーダーシップ、高級士官たちとの意志疎通の欠如、戦術上不利な出発点、ボロディノ級戦艦の物資の過重搭載、そしてロシア側の砲弾に不発弾が多かったことを指摘している(128)。

一方で報告書は、東郷の戦術はより精力的な相手には必ずしも有効ではなかったはずと示唆しながら、日本人の戦い方と敢闘精神を認めた(129)。ドイツは、この機密報告書以外に、海軍関連の雑誌「マリーネ・ルントシャウ」「ナウティクス」に海戦関連の議論が多数掲載された。たとえば一九〇六年、前者の特別号では海戦の持つ意義が論議された。ロシアはその地理的位置のため主要海軍国になれないという内容である(130)。同じ年「マリーネ・ルントシャウ」誌は、優秀二作品を一九〇七年中に同誌掲載という条件をつけて、トラファルガーと対馬海戦の比較論文を募集した(131)。

第六章　学ばれた戦訓、学ばれなかった戦訓

対馬沖海戦は、二〇世紀初期の海軍の発展に大きなインパクトを与えた。別に驚くほどのことではないが、海戦は海軍の進化上極めて重要とする考え方を前提にすれば、一九〇五年前後に対馬沖海戦ほど大規模な海上戦闘は生起していない。確かに、対馬沖海戦はトラファルガー海戦（一八〇五年）とユトランド沖海戦（一九一六年）までの一一一年間に生起した唯一の最大規模の海戦であり、トラファルガーからミッドウェー海戦（一九四二年）までの間での唯一の大規模決戦であった。これは、この長い期間にほかに重要な海戦が生起しなかったということではない。ナヴァリノ海戦（一八二七年、トルコ・エジプト連合艦隊対英仏露連合艦隊）、ハンプトン半島沖海戦（一八六二年、北軍対南軍）、リッサ沖海戦（一八六六年、オーストリア対イタリア）、マニラ沖海戦（一八九八年、アメリカ対スペイン）といった重要な海戦があり、それぞれに、この期間に生じた海軍の劇的な進化における道程標になったが、対馬沖海戦ほど大規模で影響力のある海戦はなかった。

海戦でいちばん大きい衝撃を受けたのは、間違いなく、日露双方の海軍であった。いずれも対馬沖海戦後は以前と同じ状態でとどまることはなく、海戦の戦訓に学ぼうと懸命に努力した。ほかの国の海軍もそれほど違わなかった。海戦に実際に参加も関与もしていなかったが、強い関心をもって見守り、その結果に影響を受けた。数カ国の海軍は観戦武官を任命した。派遣しなかった国を含めてすべての海軍が、艦艇の戦闘遂行能力およびその兵器の性能に関係する情報を取得し、自国海軍の戦闘教範の正しさを確認するための努力を惜しまなかった(1)。その結果として、海戦から得

られた戦訓が、第一世界大戦勃発まで（それ以降もとは言わないまでも）の短い期間に生じた海軍の変革とそれにともなう軍備競争の中核的役割を果した。確かに海戦のインパクトと日露戦争自体のインパクトを分けることは難しい。それでも、対馬沖海戦が戦時中最も重大な海戦であり、そこから引き出された戦訓が、ほかの海戦に基づく戦訓をはるかにしのぐことは間違いない。以上のことを考慮しつつ、本章では、海戦から学ばれた、あるいは学ばれなかった戦訓を検討し、戦訓導入の仕方、一九一四年以前の時代における海軍の発展に及ぼした全般的インパクトに焦点を当てて考察する。

戦艦の運命

海軍の発展変革上、海戦がすぐに及ぼしたのが戦艦に対するインパクトである。日露戦争開戦前、このタイプの艦艇の地位は不確かであった。戦艦は、動力が蒸気機関で、その時代最大の大砲を搭載し、重装甲で、一九世紀後半に出現して以来、海戦の最有力艦艇であった。そのため海上の支配権をめぐる軍備競争において次第に大型化し、精巧になっていったが、唯一の欠点は費用がかかることであった。建造費は最大級の海軍力を誇る列強の国家予算にとって重い負担になってきた(2)。一九〇四年までに九カ国の海軍が保有する戦艦の合計は一〇〇隻を超えたが、その価値と実力は証明されないままであった。確かな根拠は全くないものの、かなりの数の人が、小型で安価、魚雷搭載のより敏捷な艦艇と対戦すれば、戦艦はひとたまりもなく、古代の恐竜のように絶滅してしまうと唱えた。

対馬沖海戦は、そんな戦艦に対する疑問を払拭した。これが主要な戦訓である。戦艦は海戦において支配的な艦艇であり、勝敗の帰趨を決する存在であることを証明した。戦艦はほかのタイプの艦艇を撃沈できるが、白昼の合戦で、戦艦を撃沈できるのは、それ相応の戦艦しかない。対馬沖海戦では、ロシア側が海軍の保有する最新式の艦を含めて戦艦六隻を撃沈されたが、戦艦が撃破不可能ではないことを証明した。そ

対馬沖海戦後、主要各国海軍の戦艦建造に大きな影響を与えたイギリスの戦艦ＨＭＳドレッドノート（1906 年就役）。中口径の副砲を装備せず、単一の大口径砲（305 ミリ）連装砲塔５基（10 門）を搭載し、当時の戦艦の概念を一変させた。

れはそれとして、日本の連合艦隊の行動力は、手際よく操作される戦艦が、最大級の艦砲による命中弾にも耐え、比較的少ない損害で激戦を戦い抜いたことを示した。

戦艦は生き残ることが可能という確証は、艦艇が完璧であることを意味しなかった。対馬沖海戦が残した戦訓は、さらに改良すれば、この艦種は一段と強力かつ強靭になるということで、この点ではほぼ疑いようがない。その結果、海戦の最も総合的かつ端的な戦訓が全門主砲戦艦の概念である。確かに海戦は新型戦艦ＨＭＳドレッドノートの出現と密接に結びつくようになった。この戦艦は、対馬沖海戦後すぐに出現した。

一九〇五年一〇月に起工、翌〇六年二月に進水し、竣工したのが同年一二月二日、海戦の約一八カ月後である。さらにドレッドノートは、新しいクラスである弩級（ドレッドノート級）戦艦の一号艦になった。ドレッドノートは、海戦で得られた戦訓の多くを物理的に取り込んだものであった。在来艦と比べると、速い速力（二一ノット）、厚い装甲、そして格段に大きい火力（三〇五ミリ砲一〇門）を有し、言うまでもないが対馬沖で戦ったどの戦艦よりも勝っていた(3)。

この一連の改良は、ほぼどの面も、対馬沖海戦の観察と結論を裏書きしている。とはいえ、見落としがちであるが、HMSドレッドノート建造の決定は、対馬沖海戦の結果ではない。この決定と艦のデザインは、対馬沖海戦の約四カ月前に決まっていた(4)。

HMSドレッドノート建造の概念構成と時間の経過を詳しく調べると、艦の多くの特徴が、対馬沖海戦の戦訓を必要としていなかった。後年フィッシャー自身が述べているように、同一種の艦砲を持つ艦の構想は、一九〇〇年、イギリス海軍の技師長とマルタで議論した時に生まれたという(5)。イギリス以外でも、その流れは同じであった。一九〇三年、イタリア海軍の造艦主務者のヴィッテリオ・エマヌエル・クニベルティは、自分の構想する新型艦について、極めて明快な考え方をしていた。ジェーンの「ファイティング・シップス」誌に掲載された「イギリス艦隊に理想的な艦隊」と題する記事で、クニベルティは、三〇五ミリ主砲一二門だけを装備し、副砲を持たぬ一万七〇〇〇トン級の戦艦を提案した。一年後、合衆国海軍は、三〇五ミリ主砲八門を装備する戦艦（サウスカロライナ級）の建造計画に着手した(6)。

日露戦争については、全門主砲艦構想を促すことになったのが、一九〇四年八月の黄海海戦であった。双方の艦隊は相当な遠距離で撃ち合い、戦艦の副砲が役に立たなかったのである(7)。イギリスの先任観戦武官ウィリアム・パケナム海軍大佐は、双方が何時間も撃ち合いながら、相手にほとんど打撃を与えていないのを目撃した。そして海戦後、パケナム大佐は長射程砲を推奨する報告書を提出し、二万メートルの距離で射撃を開始することが可能で、一万メートルは至近距離圏とした(8)。各種艦砲の効果については、熱心にというよりも、あいまいさを排して、次のように書いた。

> 各種艦砲の射撃効果は、ましてや次級サイズになると……たとえば一二インチ砲を撃っていると、それより小さい一〇インチ級の発射は気づか

れない。各級それぞれに畏敬心をかきたてるが、八インチ級あるいは六インチ級は豆鉄砲みたいなものので、一二ポンド砲になると話にならない。計算外である(9)。

このような遠距離の砲撃戦では、確実な効果があるのは大口径砲で、その事実が劇的な反響を呼んだ。一つの理由としては、厚さと上質の装甲の発達は、特に大口径の砲でなければ、大きい打撃を与えられないことを意味した。戦艦や装甲巡洋艦の撃沈となればなおさらである。別の言い方をすれば、重装甲の艦しか、この種の艦砲の命中には耐えられない。この二つの観察の論理的帰結は回避できない。大口径主砲を八門ないし一二門装備する重装甲の戦艦は、たとえば三笠のような既存の前ドレッドノート級戦艦の二隻ないし三隻に相当する。

全門主砲艦の導入決定の背景には、ほかにもいくつかの事情があった。火力の問題に対する効果的かつ徹底的解決を必要とする理由の一つが、これまで装備されてきたさまざまな射撃システムの問題である。この射撃システムの多種多様性が、射撃コントロールを困難にし、必要な同質的な統一を妨げた。新しいタイプ(ドレッドノート級)の導入を必要とするもう一つの重要な理由が経済問題である。日露戦争勃発時、イギリス海軍は一五年前に比べ予算が二倍に拡大し、イギリスにとっては重い負担になっていた(10)。

一九〇四年一〇月、ジョン・フィッシャー海軍大将は、海軍大臣に任命されると、予算削減検討の用意ありと表明したが、実際には、艦隊の火力を削減したり、予算緊縮の用意もなかった。ただ一五〇隻を超える旧式の老朽艦を除籍処分にする用意はあった。同時にフィッシャーは、数を減らした分を高性能艦で補う必要を感じ、頭角を現してきたドイツに対抗するため、艦隊の火力を増強しなければならないと考えていた(11)。

面白いことに、対馬沖海戦に関する報告は、その前の海戦報告とは違った結論に到達していた。特に艦砲の使用に関して、違いが明らかであった。黄海海戦と比べると、砲撃戦の射程距離が短く、副砲も有効に使用された。海戦に参加した者も、そして机上の専門家も、副砲級によるロシア艦の被害がかなり大きかったことを認めた(12)。

全門主砲艦反対派の一人、イギリス海軍大将のエドマンド・フリマントルは、黄海海戦で双方が撃ち合った距離は例外であり、近接戦闘を避けることは、イギリス海軍の伝統とは相容れないと主張した(13)。それでも右のような一連の見解に加え、副砲級艦砲による打撃効果報告もほかにあったが、フィッシャー海軍大将とその支持者たちの確信は揺るがなかった。彼は自分の信念をすでに仕事に反映しており、HMSドレッドノートは副砲を装備しなかった。それでも、数年後、ようやく対馬沖海戦の戦訓が認められ、造艦に反映されることになった。そして、イギリスの新造戦艦は一九一〇年以降、副砲を装備することになった(14)。同時に、戦艦の装甲を貫通した艦砲弾が極めて少ないという観察から、艦砲口径の拡大と射撃管制システムの改善が図られることになった。数年のうちに、イギリス海軍は艦載主砲の口径を大きくし、三〇五ミリから三四三ミリ(一三・五インチ)砲に変えた。さらに一九一二年後には、三八一ミリ(一五インチ)主砲の第一級戦艦を発注した。アメリカと日本も座視していなかった。新しい主力艦に三五六ミリ(一四インチ)砲をつけたのである。三〇年後、大型主砲の装備競争は頂点に達する。日本帝国海軍が、一対の新鋭艦すなわち巨大戦艦大和と姉妹艦武蔵に、四六〇ミリ(一八・一インチ)砲を装備したのである。

艦の装甲の厚さと質も、対馬沖海戦の結果、重要な改善対象になった。古来より矛と盾の争いは絶えることなく、今に至っているが、そのなかで日露戦争の全般的状況と違って、対馬沖海戦では矛(火砲)が盾(装甲)より優位にあると見なされた。海戦の結果は、装甲の速やかな強化の必要性を示唆していなかったが、当時艦艇に使われていた煙道を含め、装甲のない部分の弱点が明らかになった(15)。対馬沖海戦の余波を受けて、イギリスの研究者たちは、日本の艦艇が当時最新の冶金技術で建造され、区画化もよく、堅牢な造りであったので、相手の艦より被弾によく耐えたと示唆した。とはいえロシアの戦艦の装甲が脆弱であったわけではない。多くのケースで日本の艦砲弾は相当な被害を与え、そのため艦は行動不能に陥り、そこを至近距離で発射された魚雷によってとどめを刺されたのであるが、弾は装甲をほとんどが貫通できなかったのである(16)。

この一連の証言は、重装甲板が艦の縦の中心線に沿って設けられるだけでなく、甲板、そして砲塔の周囲にも装着されるならば、どんなタイプの砲弾にも耐え、戦艦の生存性を高めるという有力な証明であった。そのため一九〇五年以降に建造された戦艦は、艦砲の口径が同じままである限り、装甲をさらに厚くする必要はなかった。

戦艦の戦闘における速力の重要性も戦時中に認められた。対馬沖海戦で東郷大将が敏捷な運動ができたのは、指揮艦艇の速力の優位性によるとされた。同様にロジェストヴェンスキー海軍中将が戦闘を避けてウラジオストクへ到達できなかったのは、速力の結果であったが、この場合は、彼の艦隊自体の速力が遅かったためである。イギリスの観戦武官報告では、火力に次いで、速力の重要性を指摘している。フィッシャー自身は〝速力は装甲〟とよく言った(17)。しかし、速力には金がかかった。戦艦の速力を少し増すためには、動力機関を大きくしなければならず、それには燃料槽を大きくし、それを保護する重い装甲が必要となる。この一連の工程は艦の重量を増加させ、速力を低下させる。

換言すれば、抜本的なシステムによる革新的推進機関だけが、この悪循環を断ち切ることができる。実際問題このようなシステムは、蒸気タービンがすでに使用可能であったが、その技術は、主力艦規模の軍艦の推進には応用されていなかった(18)。もし成功すれば、それは、艦構造上全面的な革新のカギ的構成要素になるはずである。より大きい火力とより高速力を得ようとして、フィッシャー海軍大将は、この革命的推進機関(蒸気タービン)を選択したが、後述する理由で、装甲の点では妥協せざるを得なかった。彼の選択はすぐに手本にされ、その後建造されるほぼすべての主力艦に導入されることになる。

ＨＭＳドレッドノートの出現が、弩級（ドレッドノート級）戦艦建造競争の口火を切ったわけであるが、ドレッドノートという名前が、この後に建造される新型戦艦の〝属〟の名称となる。大口径の艦砲を多数装備した艦で、従来の主力艦はすべて、前ドレッドノート級として言及されることになる。逆説的であるが、ＨＭＳドレッドノートの進水は、海戦参加主力艦すべてを一撃のもとに旧式化した。もちろんほかの七カ国海軍も例外ではなく、百隻を超える戦艦が旧式化の憂き目をみた（19）。

イギリスは、新しい力を手にしたとはいえ、気を抜くことはできなかった。イギリス海軍は、一九一一年までに五つのクラス（ベレロホン級からオライオン級に至るクラス）の戦艦計一〇隻を竣工させた。それぞれ前のクラスよりも大きく、武装、装甲、そして速力が改善されていた。海軍の専門家が驚くほどの建艦速度と数であった。ＨＭＳドレッドノートの竣工から六年以内に新型戦艦群が揃い、性能が極めて優れていたので、スーパードレッドノート（超弩級艦）として知られるようになった（20）。一九一四年に就役したクイーンエリザベス級戦艦五隻の片舷斉射弾量は、六年前に就役した最後の前ドレッドノート級の三倍もあり、ＨＭＳドレッドノートと比べても二倍以上であった（21）。

対馬沖海戦は、巡洋戦艦の出現にもつながった。戦艦と装甲巡洋艦を組み合わせる構想は、フィッシャー独自の着想で、それも対馬沖海戦の前から考えていたことである（22）。フィッシャーは、高速艦の熱烈な支持者で、火力はドレッドノートに類似するが、速力はずっと早く装甲は比較的薄い艦種を考えた（23）。発想のもとになったのが、大英帝国の通商航路帯を守り、性能の劣るフランスおよびロシアの巡洋艦を相手とする戦前のシナリオである（24）。対馬沖海戦は、彼の構想の触媒役を果し、新しい発想で考えられることになる。速力の強みと火砲の猛射を活かした日本の大型装甲巡洋艦の効果的な運用は、薄い装甲の欠点を補って余りあることを実証した。

一方、バルチック艦隊の潰滅とその前の英仏協商の成立で、イギリスの通商航路帯に対する脅威の緊急性は薄れた。だがフィッシャーはそれで引き下がるような男ではなく、自身の構想の発展性を確信し、巡洋戦艦で編成された艦隊は、戦艦と通常の巡洋艦を組み合わせた艦隊よりも強力で、経済的であるとの信念を持ち続けた(25)。

一九〇五年、この構想に基づいて、フィッシャーは、最初の巡洋戦艦であるインビンシブル級三隻の建造を認めた。この三隻は一九〇八～〇九年に就役したが、最高速力二五ノットを誇り、三〇五ミリ砲八門を装備していたが、装甲は最大厚でHMSドレッドノートの半分であった(26)。しかしながら、フィッシャーの夢を乱暴に打ち砕く事態が間もなく訪れる。彼が当初考えた計画では、ドレッドノート級戦艦一隻とインビンシブル級巡洋戦艦三隻だけであったが、第一次世界大戦勃発時には、イギリス海軍は、インビンシブル級巡洋戦艦より三倍以上もドレッドノート級戦艦を保有していた(27)。

技術開発上の結果

海軍技術は、対馬沖海戦の恩恵を得た主たる分野の一つであった。その戦訓は、文字通り技術の全分野に顕著な発展をもたらした。兵器に始まり、戦術上の統制や兵站に至るまで、そのインパクトは二〇世紀前半ずっと大きい技術革新をもたらした。いちばん重要な分野が兵器で、砲、魚雷、そして機雷が含まれる。艦砲は海戦の勝敗を握る要素とみなされ、対馬海戦後、特に注目された。対馬沖海戦における艦砲射撃の精度は、黄海海戦よりもよかったが、わずかな改善でも、将来どの海戦でも優位に立てることが明らかであった(28)。さらに射撃管制の改善で、重い火砲を艦の主砲として保持することができ、だんだん長くなる魚雷の射程圏外からも交戦できた。たとえば、イギリス海軍は対馬沖海戦の少し前、艦砲に一段と重点を置き始めていたが、一九〇五年以降、この分野で特に努力した(29)。この点はイギリスだけではなかった。対馬沖海戦後の一〇年間、列強海軍はすべて射撃管制の改善に相当努力した(30)。しかし、射程は伸びたが、命中率は一〇年後もまだ相当に低いままであった(31)。

海戦で効果的に使われたもう一つの兵器が魚雷であった。開戦から一五カ月間、魚雷の低い命中率は頭の痛い問題であった。たとえば日本帝国海軍は、魚雷を三七〇発ほど発射したが、命中したのはわずか一七発にすぎなかった。命中率が四・六パーセント弱という惨憺たる結果であった(32)。対馬沖海戦では比較的良好な結果であったので、ある程度救いにはなった。同海戦では命中率が四倍だったのである(33)。さらに敵が発射した魚雷の恐怖が双方の戦闘スタイルを形成した。双方は互いに余り接近しないように心がけ、主力艦は夜間戦闘から引き離しておくのである(34)。夜間では、魚雷を装備する小型軽量の艦艇が優位に立つことができ、この必殺兵器で損傷敵艦を始末できたのである。決定打ではなかったとしても、最終場面で成功したことを、列強海軍が見逃すことはなく、一九〇五年以降その発展のはずみを維持した(35)。

フィッシャー海軍大将は、魚雷使用の熱烈な提唱者で、これを将来の兵器とみていた。彼はその急速な発達を信じていたが、彼が考えていたよりも早く実現したと言えるかも知れない。一九〇五年時点で、魚雷の射程は約四〇〇〇メートルであったが、一〇年以内に二倍以上の約一万メートルになった。この射程で速力は一九ノットから二七〜二八ノットに向上した(36)。第一次世界大戦時、魚雷は信頼性のある兵器として登場し、比較的正確であることを証明した。潜水艦から至近距離で発射した場合が、特に効果的であった(37)。

対馬沖海戦で登場したもう一つの海軍兵器が浮流機雷であった。機雷はあまり効果がないまま、何世紀も軍艦攻撃に使われてきたが、日露戦争で、安価で素朴なこの兵器の大量かつ効果的な使用が始まったのである。海戦から数カ月の間に使用がうまくいったので、双方は海中係維機雷を相当使ったが、それを排除できる適当な対抗手段を欠いたままであった。この機雷戦は恐るべき結果をもたらし、機雷は対馬沖海戦まで最も破壊的な海戦兵器になっていた。事実、旅順一帯の沿岸水域に敷設された機雷原が、大きい被害を与えた。触雷が直接の原因で、戦艦三隻、巡洋艦五隻、駆逐艦三隻が沈没し、双方で乗組員数千人が死んだ(38)。

対馬沖海戦で日本帝国海軍は、機雷を初めて攻撃手段として使った。事前にこっそり仕掛けておくのではなく、戦闘の最中に敷設したのである。たとえば、戦闘第一夜、日本の駆逐艦は、進んでくる敵艦艇の針路前方に、つなぎ合わせた浮流機雷数本を投入した。戦艦ナヴァリンがこれで沈没した。四年後、この種の攻撃法は帝国海軍の標準的戦法の一つになった。駆逐艦が敵の前方一〇〇〇〜二〇〇〇メートルに浮流機雷を投入し、全速力で退避する。イギリス海軍は、一九一三年にこの戦法を手本にし始めたが、結局二年後に放棄した。しかし、大戦中はドイツ軍による使用を警戒した。それには理由があった(39)。第一次世界大戦時、イギリスは艦艇四六隻、補助艦艇および掃海艇四三九隻、商船二六〇隻を敷設あるいは浮流機雷によって喪失したのである(40)。

新式あるいは、改良型兵器の使用にともない、艦艇の防御も補強が必要になった。対馬沖海戦でロシアの戦艦六隻が沈没したが、その原因究明で、構造の改善が急がれることになった。イギリス海軍は、ＨＭＳドレッドノートの両舷側に対水雷隔壁を設けた。魚雷と機雷の爆発から弾薬庫を守るための措置である。この後ほかの海軍も同じ対策をとった(41)。

海戦後、専門家たちは、二〇世紀初期のこの時代に技術的に便利な物がいろいろ生まれたが、艦隊の戦術的統制が極めて限定されることに、あらためて気づいた。対馬沖海戦の経過をみて、専門家者たちは、艦隊指揮官は最大何隻まで有効な指揮統制が可能かと考えた。砲撃戦の距離が長大になる時代にあって、東郷海軍大将は、二個戦隊以上は直接指揮しなかった（一個戦隊は艦艇六隻の編成、実際のところ、たいていは一個戦隊だけを直接指揮した)。

一方、ロジェストヴェンスキー海軍中将は、戦闘が始まると、日本側より大きい艦隊を事実上指揮できなかった。当時、海軍提督が戦闘の大観図を視覚化できず、全艦隊を指揮できない問題について、最初にこれを解決しようとしたのが、イギリス海軍であった。一九一四年、当時グランドフリートの司令長官であったジョン・ジェリコー海軍大将（一八五九～一九三五年）が、フレデリック・ドライヤー海軍大佐の提案を受け入れた。敵味方双方の艦艇の位置をどのように座標上に示し、その針路と速力をどう表示するかである(42)。このシステムがきちんと開発されるまで数年以上かかったが、大戦の狭間にあたる時代、海戦時指揮官の決心に資する重要な視覚器材が開発された。

将来発展の可能性がある無線電信は、対馬沖海戦で使用されたが、これも海戦統制のもう一つの側面であった。海戦が始まる少し前、ロシア艦隊発見を知らせるため、無線通信が日本側によって有効に使用され、味方主力艦隊に対する早期警戒の通報の役割を果した。しかしながら、戦闘になると、無線通信は頻繁には使われなかった。事実、ロシアの海軍部隊では使用も禁止された。ロジェストヴェンスキー海軍中将が、無線電信機による発信は自己の位置と意図を暴露すると信じていたからである(43)。この後数年、無線電信、そしてその後の無線電話は、索敵の向上以上により多くのことを与えてくれることになる。各国海軍は、例外なく保有艦艇に無線電信機を装備し、その通信距離を伸ばし、中央統制による艦隊作戦という新しい概念の一部として、利用することを学ぶのである(44)。

対馬沖海戦は、兵站の面でも分水領となった。石炭使用上の不便、過重搭載状態の戦闘の不利が、この分野に多くの検討材料を与えた(45)。イギリス海軍地中海艦隊司令長官のロード・チャールズ・ベレスフォード（一八四六～一九一九年）は、直ちに艦隊の給炭率の改善キャンペーンに着手し、二年以内にその成果が現れた。戦艦の平均給炭量一六二トンが、実に二八九・二トンになったのである。ドイツ帝国海軍の給炭量改善は、さらに大きかった(46)。それでも、このような目を見張るような改善ではあったが、洋上で給炭に要する時間を考えると、石油の方がずっとよい選択肢のように思われた。石油は石炭よりずっと効率がよく、給油地点間の距離も長くなる。さらに給油の方がはるかに短時間で済み、航走中の洋上給油も可能である。さらに石油を燃料とする艦艇は、機関室の人員が半分ほどでよい(47)。

石炭から石油への燃料転換に拍車をかけたのは、バルチック艦隊の厳しい試練というよりは、結局のところ戦後信頼できる石油の取得源を確保できたためである。一九〇九年、イギリス海軍は、今後建造される駆逐艦の動力源を石油にすることを決定した。この決定は、新しいクラスの戦艦クイーンエリザベスにも適用され、三年以内にそれが実現する(48)。

列強海軍が石油使用に転換したのは、船舶用ディーゼル機関の開発と関係していた。それでも、比較的新しいこのエネルギー源の利用が可能になった背景には、技術上の革新よりは、地政学に起因するところが大きい(49)。ヨーロッパ列強は、中東やペルシア湾のような遠隔の地で石油資源を探し求め、その地域に対する影響を強めようとして、激しい争いが始まり、以来その争いはやむことなく今日まで続いている。同様に、対馬沖海戦は、速力の遅い民間船転用補助艦船と給炭船を利用する不利を明らかにした。一〇年後、第一次世界大戦で莫大な数量を継続的に必要とする事態となり、速力の速い目的別海軍用の給炭船やタンカーの開発が急がれ、これが使用されるようになった(50)。

教義上の波紋

対馬沖海戦は、一九世紀後半から続く近代海軍が導入すべき海軍の教義をめぐる論争に、明確な答えを出さなかった。一方、マハンの教義の提唱者たちは、ロシア艦隊の主力に対して日本海軍が主力艦をもって対処し成功したことを、外洋海軍による雌雄を決する一大決戦論の正しさを証明したと考えた。

一方、青年学派(ジューヌ・エコール)の教義提唱者たちは、夜間の猛攻撃に日本の軽量級艦艇が効果的に投入されたこと、それに対してロシアの戦艦が極めて脆弱だったことを重視した。双方の教義はともに支持者がいたが、海戦から数年後、時間の経過とともに優位に立ったのは前者であった。確かに海戦の第一段階で、戦艦と装甲巡洋艦に依存したのが、日本側が勝利した重要な要素の一つであり、当然、それはよいPRになった。さらに気象条件のために軽量級艦艇の使用が延期され、結局、夜間攻撃用に保留された。つまり、軽量級艦艇に搭載された魚雷は、すでに打ちのめされたロシアの艦艇にとどめの一撃を加えるだけに使用されたのである。列強海軍は軽量級艦艇の能力が不十分なことを認識しており、対馬沖の海戦は、大型の主力艦が信頼でき、これに予算を回すという従来の決心を裏付けたのである。

この流れの典型的な例を示したのがイギリス海軍である。実際、対馬沖海戦から数年間、イギリス海軍はマハンの戦略理論をさらに進めて適用できる前例のない地位についた。ロシアの艦隊が二つ消滅し、ドレッドノート級とインビンシビル級の主力艦の出現を背景に、イギリス海軍は過去二〇年間手にしたことがなかった質的量的において首位の座を手に入れた。それはそれとして、イギリス海軍は、日露間の海戦を艦艇の技術問題以上の関心をもって、綿密に観察した(51)。その一人であるフィッシャー海軍大将は、対馬沖海戦後の状況を前にして、これからのイギリス海軍のあり方と、戦略上のグローバルな立ち位置について考えをめぐらせた。

対馬沖海戦の効果は、フランスとの新しい協商によって増進されただけでなく、一八八九年に採用した二海軍力維持法（two power standard：イギリスに次ぐ二カ国の海軍、仏露が保有する合計と同等の戦艦を装備、維持する海軍国防法）という金のかかる海軍優位政策の維持に頭を悩ます必要がなくなった。実際、対馬沖海戦後、イギリス海軍は突如として、〝優に三海軍力維持を超える余裕ある立場〟になったのである(52)。

一九〇五年後半、イギリスは戦艦四六隻を持つ戦力になった。対するフランスは一八隻、ドイツ一七隻、ロシア五隻である(53)。一九〇五年にロシアの脅威が減退し、その三年前、日英同盟が成立していたので、余裕ができたイギリス海軍は、旧式化した巡洋艦と砲艦の更新を加速し、北海におけるドイツの脅威に対処するための増強に集中できた(54)。

フィッシャーが一九〇四年に着手した小さい革命、

そして対馬沖海戦後に受けたさらに大きな変革は、ほかの列強海軍が注目し、その動向をフォローした。HMSドレッドノートの竣工で、列強各国は、それぞれの計画の見直しを迫られ、建造中の戦艦や大型巡洋艦が突如として旧式化し、建造を中止せざるを得なくなったケースもあった。

最初に影響を受けたのが、アルフレート・フォン・ティルピッツ海軍大将（一八四九～一九三〇年）の精力的な指揮統率下にある、ドイツ帝国海軍であった。ドイツ海軍は、一八九八年の拡張計画（Flottengesetze：第一次艦隊増強法）の実施で、一九〇四年までにイギリスに次ぐ第二位に急成長した。日露戦争時、ティルピッツは成長期にある艦隊を攻撃されては困るので、イギリスを刺激しないように振る舞い、ロシアとの協商問題を含め、現状維持を危うくする行為に反対した(55)。ティルピッツの海軍は、皇帝ヴィルヘルム二世の熱烈な激励を得て、二年遅れでイギリスのドレッドノート級の挑戦を受けて立った。当初、この艦の開発は、ドイツにとって非常な打撃であった。新型のナッソー級の建造を一年間中止し、より大きい艦の航行ができるように、キール運河の拡張工事が必要だったからである(56)。しかしながら、ドイツの工業力は、その挑戦にこたえることができた。そして、加速するその建艦ペースに、一九〇八～〇九年のイギリスで大きい懸念が生じた（〝海の不安：naval scare〟として知られる）が、海軍省はさほど不安を抱かなかった(57)。イギリスは海軍予算の増額をもって対応し、その建艦を加速した(58)。

皮肉な話であるが、イギリスがドイツ帝国海軍を主要なライバルとみなすのは、対馬沖海戦後である。一九〇六年一〇月、フィッシャー海軍大将は、全体的に見てドイツが唯一の敵であることを認め、それに対処するため、ドイツの二倍の艦隊を維持しなければならないと述べた(59)。フィッシャーは、海軍予算をコントロールすることで、この首位を維持することに腐心した。そのため彼は、ドイツの海軍力を誇張し、前ドレッドノート級戦艦では圧倒的に優位であることを隠しながら、ドレッドノート級戦艦で差が縮まっていることを強調した。そのため、二海軍力維持法の廃止の正式発表は、フィッシャーが更迭されて二年後の一九一二年まで延期され、ドレッドノート級戦艦の隻数比で、ドイツ海軍より六〇パーセント優位に変えられた(60)。

対馬沖海戦後に起きた建艦競争で、イギリスはドレッドノート級戦艦の一号艦を建造した後、多少の優位性を享受した。しかし、前ドレッドノート級が次第に旧式化するにつれ、それまで持っていた圧倒的優位性を必然的に失っていった(61)。第一次世界大戦が勃発した時点で、ドイツはドレッドノート級戦艦を一五隻保有していた。これはイギリスより七隻少ないだけである(62)。それでも、開戦から二年間、ライバルのイギリスと比べて質、量ともに劣るため、ドイツ帝国海軍は、対馬沖海戦のような総力戦に打って出る自信がなかった。そこでドイツ海軍は遅まきながら一九一六年から一七年にかけて、潜水艦の建造に拍車をかけた。海上航路帯を封鎖し、連合国側の補給線を途絶させることで、妥協したのである。

対馬沖海戦は、フランス海軍に限定的インパクトしか与えなかった。ただし、海戦の余波を受けた建艦競争は、フランスにも影響を及ぼした。この後、フランス海軍は、青年学派の原則に対する従来の指向をさらに放棄して、一九〇九年に戦艦中心の海軍に方針を転換した(63)。海軍予算は、世紀の変わり目以来低迷していたが、一九〇六年に増え、以後七年間で倍増した(64)。この予算と、さらにはリベルテ級戦艦四隻の竣工で、フランスは対馬沖海戦後少なくとも五年間は世界第二の海軍を有し、その地位を懸命に維持した。それでも、一年前の一九〇四年に英仏協商が成立し、さらにはドイツの脅威に鑑みて、フランスはイギリスとの建艦競争を文字通り放棄し、軍事予算を海軍より陸軍に多く割き、ドイツと対峙する陸軍の大々的な部隊整備に支出した(65)。フランス海軍は、予算と軍備の優先順位が変わり(一部、一九〇二年に始まった)、HMSドレッドノートの出現が突きつけた挑戦にきちんと対応しなかった(66)。振り返って当時を考えると、青年学派の原則から離れるのが遅すぎた。躊躇しすぎた点も指摘される。その結果、第一次世界大戦勃発の少し前、フランスは世界第二位の海軍国の地位を失い、保有する主力艦の大半は旧式になっていた(67)。

合衆国海軍は、イギリス海軍とほぼ同じ程度、対馬沖海戦に影響された。セオドア・ルーズベルト大統領は、沈着冷静にして機敏な人物であった。海戦後、海軍をとりまく環境が変わり、それに対するアメリカの対応の背後にいた主要人物がルーズベルトであった。合衆国海軍は、拡張計画を完了すると、イギリス海軍の覇権に挑戦する姿勢を示したが、真の脅威とはならなかった。それはそれとして、対馬沖海戦はこの英米両海軍に、同質的な影響は及ぼさなかった。イギリス海軍は帝政ロシア海軍の消滅によって得をしたが、合衆国海軍は日本海軍の著しい発展によって緊張を強いられた。さらにルーズベルトは日本海軍との緊張を鎮めようとする一方で、これまでにない大型の建艦予算を獲得するため、対馬沖海戦後の情勢を利用した。日の出の勢いにある日本海軍に対して、アメリカ国民の懸念が高まっていたが、大統領は実際のところその懸念解消にはほとんど何もしなかった。一九〇五年夏の時点で、アメリカの対日評価は従来よりも現実的になり、フィリピン防衛もまた以前にもまして緊急性を帯びるようになっていた(68)。

一九〇六年、合衆国のウェストコーストにおける反アジア暴動と反日(黄禍)運動は、地政学的懸念を軽減せず、一触即発状態の移民問題については、その翌年に日本とのいわゆる日米紳士協定をもたらした(69)。同じく一九〇七年には、合衆国陸海軍合同会議(United States Joint Army&Navy Board)が、日米戦を想定したオレンジ計画(Orange War Plan)の見直しを行なった。対馬沖海戦後、そして日露戦争の終結にともなう状況の変化に対応したのである(70)。オレンジ計画は、最初一九〇三年に策定されたが、東アジアにおけるアメリカの権益擁護、そして特に日本からの攻撃を前提とするフィリピン防衛を念頭に置き、さまざまな手段を想定していた(71)。

対馬沖海戦後、アメリカの主要な想定は次のようになった。戦争勃発の場合、合衆国海軍の主力は大西洋側におり、比類のない戦闘経験を有する日本帝国海軍がまず軍事上優位に立つ。日本軍がフィリピンを攻撃する場合、合衆国軍部隊は内陸部の防衛拠点に後退する。数週間すれば、海軍の増援部隊が太平洋水域に到着し、日本軍部隊は殲滅される。

一九〇七年時点で、アメリカの戦略家たちは、日本がハワイを取り、パナマ運河（建設中）を封鎖し得るとし、ウェストコーストに脅威を及ぼすとさえ考えた(72)。

以来、合衆国海軍の計画は、それ以上にその想像力は、〝トラファルガー、対馬沖、そして（のちには）ユトランドのドラマにとりつかれ〟、太平洋における一大洋上決戦に固定される。日本海軍の艦隊決戦思想に著しく類似した構想である(73)。

フィリピンも問題であった。合衆国海軍は、陸海軍双方による攻撃に耐える、防衛可能な大規模海軍基地の建設を考え、フィリピンでその建設場所を探した。一方、合衆国陸軍は旅順包囲戦から得た戦訓によって、この構想に反対した。その結果、陸海軍双方はパールハーバーの港湾を開発して、西大西洋におけるアメリカの主要基地として整備し、同時にフィリピンについては九〇日から一二〇日の包囲戦を想定した防備構築を決めた。

対馬沖海戦の印象がまだ生々しい時、ルーズベルト大統領は戦艦一六隻で編成された艦隊の世界巡航を命じた。前ドレッドノート級戦艦群は、合衆国がこれまでに獲得した海軍力を誇示するために使われ、一九〇七年一二月、ハンプトンローズを出航した。艦隊は、バルチック艦隊よりも長い距離を航行するが、ルーズベルトと海軍の計画策定者たちは、バルチック艦隊が直面した兵站上の困難とそれに関して犯した過ちを意識し、このようなことは繰り返さないと決意していた(74)。この〝グレート・ホワイト・フリート〟として知られる大艦隊は、海戦のために出撃したわけではないが、その航海は特に日本に対するメッセージを意味した。合衆国は世界のどこにでも展開できる。いざとなればそうする。ロシアの艦隊は故国から遠く離れた所で潰滅したが、合衆国は太平洋および東アジアに

1908年1月、リオデジャネイロ沖を航行中のアメリカ海軍の“グレート・ホワイト”艦隊。

おける権益を躊躇することなく守る。これがメッセージに込められたアメリカの意志であった(75)。

しかしながらこの艦隊が出航するまでに、ルーズベルトはドイツ海軍の膨張がヨーロッパの秩序に対する、ひいては合衆国に対する脅威になると認識していた。そのため、アメリカ海軍の大半を大西洋に置く必要から、一時的に日本と和睦を結ぶことになる(76)。それは、一九〇八年一一月に高平・ルート協定の成立となり、この後一〇年、それがほぼ守られた(77)。それより前、合衆国海軍は、マハンの反対にもかかわらず、ドレッドノート級時代に勢いよく突入していたが、議会の全面的支持は得ていなかった(78)。一九〇九年にルーズベルトが退任した時、海軍は大統領執務室に頼りになる友人も、容認された政策のいずれも持っていなかった。そして、次第にその立ち位置を失っていった。その地位を回復し改善していくのは、第一次世界大戦後である(79)。

学ばれなかった戦訓
——海戦と長期に及ぶ海軍の革命

対馬沖海戦が終わると、多くの人たちが日本は近年入手した潜水艦の投入によって勝利を手にしたと信じた。世界の主要新聞は海戦後の数日間、その可能性についてさまざまに推理した[80]。特にロシアでは海軍専門家たちが潜水艦説を信じ、その後もずっとこの説を展開し続けた。たとえばニコライ・クラド（太平洋艦隊幕僚、士官学校戦史教官などを歴任）は、「我が方の巡洋艦一隻が、浮流する一発のホワイトヘッド〔機械式〕魚雷を目撃したのは事実である。この魚雷が潜水艦から発射された可能性は十分にある……たとえ彼ら〔潜水艦〕が実際には一隻も撃沈しなかったとしても、〔それが参加した〕事実は極めて重要である……」と主張した[81]。

実際には、この対馬沖海戦のみならず一九〇四〜〇五年の戦争においては、二〇世紀の海軍の戦いで最も重大な役割を果たす新鋭兵器である潜水艦と航空機はともに参加しなかった。戦場に登場しなかったことは、海戦がその開発を推進するうえでの役割を果さなかったことを必ずしも意味しない。それどころか、作戦上の要求が、この新しい技術に対する意識を高め、戦闘に十分使える兵器としての開発への圧力を強めたのである。

一九〇四年後半、日本とロシアはともに潜水艦を保有していた。しかし、いずれも実戦投入に間に合うとは考えていなかった。ロシア海軍は、戦争が終わるまでに小型潜水艦一四隻をシベリア鉄道でウラジオストクへ輸送した。しかし到着が遅く戦闘には間に合わなかった[82]。潜水艦に魚雷発射管を一門設けたのは、それよりわずか一三年前で、水中での魚雷発射に成功したのはその六年後である[83]。

合衆国海軍は最初の潜水艦を一九〇〇年に竣工し、イギリス海軍での竣工はその一年後であった[84]。主要海軍は、すべて日露戦争勃発までに潜水艦を取得していた。例外はドイツである。彼らは一貫して潜水艦を実験段階の艦艇とみなし、作戦用にはしなかった(85)。日本海軍は、ロシアの艦艇が旅順の安全な港内に潜んでいて撃沈できないため、潜水艦に特に関心を抱いた。

一九〇四年三月、フィッシャー海軍大将は友人宛の手紙で、潜水艦は港内へ潜入し、ロシアの艦艇を撃沈し得ると信じ、「……私の愛する潜水艦は……イギリスの海軍力を現在より七倍も強めるだけでなく……所得税を引き下げる」と書いた(86)。

一カ月後、フィッシャーは、攻撃用任務の潜水艦は海上戦に革命をもたらすと述べ、予言の正しさが証明された(87)。対馬沖海戦の四カ月前、フィッシャーは、アーサー・バルフォア首相に二通りの〝素案〟(防御用の潜水艦と攻撃用の潜水艦という表題がついていた)を送った。そのなかでフィッシャーは〝艦隊防衛〟の概念を提示している(88)。潜水艦を防御的艦艇として位置づけるこの見方は、一〇年のうちに保守的にみえてくる。しかし、当時はその信奉者は極めて少なく、対馬沖海戦では日露双方に一人もいなかった。日本とロシア海軍はいずれも潜水艦を使わず、諸々の戦闘でも投入しなかった。投入していれば、対馬沖海戦は余計な戦いになったかも知れない。その後、潜水艦に関するフィッシャーの刺激的アイデアは全面的に実行されるが、潜水艦を利用してその価値を手にしたのは、イギリス海軍ではなく、ドイツ帝国海軍であった。一九〇六年、ドイツはティルピッツの指揮下で、実用性の高い、攻撃用潜水艦の開発に着手した。第一次世界大戦時には多数建造され、急速な技術革新をとりこんだ攻撃用潜水艦は、対馬沖海戦から約一〇年後にして、海の戦いを変容し始めるのである(89)。

航空機は、潜水艦以上に欠落した部分であった。ライト兄弟が空気より重い飛行機をエンジン付きで飛ばしたのは、対馬沖海戦の一七カ月前にすぎなかった。当初、この分野の進歩は遅く、ヨーロッパの航空研究者たちは、この二人のアメリカ人パイオニアに根強い不信感を抱き、〝はったり屋〟と呼んだ。その状態は一九〇六年まで続く(90)。しかしながら、数年内に航空機が非常な進歩を遂げただけでなく、海軍の使用にも適用された。一九一〇年一一月、アメリカの飛行家ユージン・イーライ（一八八六〜一九一一年）が、数年前までは空想だにできなかった偉業を成し遂げたのである。イーライは、軽巡洋艦USSバーミンガムの艦首に取り付けた甲板から、カーチス・プッシャー機で飛び立ったのである。それから二カ月後、イーライは別の巡洋艦に作った仮設甲板に着艦した(91)。

当初、航空機は捜索と偵察が本来的任務と思われたが、第一次世界大戦の勃発とともに、その戦闘能力を示し始めた。一九一四年九月、日本帝国海軍の水上機母艦若宮（元ロシアの運送船、一九〇五年二月捕獲）が、空襲を目的として史上初の水上機を発進させた。搭載する水上機四機は、ドイツ海軍の装甲巡洋艦SMSカイゼリン・エリザベトを攻撃した。水上機は膠州湾のドイツ軍基地包囲戦時、五〇回出撃している(92)。この初期型航空機はこの巡洋艦を撃沈できなかったが、それで海軍の夢が絶たれたわけではない。一九一八年、初めて航空母艦が出現し、それから数年にして現代海上戦における不可欠の戦力になった。

対馬沖海戦で見落とされていた革命は、第二次世界大戦までに完了した。大西洋ではドイツのUボートがほとんど窒息状態寸前までイギリスを追い詰め、航空母艦から発進した日本の艦載機はパールハーバーでアメリカの戦艦を撃沈し、マレー沖では陸攻機が堂々たるイギリスの戦艦プリンス・オブ・ウェールズと同航する巡洋戦艦レパルスをものの数分で撃沈した。

対馬沖海戦の戦訓は、この成り行きを暗示することはなく、将来の海上戦闘のモデルを示唆することもなかった。一九〇四〜〇五年の戦争そのものと同じように、対馬沖の激突は、将来の海の戦いが艦隊同士の対決よりは、海上封鎖と敵商船隊撃沈能力によって決する事実を示さなかった。その代わり、この海戦はさらに大きい主力艦の開発に拍車をかけた。

対馬沖海戦の例が再び起きることはなかった。一九一六年のユトランド沖海戦は、ティルピッツの戦略概念の究極的な破綻を示した。それは、損害の点で決戦とはほど遠い海戦であった。第一次世界大戦では、劇的な海上決戦のクライマックスはなく、特にユトランド沖海戦後は長期に及ぶ消耗戦と、潜水艦、駆逐艦、そしてQシップ（商船に偽装した戦闘艦）すらも、前例のない重要な役割を果した補給線をめぐる戦いが特徴であった(93)。

当初、対馬沖海戦は、海軍の発展に非常なインパクトを与えた。対戦した日露両海軍を別にすれば、この海戦から最も率直な結論を導いたのは、フィッシャー指揮下のイギリス海軍であった。たとえこの戦訓そのものが、将来イギリス海軍が没落する種をいくつか含んでいても、受け入れたのは当のイギリスである。

短期的にみると、海戦は革新的戦艦建造への動きを促進し、イギリス海軍は観戦武官たちが忠実に集めたデータを応用し、比類のない品質の艦艇を建造することができた。ドレッドノートの革命は、敵対するドイツと比べて格段に勝る優位性をイギリス海軍に付与した。しかし、それはすぐに建艦競争に火をつけることになり、フィッシャーはさらに大きい主力艦のため、より多額の支出を余儀なくされた。

射撃管制や魚雷といった特定の分野では、対馬沖海戦の戦訓のインパクトは、もう少し長く続いた。それ以外の分野は、独自に海軍の新しい展開を促したというよりは、日露戦争の開戦から一五カ月間、いやそれより以前からすでに明らかであった動向を固めたにすぎなかった。さらに潜水艦と航空機は、いずれも未成熟の段階にあったので、対馬沖海戦は海の戦いで胎動する真の革命にはほとんど影響しなかった。

第七章　結　論

ロジェストヴェンスキーの軍事的失敗

対馬海峡の海戦のニュースが世界をかけめぐると、それは一夜にしてセンセーションをまき起こした。誰もこのような一方的かつ決定的な勝利を予期していなかった事実が、大騒ぎの一因であった。しかしそれは、その重大性を直ちに認識したということでもあった。いずれにせよ、観察眼の鋭い観戦武官でさえ、この事態が持つ、より幅広い意義をつかむには時間を要した。ウィリアム・パケナム海軍大佐は、日本側勝利の本質を最初につかんだ軍人の一人であった。海軍省宛一九〇五年夏の報告で、「陸戦、海戦いずれにせよ、戦いの重要性は投入される部隊規模よりは、危機的状況にある問題の性格にある」と述べた(1)。それでもパケナムは、当時の多くの人たちと同様に、海戦の結果を海軍の視点を通して、そしてまたヨーロッパの視野から観察した。ロシアの敗北についても然りであった。

しかし、戦いの結果はロシアの失敗か、それとも日本の成功であったのか。換言すれば、ほかの大きい海軍部隊は、東郷海軍大将と戦えば、同じような敗北を喫したであろうか。本書が提示する分析は、双方が相反する行動をとって、それがこの結果をもたらしたことを示唆する。ロジェストヴェンスキー海軍中将は、戦史研究者コーヘンとジョン・グーチがその分析的研究（Military Misfortunes）で提示した軍事的失敗の三つの基本カテゴリーを、すべて実行した(2)。同じく研究者ジョナサン・パーシャルとアンソニー・タリーが認めたように、ロジェストヴェンスキーは、過去から、特に九カ月前の黄海における長時間海戦で得られた経験に学ばなかった。さらに彼は、今後の状況が何をもたらすかを予期できず、戦場の周りの環境に適応できなかった(3)。一方、東郷は学習し、予期し、そして適応することによって、すべてのハードルを乗り越えることができた。失敗とその回避が絶対的であることは稀で、一方の成功が他方の失敗によって決まる場合、特に然りである。しかしながら、三つのカテゴリーすべてでロジェストヴェンスキーが失敗を犯したのは、恐ろしいことである。これはほとんど論をまたない。

コーヘンとグーチは、失敗がたて続けに同時に起きた時、このような失敗による動揺を〝破壊的機能不全〟と的確な表現で述べている(4)。これが複数の不適切性が結合した稀なケースであることを考えれば、ほかの艦隊、たとえば合衆国海軍の艦隊が同じように殲滅されることは、あり得ないようにみえる。結果は力量によって決まる。より具体的に言えば、ロジェストヴェンスキーが対馬海峡を選んだ時に受け入れた不利な条件での戦闘を避けるということである。理論物理学者のアルベルト・アインシュタインは「利口な人間は問題を解決する」「聡明な人間はその問題を避ける」と述べたといわれる。ロシアの提督は、明らかにもつれた問題を解決しようとしたが、華々しく失敗したのである。

日本にとっては国家存亡の戦い

ロシアの不運が、日本の成果を見えなくすべきではない。成果の背景にあるのは、いかなる失敗も避ける並々ならぬ熱意、そしてそれ相応の部隊配備であった。さらにその背景にあるのが、緊急事態である。日本はこの海戦に勝たなければならなかった。それまでの陸戦や海戦以上に、一九〇五年五月の海上の激突は、国家存亡の危機にかかわる戦いであったからである。この海戦の敗北は、戦争で負けるだけでなく、息の根をとめられる重大な危機を意味した。それは、回りまわって、帝国の事業全体の消滅、さもなければ日本内地の占領を容易にもたらす可能性があった。

対照的にロシアにとって、海戦は、このようなリスクを引き起こすことはなかった。この極端な相違は、戦いがロシアの中核地帯ではなく、日本の近海で生起したという事実に起因する。ましてや島国という特別な事情がある。このような国が近くの大陸あるいは海で隔てられた地域で戦争をする時、兵員と補給品の安全な輸送を期すため、その海を支配しなければならない。この支配権の喪失は、戦争に負けることを意味する。一一年後の一九一六年、イギリスは、ユトランド沖海戦にその海軍を送った時、さらに危ない状況に直面した。当時のドイツにとって、一九〇五年のロシアと同じように、海戦に敗北しても、それは必ずしも形勢を一挙に変えるものではなかった。広大な土地を支配し、天然資源に対する輸入依存度がはるかに小さい大陸国家にとって、敵対国と交戦して手にする国を隔てる狭い水道の支配は貴重ではあるが、不可欠ではなかった。戦略的観点に立って検討すると、対馬沖海戦における日本の勝利は、劇的とはほど遠いシナリオであったことを物語る。

対馬沖海戦のインパクト

対馬沖海戦は、通常〝大海戦〟として言及される。しかし、ロシア側のさまざまな不適性と、日本にとっては環境上の強迫性を考えると、果してこれを〝大海戦〟と言えるのか、疑問を呈することが可能である。戦闘を〝大〟ならしめると思われる要素がいくつかあり、それは海戦にもあてはまる。それは、まず戦闘の規模にかかわる。乗組員の数、参加艦艇の隻数、そして命運を決する結果の重大性で測定される。いずれにしても、パケナム海軍大佐が示唆したように、戦闘を本当に〝大〟ならしめるものは、危機に瀕する問題の性格と、それに対する戦闘の影響の仕方である。換言すれば、我々は、戦争の推移（a war-changing event：戦局を変える事象）に戦闘が及ぼすインパクト、双方の交戦国の地政学と海軍の進化に及ぼす長期にわたる影響、この二つを検討しなければならない。

対馬沖における日露双方の海戦は、この規準すべてに合致していると思われる。まず、これは巨大な海戦であった。双方の参加将兵の合計は約三万人、参加艦艇は一五〇隻を超える。一八〇五年のトラファルガー海戦と比べれば、参加将兵は少ないが（約六五パーセント）、参加艦艇はほぼ二倍であり、一九一六年のユトランド沖海戦まで、ほかのどの海戦よりも多かった(5)。

長期に及ぶ影響については、対馬沖海戦のインパクトは、広域に及んだと思われる。海戦は戦争を終結させ、あるいは少なくとも終結を確実に早めた。地政学上からみると、海戦は、この後数十年とは言わぬまでも、一定期間北東アジアおよび太平洋域における双方の介入に相当なインパクトを及ぼした。海戦は、建艦競争の最中、国際緊張がエスカレートする時期に生起したので、海戦から引き出された数々の戦訓は極めて貴重であった。この地域には数十人の観戦武官がおり、詳しい事後報告を本国に書き送った。得られた結論は、すぐ実行に移され、あるいは手本にされた。それでも、数々の戦訓は一〇年もしないうちに、ずっと大きい紛争によって影が薄くなった。

全門主砲戦艦の日の出の勢いとその使用に関して、対馬沖海戦の主たる戦訓は、予想されたように実行されなかった。代わりに、一九〇五年の戦いには参加しなかった新兵器である潜水艦は成長し、恐るべき実力を持つ存在になった。潜水艦の漸次配備が進み、消耗戦への投入が、決戦という考え方そのものの土台を崩していった。代わって新しい戦略が登場し、主にドイツ帝国海軍が採用した。それは、一八八〇年代中頃、フランスで青年学派によって構想されたものである。小型艇隊による戦艦に対する蝟集攻撃、そして通商と補給線の遮断を目的とした商船襲撃隊の投入（主として潜水艦による攻撃、第一次世界大戦で初めて組織的に実施）を提唱していたのである(6)。対馬沖海戦からわずか一三年後の一九一八年、世界初の全通飛行甲板を持つ航空母艦であるイギリス海軍のＨＭＳアーガスが登場した。それは、海の戦いにおいて、対馬沖海戦が予期しなかった、より新しく、重大な発展を告げるものであった。

「歴史上最も決定的かつ完全な勝利」

インパクトという点に照らしてみた時、対馬沖海戦はどのような位置付けになるのであろうか。その前後に生起した著名な海戦、たとえばレパント、トラファルガー、ユトランド、そしてミッドウェーと比較して評価はどうなのであろうか。地中海のカトリック教諸国の連合とオスマントルコ帝国がギリシア沖で戦った一五七一年のレパント沖海戦は、近世最大の海戦と考えられている。この海戦は参加人数（一四万人以上、そのうち九万人は水夫、残りはこぎ手）と参加隻数（五〇〇隻以上、大半はガレー船）で、対馬沖海戦より規模が大きかった(7)。しかしそれ以外の面では、レパント沖海戦は余り印象的ではなかった。確かに、オスマントルコ軍は阻止可能であることを証明した。しかし、カトリック連合は戦死者一万人を出した割には、勝利自体は決定的なものではなく、さらに重大なのは、勝利者側はこの勝利を利用できなかった。実際、オスマントルコ帝国は、海戦後半年にして、その海軍を再建し、海戦が生起した地域と東地中海全域における覇権を取り戻すことができた。その結果、勝利のインパクトは、紛争に対する直接的衝撃、あるいは継続する紛争の地政学的状況に対する影響のいずれも、極めて短期的かつ限定的であった(8)。

トラファルガー海戦も、よく比較の対象になる。イギリス海軍とフランス・スペイン両海軍の連合部隊との海戦は、対馬沖海戦のちょうど一世紀前に生起したが、規模と決戦的な性格は類似する。それでも、この海戦は、戦争自体に対する戦略的インパクトはほとんどなかった。フランス海軍は相当な力を持つライバルとして存続し、戦争そのものはこの後一〇年も続くのである(9)。

二〇世紀前半に、特筆すべき二つの海戦が生起した。一九一六年のユトランド沖海戦、一九四二年のミッドウェー海戦である。ユトランド沖海戦は、第一次世界大戦時最大の海戦であり、イギリス、ドイツ両艦隊が戦った空前の大海戦で、規模において雄大、兵員一〇万五〇〇〇人、艦艇二五〇隻が参加した。それでも決戦とならず、戦争全体に対する、あるいは以後の海軍の進化と発展に、大きいインパクトを与えるまでには至らなかった。海戦後、ドイツ帝国海軍の外洋艦隊は〝牽制艦隊〟(Fleet in being)として睨みを利かし、戦争自体はその後二年半も続くのである。これと比較して、ミッドウェー海戦は、同じように壮大な戦いであった。もっとも実際には二つの艦隊の距離が大きくはあったが、戦闘に直接かかわった艦艇数と兵員数は、対馬沖海戦と大同小異であった。この海戦で日本側は五隻を喪失(うち空母四隻)、アメリカ側は二隻(うち空母一隻)を喪失し、決戦であったと広く考えられているが、その結果は対馬沖海戦のような大差ではなかった(10)。もっともミッドウェーと対馬沖の二つの海戦を比べた場合、最大の違いはそのインパクトにある。ミッドウェー海戦は〝太平洋戦争の転換点〟と呼ばれてはいるが、この海戦が日本帝国海軍を封殺したわけではなく、戦争を終らせたわけでもない(11)。実際のところ、日米双方の海軍は、この後何度も海戦を演じ、戦争はミッドウェー後三年も続くのである。

以上のことを総合して考えると、対馬沖海戦が〝一大海戦〟であり、おそらくはほかの著名な大海戦よりもさらに大きい決戦であったのは明白である。さらに、その重要性を海軍と軍事分野だけに限定して考えるべきではない。この海戦は、海軍、海の戦いに対するインパクトと同時に、政治、文化、そして精神面において多大な影響を及ぼした。それは日本の海国主義と一九四五年までアジアにおける帝国主義的野心にインパクトを与え、アジアにおけるロシアの衰退と帝政ロシアの体制弱体化に影響した。第一次世界大戦に先立つ一〇年間、ヨーロッパにおけるバランス・オブ・パワーの変化に影響を与えた。そして、ヨーロッパの植民地支配に対する知識人と一般人民の反対闘争に、初期的刺激を与える役割を果した。これらすべてが〝対馬モーメント〟(回転力)という表現に値する(12)。つまりそれは、現代史の中で重大な分岐点になるということである。今までにない傾向と事象が広範囲に始動、あるいは引き起こされ、それが長期間影響していくのである。これはまさに一つの転機であった。二〇世紀の歴史学方法論は、この〝対馬モーメント〟とその意義を、日露戦争自体の場合と同じように相当見落してきた(13)。残念であるが、海戦あるいはほかの事象でもよいが、歴史の記憶のなかで、これを〝大〟にするものは、必ずしも客観的分析の最終結果ではない。あるいはそれが厳格な基準を満足させるかどうかでもなく、むしろ戦闘が受ける永続的な評判であり、〝一般史〟の記述で勝者側が保持する地位である。その歴史は、大いなる戦いの万神を祀るパンテオンに入れるか、忘却の彼方へ追いやるか、ふるい分けるのである。対馬沖海戦は、まさにこの一連の理由により、当初は世界の脚光を浴びたものの、次第に記憶から薄れていった。珍しいことに、ロシア（すぐにソ連邦となる）と戦後の日本は、それを長い間、脇に置いておく強い動機を持っていた(14)。

歴史の執筆にあたり、ほかの主要戦争当事国家も同じことをした。彼らには彼らが自慢する戦いの勝利があり、悲しむべき敗北があった。対馬沖海戦は、その決戦的性格、直ちに生じた結果、そして長期に及ぶ影響を考えると、歴史記述上、もっと中心的位置に置くに値する。つまり、結局のところ、イギリス海軍史のジュリアン・コーベットは正しかったと考えられる。第一次世界大戦の前夜、この戦いは、本人が指摘するように確かに「歴史上最も決定的かつ完全な海上戦の勝利」であった(15)。

訳者あとがき

滝川義人

本書は、ロテム・コーネル著『TSUSHIMA』の全訳である。対馬沖海戦（日本海海戦）をテーマとし、日露英独仏伊語のほかイーデッシュ語による資料をベースとした調査、分析を特徴とする。

第二の特徴が本書の後段、国際社会に及ぼした影響の紹介である。列強の海軍戦略に与えた影響もさることながら、各国メディアの反応、中東やアジアの知識人に対するインパクトが、取り上げられている。

海戦の結果に、トルコ帝国軍の大尉であったケマル・アタチュルク（トルコ共和国初代大統領）が狂喜し、当時海外にいたインドのガンジーやネールが衝撃を受けた（当時一六歳であったヒトラーは、別の意味でバルチック艦隊の壊滅に小躍りして喜んだ）逸話が紹介されている。

余談になるが、海戦の模様を見たくて、職場を離れ甲板に駆け上がった日本兵もいる。訳者が学生時代にお世話になった諫早市営学生寮（東京・目白台）に、林田嘉八という管理者がおられた。この海戦時、第二戦隊の装甲巡洋艦出雲の機関員で、当時一八歳。年令をごまかして海軍に入隊した由で、「五月二七日は、波の荒い日で、午後二時を少し過ぎた頃でしたが、砲撃の振動がして、それ戦闘が始まったと、周りの者が一斉に甲板に駆け上がろうとして、制止された。恐怖のためではなく、勇壮な戦いを一目見ようと思ったので、自分もその一人でした。一介の火夫《かふ》でしたが、後で厠《かわや》に行くふりをして、甲板に上がり、前面に展開する光景に胸が躍った」と訳者に語った。明治男の気概を見る思いがする。

著者は、イスラエル日本学会の創立者の一人で、その学会長を務めたイスラエルを代表する日本研究者であるが、日本とその海軍に関心を抱くに至った経緯を、次のように語っている。

ロテム・コーネル氏と訳者の滝川義人氏（2022年3月、都内にて）

「かなり幼い頃から、日本に関心を持ち始めました。高校の教師だった父親は、ヨーロッパのホロコーストに辛くも生き残り、イスラエルで海軍将校になった人で、歴史、特に第二次世界大戦に、それこそ憑《つ》かれたように強い関心があり、家はこの関連の本でいっぱいでした。このような環境でしたので、私は少年の頃から、太平洋戦争、特に真珠湾攻撃ですね、日本帝国海軍に興味を抱いていたのです。山本五十六海軍大将は、私のヒーローの一人でした。

海軍の兵役を終えた私は、一五カ月間のバックパッカーの世界旅行に出かけました。インド、東南アジア、オーストラリアを回った後、日本にたどり着きました。長旅で訪れた国の中で、いちばん近代化の進んだ、洗練された国でした。一カ月の滞在中、ヒッチハイクで東京から鹿児島県の指宿まで行ったのですが、出会った人たちは、外国人との出会いにとても厚意的で、自宅に招かれることもよくありました。本当に思い出深い旅でした」

このような経験を背景として、日本学の研究者となり、本書を含め日露戦争の関連書を六冊刊行している。日本の反ユダヤ偏見や誤解に対しても、積極的に発言している。しかしそれだけではない。日本研究を志した動機はほかにもある。著書『白から黄色へ』の中で、著者は次のように述べている。

「私は、日本国民の心理歴史上のメカニズムを研究するため、日本へ行った。自分には、国民の言動にむら気があり、その振る舞いにぶれがあるように思われた……一八六八年の明治維新以来、日本における国民の自信と自我像が、上向きになるかと思うと、下降することに大変興味を持った。時には西洋の一部のような帰属意識を抱き、そうかと思うとアジアの一員のような態度を示す時代もある。へりくだって、その文化基盤を変えるような願望を示す時や、自信過剰で傲慢な態度に変わる時がある……動揺する態度には、国民の自己認識（アイデンティティ）の問題がからんでいるようにと思われた」

この自己認識の変化と、欧米の対日観の移り変わりを連動させたのが、著者である。それは戦争とからみ合っており、ヨーロッパ人が日本人を白人と見ていた時代から、やがて劣等民の地位へ貶《おとし》め（一七三五〜一八五四年）、次いで劣等民から脅威とみなす時代（一八五四〜一九〇五年）、そして劣等民から敵に組み込んだ時代（一九〇五〜四五年）、そして敵から名誉白人に入れる時代（一九四五年〜）となる。著者は、この段階を踏んでヨーロッパ人の人種思想から見た日本人の占める位置について、執筆を続けている（『白から黄色へ』は全五巻の予定）。

本書『TSUSHIMA』は、オックスフォード大学出版局の「グレートバトル（大会戦）シリーズ」の一冊である。このシリーズは二〇一〇年代に出版が始まり、これまで十数点刊行されている。古くは、サラディン（サラーフ・アッデーン）率いるイスラム教徒軍がエルサレム王国に拠る十字軍を撃破したヒッティンの戦い（一一八九年）、一九世紀のワーテルローの戦い（一八一五年）、二〇世紀になった近年の戦闘では、第一次世界大戦時の英仏・オーストラリア連合軍がオスマン帝国軍に撃退されたガリポリ戦（一九一五年）、西部戦線で毒ガスが初めて使用され、多大な犠牲者をだしたイープル戦（一九一五年以降五回戦）、第二次世界大戦では、ロンメル率いるアフリカ軍団がモントゴメリー率いるイギリス軍に敗北した北アフリカのエルアラメインの戦い（一九四二年）を題材にしたものが出版されている。一年に一冊程度の刊行で、息の長いシリーズになりそうである（「グレートバトル・シリーズ」の解題を以下に付記する）。

「グレートバトル・シリーズ」に寄せて

ヒュー・ストラカン（戦史研究者、セントアンドリュー大学教授）

〝グレートバトル（大会戦・大海戦）〟という用語は、四つの含意を持っている。第一は時間に関する。マラソンの戦い、ワーテルローの戦い、サラミスの海戦、あるいはトラファルガー海戦のいずれにせよ、標準的説明では一日ないしはせいぜい二〜三日で決着がついている。

第二は、小競合いとは思われない規模を持つことである。戦闘は戦争を特徴づけるであろうが、戦闘自体は会戦を構成しない。一方ないしは双方の関与する兵力があまりにも小さすぎる場合、あるいは一方ないし双方の傾注度が小さく、薄すぎる場合、生起する戦いは一大会戦とはならない。少なくとも一方が、おそらくは双方が本気で戦わなければならない。

第三は場所である。戦いがはっきりした輪郭を持ち、いくつかのケースでは限られた空間の中で生起する。地上戦では、時に地理上の限界があるため、戦いの名称を〝バンカーヒル〟とか、人目につかない村、あるいは辺鄙な小寒村など、ほとんど名も知れぬ地理上の名称をつける。海上では、その名前はより広々とした意味を持つが、近傍の認知されている地名をとって、漠然としたものを避け、はっきりした位置感覚を示す場合が多い。

最後に、〝大会戦〟は、結果が誓約と等しいことを意味する。換言すれば、戦いの結果が決定的であることが立証されることである。

これら四つの条件が揃うことは滅多にない。それは〝大会戦〟が歴史上稀であることを明らかにする。大会戦が多く生起する必要はない。多ければその名声が薄れる。一種の小競合いを決戦と呼ぶのは、レトリック上の工夫の域を出ない。

一九世紀以来、戦闘という言葉は、時間と空間が集中していない事象に適用されてきた。季節を問わず天候のいかんにかかわらずに生起する戦闘は、技術革新をとり込み、単一ではなくさまざまなものが累積した結果を生み出すために、社会的、経済的な総動員と結びついた。第二次世界大戦では、大西洋の〝戦い〟が、経済戦において、さらにはDデイの上陸作戦を可能にした点で決め手になった。しかしそれは、時間と空間がはっきり定義されていなかった。戦いは四年ほども続いた。空間的には北大西洋が中心ではあったが、それでも、どの主要大陸よりも大きく、広域の海であった。

特に海上では、伝統的な観念における戦いは、決戦である場合が稀であった。一九一一年、イギリスのシーパワー理論家ジュリアン・コーベットは、人間は陸上に居住しているがゆえに、「戦争が海上戦だけで終わるのはほとんど不可能であるのは言をまたない」と述べた。

紀元前四八〇年、サラミスの海戦でギリシアはペルシアをくいとめたではあろうが、ペルシア帝国を打倒、転覆させたわけではない。一五七一年のレパント沖で、キリスト教の神聖同盟艦隊がトルコ艦隊を撃破した海戦は、同じように偉大な防衛の勝利であり、オスマントルコの地中海進出を抑えはしたが、ヨーロッパ大陸への侵攻はくいとめることにはならなかった。

一八〇五年一〇月二一日、ネルソンはフランス、スペインの両艦隊を〝潰滅〟させたが、フランスとの戦いはその後一〇年も続いた。ネルソンの勝利で、イギリス海軍は地中海を制し、大西洋におけるイギリスの通商ルートは確保されたが、ヨーロッパ内におけるナポレオンの自由な作戦行動を阻止することにはならなかった。

トラファルガー海戦からちょうど六週間で、このフランスの皇帝は、おそらく自己最高の勝利を得た。一八〇五年一二月二日、アウステルリッツの戦いで、オーストリア、ロシアの両軍を撃破したのである。

しかし陸上戦闘であっても、〝決戦〟は、絶対的性格を持たなくなった。一八〇五年にナポレオンが撃破した大陸同盟（対仏大同盟）は一八一三年に復活した。多くの者にとって、一八一五年にワーテルローでナポレオンが敗北したことは、これこそ決戦の概念を具象化している。とりわけ、それはヨーロッパに一世紀近い比較的静かな平和をもたらしたからであるが、それは、地域が限定された戦場の結果であるとともに、二〇年に及ぶ紛争によるフランスとその敵の消耗の結果でもある。

コーベットの時代、蒸気機関の発明によって、軍艦は悪天候に対処できるようになり、海戦をより可能にしたはずであるが、必ずしもそうとはならなかった。その理由の一つは航海術の改善と技術の進歩で、大洋における行動力を広げ、その結果、敵対者が隠れることができる空間が大きくなった。

二〇世紀初頭以来、海戦は、次第に洋上、水中、そして空中でも戦われるようになった。第二次世界大戦では、〝海戦〟は太平洋の洋上と空で生起した。一九四一年一二月のパールハーバー、一九四二年五月の珊瑚海海戦、その翌月にミッドウェー海戦が起きた。それぞれの戦闘は大規模であったが、時間的には限定されていた。古典的定義によれば、各海戦は、大西洋の戦い全体よりも明らかに〝大きい戦い〟であった。しかし、対日戦争は、潜水艦による経済封鎖戦と島伝いの北上作戦によって勝ちとられた面もある。第二次世界大戦は、一八一五年のワーテルローのような、クライマックスの一戦で終わらなかった。

二一世紀の戦争にかかわる者にとって、〝大会戦〟の考え方は、はるか昔の木霊くらいにしか聞こえないだろう。

団結の象徴としての連隊旗や会食時の厳粛な行事は、雑然とした埃っぽい村の捜索、パトロール、あるいは住民をまき込み、その中で遂行される〝人民戦争〟に取って代わった。

今日の軍事教義は、戦争は敵陸軍、あるいは海軍の撃滅によるのではなく、和平交渉によって終わるとし、決戦勝利の考え方を軽視する。確かにそれは、戦争と平和の明確な一線を浸食し、それとともに、クライマックスの〝一大決戦〟を戦うという強い願望を腐食する。

それでも、戦争から戦闘を抜き去ることは、戦争を再定義するということである。それは、人によっては、戦争の戦争たる所以のものがなくなるところにいきつく。カール・フォン・クラウゼヴィッツ自身、二つの〝大会戦〟を経験した人物である。それは、一八〇六年のイエナ・アウエルシュタットの戦い（ナポレオン軍対プロイセン軍）、一八一二年のボロディノの戦い（ナポレオン軍対ロシア軍）であるが、著書『戦争論』で、主要な戦闘とは「集中の戦争」であり、「戦役全体の重心」であると書いた。クラウゼヴィッツの見解は、戦略の理論に触れたものであるが、彼は「現実場面では軍隊は戦闘を避けることもある。しかしその場合であっても、彼らの行動の有効性は、戦いの潜在的脅威を計算に入れている点にある」と認めた。

ウィンストン・チャーチルは、戦闘の重要性を違った表現でとらえた。戦争の中の場所ではなく、歴史と民族の説話に与えるインパクトのためである。チャーチルの先祖マールバラ公は四度大きい戦いに遠征し、その中で最も有名な一七〇四年のブレニム（ドイツ南部のブレンハイム）の戦いの後、自分の宮殿にその名をつけた。チャーチルは著書『マールバラの生涯』(Life of Marlborough) で「戦いが世俗の歴史の主たる里程標石（マイルストーン）である」と書いた。彼にとって「大いなる戦いは、勝ったにせよ、負けたにせよ、その軍と国家が置かれた情勢の全体の方向性を変え、新しい価値観と新しい風潮、新しい環境をつくりだし、全員がそれに順応しなければならない」ものなのである。

クラウゼヴィッツの戦争体験は、ナポレオンによって形成された。マールバラ公のように、ナポレオンは敵をおびき寄せようとした。両者の生きた時代は一世紀の違いがあったが、両者はそれぞれ同じヨーロッパ大陸で戦い、戦場が近くの場所だったこともある。ウィンストン・チャーチル自身の戦争体験は、一九世紀後半の大英帝国の植民地紛争から、二つの世界大戦までと幅広く、マールバラ公とクラウゼヴィッツが記述した戦闘の種類とは、次第に隔たりができてきた。

一八九八年、チャーチルはスーダンのマフディ教徒の部隊に騎馬隊で突撃し、一日で撃破した。四年後、イギリスの南ア総司令官キッチナーは、オムドウルマンで、南アフリカ戦争（ボーア戦争、二年間クライマックスの戦闘が続いたゲリラ戦）に決着をつけた。第一次世界大戦では、チャーチルとキッチナーは、ともにイギリス政府の閣僚として働いた。この戦争では、戦場によっては数週間、数カ月も戦闘が続き、その規模と期間にもかかわらず、はっきりした決着がつかなかった。一九一六年のベルダン戦は一カ月、ソンムは五カ月も激戦が続いた。決戦の可能性を秘めるユトランド沖海戦は、時間的には決戦の定義に近い二四時間の中で生起した。しかし、決戦とはならず、大戦中艦隊の激突が繰り返されることもなかった。

クラウゼヴィッツは、これら二〇世紀の〝戦い〟を戦役と呼んだであろう。あるいはそれぞれを本来的戦争とさえ見たであろう。戦闘を求める決意とその結果を崇める気持ちは、文化的に決まっているのかも知れない。東西の戦争に固有の特性というよりは、むしろ時間と場所が生みだしたものであろう。古代史研究者のヴィクトル・ディビス・ハンソンは、戦闘を追い求めるやり方は、古代ギリシアに起源を有する西洋のやり方と述べている。彼の説を裏書きしているように思われるのが、キリスト生誕の二〇〇〜四〇〇年前の中国の戦国時代に盛んであった、孫武の兵書『孫子』である。戦争をする最も効果的な方法は、実際の戦闘の危害と危険を避けることであると指摘した。ハンソンは強い批判を浴びた。戦わずして勝利した戦争は、アジアに起きただけではないというのである。一八世紀のヨーロッパの部隊指揮官たちは、火力の集中をもって敵に打撃を与えるため、密集隊形をとっていたが、これが仇となり、自己の部隊に対する戦闘の破滅的結果が自滅に終わる可能性があることに気づいた。第一次世界大戦後、軍事評論家バシル・リデルハートは〝間接的接近（indirect approach）〟と称する戦略理論を発展させ、機動は、たとえその成功が本来的な実力行使の威嚇をともなう必要があるとしても、実戦の代用になると論じた。

戦闘の勝者は、英雄として賞賛され、国家は建国あるいは中興の神話作りのため、彼らの戦勝を利用してきた。

彼らの精神的遺産が、彼らのもたらした政治的結末よりも長続きするのは、まさにこのためである。絵画に描かれ、詩に詠まれ、音楽で歌われる。さらに記念碑も建って記録され、歴史の区分化のための中間点として使われ、文化上、死後もその記憶は残った。パリとロンドンだけでなく、世界中の首都で、通りの名前や銅像として残っている。タクシーでトラファルガー広場からウォータール駅へ向かうフランス人旅行者は、自国のパリで、リヴォリ広場（対オーストリア戦における戦勝地）からオステルリッツ駅へ歩いていく気分を味わうだろう。今日のモンゴルはチンギス＝ハンを崇敬し、ギリシアと北マケドニアはそれぞれ本家を名乗り、アレクサンダー大王像の建立をめぐって攻防を繰り返した。

さまざまな大会戦を取り上げたこの「グレートバトル・シリーズ」は、クラウゼヴィッツとチャーチル双方に敬意を表する。各巻は、検討する戦闘を生起した戦争を考察するが、それからそれぞれの戦闘の経緯だけでなく、その遺産、歴史的解釈、再解釈、民族的記憶と記念事業におけるその位置づけ、芸術と文化における表出を検討する。これは書くのが容易ではないシリーズの本である。

勝者は、敗者よりもはるかに多く世に知られる。戦場の敗北の影響は、文化上の忘却になり得る。しかしながら、それは普遍的な真実ではない。たとえばイギリスは、一九一五年のガリポリ戦や一九四〇年のダンケルク撤退戦について、勝者よりもその敗北に注目してきた。戦史研究が盛んで生産的であるためには、ウェリントン卿の言葉を借りれば、〝丘の向こう側〟の見解も取り込む必要がある。イギリスがオムドウルマンの戦いと呼ぶ戦闘は、スーダンではケレリの戦いと呼ばれている。イギリスのいうワーテルローの戦いは、ドイツではラ・ベル・アリアンスと称し、ユトランド沖海戦を（海峡の名をとって）スカゲラク海戦と呼ぶ。戦闘の命名は、地理上の正確な位置、あるいはあいまいさを示すだけでなく（地理上からいえば、ケレリのほうが正確であるが、丘の名称であるため、縮尺の小さい地図では見つけられない）、文化的な選択でもある。

一九一四年、ドイツ参謀本部は、東プロイセンでロシア軍に圧勝した戦いを、戦闘の生起したアレンシュタインの地名を採らず、一四一〇年にチュートン騎士団が敗北したことに対する報復の意を込めて、タンネンベルクの戦いと名づけた。

戦史は、ほかのどの歴史よりもはるかに国にまつわる話と密接に結びついている。自国中心の一方的な見方があまりにも多いため、（クラウゼヴィッツを再度引用すれば）戦争が〝意思の衝突〟であることが認識されず、双方の戦いという視点が排除されてしまう。

文化的相異、何より言語上の無知は、歴史家が戦いを包括的にとらえることを妨げている。資料の入手という点でも障害になり、ここでは識字能力のレベルが問題となる。同様に文化的存続性も同様である。イギリスはアフガニスタンに比べて、識字能力が高いと考えられてきたが、二〇〇二年にそのアフガニスタンで、三回に及ぶ双方の戦争の記憶が、大いに語られた。イギリスに比べてより強固な口述伝統のおかげであるが、識字の関係が理解上距離をつくった。

歴史家が、戦争の起きた過去を掘りさげていく時、さらに大きな問題に直面する。時間が経過すればするほど、創作、再創作の機会が増えてくるということである。

戦史研究者であれば誰でも忘れてはならないことがある。一つの偉大な戦いについて、文化的遺産がいかに豊かで素晴らしいものであっても、それは戦いによって、人を殺し殺されて勝ち取られたものであるということである。ワーテルローの戦いは、ほかの戦いと同じように、多くの足跡を残したが、その栄光の大半を手にした将軍は、その戦いと栄光について、その重みゆえに次元を超える普遍的真理を伝えてきた。

戦闘が終わった直後、ウェリントンはレディ・シェリーに書簡を送り、「これが私の最後の戦いであったことを神に望む。戦いに明け暮れることはよくない。戦闘の最中であれば、それに没頭して何も感じない。しかし戦いが終われば惨めな気持ちに襲われる。勝利の栄光を考えることなど不可能である。身も心も疲れ果て、勝利した瞬間でさえ、惨めである。いつも言っていることであるが、戦闘の敗北と並んで最大の惨めさは、戦闘の勝利である」と書いた。

読者は、戦いで直接生じた苦しみだけでなく、勝敗の見通しが不透明の中で、あらゆる困難に立ち向かう戦士、兵隊、水兵、あるいは航空兵が奮い起こす身体的勇気と、指揮官の精神的勇猛心を忘れてはならない。

ツシマ 世界が見た日本海海戦

2023 年 5 月 10 日　印刷
2023 年 5 月 20 日　発行

著　者　ロテム・コーネル
訳　者　滝川義人
発行者　奈須田若仁
発行所　並木書房
〒170-0002 東京都豊島区巣鴨 2-4-2-501
電話(03)6903-4366　fax(03)6903-4368
http://www.namiki-shobo.co.jp
印刷製本　モリモト印刷
ISBN978-4-89063-433-0

ロテム・コーネル（Rotem Kowner）
1960年、イスラエルのミフモレット生まれ。ハイファ大学アジア学科正教授。専門は日本近代史。前イスラエル日本学会会長。早稲田大学、大阪大学、ジュネーブ大学、ミュンヘン大学の客員教授。エルサレムのヘブライ大学で東アジア学と心理学を専攻。ベルリン自由大学で1年、筑波大学で6年の研究後、博士号を取得。さらにスタンフォード大学とヘブライ大学で研究を続ける。元イスラエル海軍少佐。日露戦争が地域と世界に及ぼした緊張と影響の研究を行ない、本書を含む関連研究書6冊を刊行。2010年以降は、近世アジア、特に日本における人種と人種主義の研究調査を進める。
［主な著書］
The Forgotten War between Russia and Japan- and its Legacy, 2005
Historical Dictionary of the Russia-Japanese War, 2006
The Impact of the Russo-Japanese War, 2007
Rethinking the Russo-Japanese War 1904/05, 2007
The A to Z of the Russo-Japanese War, 2009
Tsushima, 2022
Race and Racism in Modern East Asia: Western and Eastern Construction,(with Walter Demel)2013, Race and Racism in Modern East Asia (VolⅡ)：Interactions, Nationalism, Gender and Lineage (with Walter Demel) 2015
From White to Yellow-The Japanese in European Racial Thought,2014（邦訳『白から黄色へ―ヨーロッパ人の人種思想から見た「日本人」の発見』明石書店、2022年）
Jewish Communities in Modern Asia,2023（『近代アジアのユダヤ人社会』2024年刊行予定）

滝川義人（たきがわ・よしと）
ユダヤ人社会、中東軍事紛争の研究者、長崎県諫早市出身、早稲田大学第一文学部卒業、元駐日イスラエル大使館チーフインフォメーションオフィサー。［主な訳書］A・ラビノビッチ『ヨムキプール戦争全史』（並木書房、2008年）、M・バルオン編著『イスラエル軍事史』（並木書房、2017年）、H・ヘルツォーグ『図解中東戦争』（原書房、1995年）、M・オレン『第三次中東戦争全史』（原書房、2012年）、J・コメイ『ユダヤ人名事典』（東京堂出版、2010年）、A・エロン『ドイツに生きたユダヤ人の歴史』（明石書店、2013年）、H・M・サッカー『アメリカに生きるユダヤ人の歴史』（明石書店、2020年）、R・コーネル『白から黄色へ―ヨーロッパ人の人種思想から見た「日本人」の発見』明石書店、2022年）、R・コーネル（『近代アジアのユダヤ人社会』（2024年）

脚　注

凡　例

1.帝政ロシアと日本帝国双方の陸軍、海軍将校の階級および呼称と、それに相応するイギリス軍の階級については次を参照：Rotem Kowner, *Historical Dictionary of the Russo-Japanese War* (Lanham, 2017), 690 (Appendix 5).

第１章　背景

1.両国の初期的出会いについては次を参照：George Lensen, 'Early Russo-Japanese Relations', *The Far Eastern Quarterly.* 10 (1950),2–37; George Lensen, *The Russian Push toward Japan* (Princeton, 1959); Sergey Grishachev, 'Russo-Japanese Relations in the 18th and 19th Centuries', in Dmitry V. Streltsov and Nobuo Shimotomai (eds), *A History of Russo-Japanese Relations* (Leiden, 2019), 18–41. 19 世紀中期以降の日露関係は次を参照：和田春樹「日露戦争」(東京,2009) 1：39–103.
2.近代日本の勃興に関する優れた概括は次を参照：Marius Jansen, *The Making of Modern Japan* (Cambridge, 2000), 特に 333–445 頁。対露戦争勃発前の 10 年におけるこの権力構造については次を参照：Shumpei Okamoto, *The Japanese Oligarchy and the Russo- Japanese War* (New York, 1970), 11–40.
3.朝鮮と満洲をめぐる対立が 1884 年以降強まっていく状況については次を参照：George Lensen, *Balance of Intrigue* (Tallahassee, 1982).
4.アムール川左岸を経由したハバロフスクとウラジオストク間の線は 1916 年に完工した。
5.このプロジェクトについては次を参照：Steven Marks, *Road to Power* (Ithaca, 1991).
6.この戦争へ至る諸事情の簡潔な概括は次を参照：Stewart Lone, *Japan's First Modern War* (London, 1994), 12–29. 英語による最も広汎な解説は次を参照： S.C.M. Paine, *The Sino-Japanese War of 1894–1895* (Cambridge, 2003). 日露戦争へ至る過程でのその立場は和田「日露戦争」1：105–209 を参照.
7.この戦争の海上戦については次を参照：Philip Colomb, *Naval Warfare,*3rd edn (London, 1899), 435–52.
8.日本側の損害は戦死 1132 人、負傷 3758 人であった。しかし台湾出兵によってさらに 1 万 2000 人を超える兵を失った。その多くは占領の前後における疾病による。
9.この地域に対するロシアの政策は次を参照：Andrew. Malozemoff,Russian *Far Eastern Policy, 1881-1904* (Barkeley.1958)
10. この概念とそれが日本に及ぼす影響は次を参照：Richard Thompson, 'The Yellow Peril, 1890-1924, PhD dissertation (University of Wisconsin, 1957).
11. 第 1 次日露協議 1894-7 については次を参照：Ian Nish, The Origins of the Russo-Japanese War (London 1985).21-34.
12. 日本側のこの政策は､ロシアが朝鮮に対する日本の覇権を認めるのと交換にロシアの満洲支配を認めるのが骨子であった。
13. 和田「日露戦争」1：211-321.
14. 日露関係における義和団事件の影響については次を参照：Nish, *The Origins,* 83–109; 和田「日露戦争」1：323-423.
15. この時期の英露関係は次を参照：Evgeny Sergeev, *The Great Game, 1856–1907* (Washington, 2013).
16. この協定と開戦前の日英関係は次を参照：Ian Nish,*The Anglo-Japanese Alliance* (London, 1966).

17. ロシアのこの活動とその結末は次を参照：Igor Lukoianov, 'The Bezobrazovtsy', in John W. Steinberg et al. (eds), *The Russo-Japanese War in Global Perspective* (Leiden, 2005–7), 1:65–86. 日本での騒ぎは次を参照：For the uproar in Japan, see Okamoto, *The Japanese Oligarchy,* 95–6; 和田「日露戦争」2：48-116.
18. 強硬派の反対は次を参照：Stewart Lone, *Army, Empire, and Politics in Meiji Japan* (London, 2000), 99–100. 日本の開戦決意における満洲の役割については次を参照：Yōko Katō, 'What Caused the Russo- Japanese War: Korea or Manchuria?' *Social Science Japan Journal* 10 (2007), 95–103.
19. 最終交渉については次を参照：Nish, *The Origins,* 192–205.
20. Okamoto, *The Japanese Oligarchy,* 96–102; 和田「日露戦争」2：215-24.
21. 最終的な戦争準備は：和田「日露戦争」2：225-96。
22. この技術革新については多種多様かつ多数の資料がある。簡潔な概況は次を参照：Rolf Hobson, *Imperialism at Sea* (Leiden, 2002), 24–57。
23. この建艦競争については次を参照：Paul Kennedy, *Strategy and Diplomacy, 1870–1945* (London, 1983), 165–71.
24. 魚雷と水雷艇の出現については次を参照：Robert Gardiner and Andrew Lambert (eds), Steam, Steel, and Shellfire (London, 1992),134–41.
25. Theodore Ropp,TheDevelopment of a Modern Navy(Annapolis,1987),155–80;Ray Walser, France's Search for a Battle Fleet (New York, 1992), 58–90,180–200.
26. 当代この学派の理論は次を参照：Gabriel Charmes, *Naval Reform* (London, 1887). 概括は次を参照：Arne Røksund, *The Jeune École* (Leiden, 2007).
27. マハンが自分の海軍戦略を詳述した２つの主要書は次を参照：Alfred Thayer Mahan, *The Influence of Sea Power Upon History* (Boston, 1890); and Alfred Thayer Mahan, *The Influence of Sea Power upon the French Revolution and Empire* (Boston, 1892).それぞれ海上権力史論、仏国革命時代権力史論と題する邦訳がある。彼の戦略論の簡潔な概括とその背景は次を参照：Azar Gat, *A History of Military Thought* (Oxford, 2001), 442–72; and Lukas Milevski, *The Maritime Origins of Modern Grand Strategic Thought* (Oxford, 2016), 29–37.
28. Gat, *A History,* 454.
29. Philip Colomb, *Naval Warfare* (London, 1891).
30. Colomb, *Naval Warfare,* 3rd edn (1899), 25.
31. ほかの列強海軍も同じような特徴の戦艦を多数建造した。1906 年時点の保有数は米 24 隻、独 25 隻、仏 20 隻、イタリア 9 隻、オーストリア 3 隻、スペイン 1 隻。開戦直前の 1904 年時点では露 20 隻、日本 6 隻であった。1890 年から 1905 年に至る間の戦艦の増大に関する簡潔な概括は次を参照：Gardiner and Lambert, *Steam, Steal, and Shellfire,* 112–26.
32. 開戦に先立つ 10 年間の巡洋艦の進化に関する短い概括は次を参照：Gardiner and Lambert, *Steam, Steel, and Sehllfire,* 126–33; John Roberts, *Battlecruisers* (Annapolis, 1997), 13–19.
33. Røksund, *The Jeune École,* 18–21.
34. 駆逐艦および快速魚雷艇の出現については次を参照：Gardiner and Lambert, *Steam, Steel, and Shellfire,* 141–6.
35. 19 世紀後半におけるロシア海軍の勃興に関する最も優れた概括は次を参照：Nicholas Papastratigakis, *Russian Imperialism and Naval Power* (London, 2011).
36. Rossiiskii Gosudarstvennii Arkhiv Voenno-Morskogo Flota (RGAVMF), f. 417, op. 1, d. 1474, l. 40.
37. 開戦前 20 年間のロシア海軍の政策と建艦については次を参照：J.N. Westwood, *Witnesses of Tsushima* (Tokyo, 1970), 1–26. 1890 年代後半太平洋艦隊に与えられた優先順位については次を参照：Papastratigakis, *Russian Imperialism,* 125–58.
38. 日本帝国海軍の最初の 10 年については次を参照：J. Charles Schencking, *Making Waves* (Stanford, 2005), 9–25; David Evans and Mark Peattie, *Kaigun* (Annapolis, 1997), 1–13.
39. Lone, *Army, Empire,* 60.
40. 次を参照：Hiraku Yabuki, 'Britain and the Resale of Argentine Cruisers to Japanbefore

the Russo-Japanese War', *War in History* 16 (2009), 425–46.

41. 武士階級は 1876 年の廃刀令をもって消滅し、日本の階級制で唯一残ったのは華族だけとなった。それでも、とりわけ政治および軍事分野において、この階級出身者の優位がこの後数十年も続いた。
42. 1904 年時点で江田島への入学許可率は 8 %以下であった。次を参照： Ronald Spector, *At War at Sea* (New York, 2001), 9–10.
43. Papastratigakis, *Russian Imperialism,* 53–4; Westwood, *Witnesses of Tsushima,* 6–8.
44. 帝政ロシア海軍の管理部門内と幹部将校の間に見られた腐敗については次を参照：Westwood, *Witnesses of Tsushima,* 11–12. 不充分な訓練については次を参照：Papastratigakis, *Russian Imperialism,* 54–5.
45. 次を参照：Keishi Ono, 'Japan's Monetary Mobilization for War', in Steinberg et al. (eds), *The Russo-Japanese War,* 2 :253, Table 1.
46. 開戦前夜の戦力バランスは次を参照：Kowner, *Historical Dictionary,* 325–7.
47. 1904 年時点で帝政ロシア海軍は、主力艦の数において 3 位（英、仏に次ぐ）であったが、総トン数では 4 位（英、仏、独に次ぐ）であった。一方兵力ではイギリス海軍に次ぎ第 2 位であった。1903 年時点における下士官兵の数は 6 万 5054 人で、イギリス海軍の約半分、日本帝国海軍より 50%ほど多かった（日本海軍は 1904 年時点で 4 万 477 人、1905 年で 4 万 4959 人）。次を参照：Westwood, *Witnesses of Tshushima,* 5–6, 28; Evans and Peattie, *Kaigun,* 147; and Schencking, *Making Waves,* 104, Table 3. 一方、多少不備のあるデータに依拠していると思われるが、ロシア海軍を英米独仏に次ぐ第 5 位に位置付ける調査もある。次を参照：George Modelsky and William Thompson, *Seapower in Global Politics* (Seattle, 1988), 123.
48. Evans and Peattie, *Kaigun,* 147; and Modelsky and Thompson, Seapower in Global Politics, 123.
49. 同じような開戦前海軍の戦力比較による、ロシア海軍の評価については次を参照：Papastratigakis, *Russian Imperialism,* 247, 255. 回顧による評価は次を参照：Papastratigakis, *Russian Imperialism,* 259–61.
50. 日本の戦略目的とその優先順位の根底にある前提については次を参照：Rotem Kowner, 'The Russo-Japanese War', in Isabelle Duyves- teyn and Beatrice Heuser (eds), *The Cambridge History of Military Strategy,* 2 vols (Cambridge, 2022).
51. ロシアの戦略目的とその優先順位の根底にある前提については次を参照：Kowner, 'The Russo-Japanese War'. ロシア海軍の計画については次を参照：Nicolas Papastratigakis and Dominic Lieven, 'The Russian Far Eastern Squadron's Operational Plans', in Steinberg et al. (eds), *The Russo-Japanese War,* 1:222–7. 次も参照：Pertti Luntinen and Bruce W. Menning, 'The Russian Navy at War', in Steinberg et al. (eds), *The Russo-Japanese War,* 1:230–59.
52. Julian Corbett, *Maritime Operations in the Russo-Japanese War* (London, 1914), 1:109–10.
53. 旅順艦隊の大型艦は、1905 年 1 月の正式降伏まで戦時中ほとんど旅順港内に退避していた。しかし、開戦前夜には港外の泊地に投錨していた。干潮時には港内が水域によって浅くなるためである。
54. ロシア側戦艦のうち 2 隻は相当な被害をこうむったが、素早く修理された。次を参照：Corbett, *Maritime Operations,* 1:92–108; Kowner, *Histor- ical Dictionary,* 417–18.
55. 砲艦あるいは砲艇は、小ないし中型の軍艦（2000 t 以下）で、小・中口径砲を搭載、20 世紀初期には植民地の港湾警備、哨戒のほか、地上部隊の沿岸地帯作戦の支援用に使われていた。
56. Corbett, *Maritime Operations,* 1:110–19; Kowner, *Historical Dictionary,* 105–6.
57. 東郷に関する伝記、あるいは無批判のいわゆる聖人伝が多数ある。特に著名な作品としては次を参照：Naganari Ogasawara, *Life of Admiral Togo* (Tokyo, 1934); Edwin A. Falk, *Togo and the Rise of Japanese Sea Power* (New York, 1936); Georges Blond, *Admiral Togo* (New York, 1960); 近年のポピュラーな作品としては次を参照：Jonathan Clements, *Admiral Togo: Nelson of the East* (London, 2010). 日本語の作品はたとえば次を参照：小笠原長生「東郷元帥詳伝」（東京、1921）、中村孝也「世界之東郷元帥」（東京、1934）、下村寅太郎「東郷平八郎」（東京、1981）、真木洋三「東郷平八郎」（東京、1985）、田中宏

巳「東郷平八郎」（東京、2013）。
58. 当時この輸送船（the Kowshing）には清の兵士約1400人が乗っており、うち1100人が海没した。この沈没に関する東郷の見方については次を参照：小笠原長生「聖将東郷平八郎伝」（東京、改造社、1934）220–42。
59. たとえばアレクサンドリアでは、1901年にあるユダヤ人家族が息子にトーゴの名をつけた。この息子トーゴ・ミズラヒはのちにエジプトで映画プロジューサーのパイオニア的存在になった。次を参照：Ben-Ami Shillony, *The Jews and the Japanese* (Rutland, 1992), 146.
60.東郷の幸運は特定のケースだけではなかった。「東郷は若い頃から、運がついていた」というのが一般の見方であった。司馬遼太郎の「坂の上の雲」参照。連合艦隊司令長官に任命時、拝謁で天皇が山本権兵衛海軍大臣になぜ東郷なのかと問うた際、海軍大臣は、主たる理由ではないにしても、東郷の強運を理由の一つに挙げた。次を参照：伊藤正徳「大海軍を想う」（東京、1956）144。東郷の人となりの片鱗については次の短い戦時インタビューを参照：Seppings Wright, *With Togo* (London, 1905), 110–14.
61. 西郷、山本そして東郷は、共に薩摩藩の武士階級の出身であった。1868年の明治維新後数十年間、この薩摩藩出身者が国の海軍問題を支配し、その出身者が海軍の上層部を占めていた。事実、対馬沖海戦時、第1、第2および第3艦隊の司令官は薩摩出身。戦艦三笠の艦長伊地知彦次郎をはじめ多くの高級将校が同じ出身であった。次を参照：鵜崎熊吉「薩の海軍長の陸軍」（東京、政教社、1913）、Schencking, Making Waves, 28–37.
62. 地上戦の概括は次を参照：Richard Connaughton, *The War of the Rising Sun and Tumbling Bear* (London, 2003).
63. Oliver Wood, *From the Yalu to Port Arthur* (London, 1905).
64. Ellis Ashmead-Bartlett, *Port Arthur* (London, 1906); Edward Diedrich, 'The Last Iliad', PhD dissertation (New York University, 1978).
65. 「牽制艦隊」はイギリスのアーサー・ハーバート（初代トリントン伯）が1690年に考えた概念であるが、開戦から11カ月の間に、この概念が現実のものとなった。旅順港のロシアの艦隊は日本の戦争遂行に対し不断の脅威となった。次を参照：Alfred Mahan, *Naval Strategy* (Boston, 1911), 383–401; and John B. Hattendorf, 'The Idea of a "Fleet in Being"', *Naval War College Review* 67 (2014), 43–60.
66. Corbett, *Maritime Operations,* 1:130, 134–5; Kowner, *Historical Dictionary,* 418–19.
67. Corbett, *Maritime Operations,* 1:130, 181–4.
68. Corbett, *Maritime Operations,* 1:130, 234-6. 戦時中の機雷の効果については次を参照：Kowner, *Historical Dictionary,* 332–4.
69. 海戦の詳しい分析については次を参照：Corbett, *Maritime Operations,* 1:370–413.
70. この点に関する日本側の極めて貧弱な実績については次を参照：Corbett, *Maritime Operations,* 1:412; 外山三郎「日露海戦史の研究」（東京、1985）上：658-62。
71. 双方は相当な損害を蒙ったが、沈没した艦はない。人的損害はロシア側340人、日本側226人であった。
72. 次を参照：Corbett, *Maritime Operations,* 1:432–48; Kowner, *Historical Dictionary,* 266–7.
73. 包囲戦については次を参照：Kowner, *Historical Dictionary,* 419–23.
74. 奉天戦に参加した将兵の数は、ほとんどの推定が約57万人としている。日露双方の間に、3万8000人を超える戦死と負傷約11万人を出したほか、ロシア兵約2万2000人が捕虜になった。次を参照：Kowner, *Historical Dictionary,* 341–3.
75. このようなシナリオでは、旅順における比較的小さいロシアの駐屯部隊（降伏時正面に陸海双方で約3万3200人いた。その約4分の1は負傷兵）は日本側の後方に脅威を与えることはほとんどなかった。
76. 航海のための艦船選びと合同戦闘訓練の欠如については次を参照：Petr Bikov, *Russko-Iaponskaia voina1904–1905 gg. Deyst- viiana more* (Moscow, 1942 [2003]), 565–8.
77. この航海について大きい意味を持ついくつかの原本がある。それには次のような個人的な手記が含まれる：Eugène Politovsky, *From Libau to Tsushima* (London, 1907); Vladimir Semenov, *Rasplata (The Reckoning)* (London: J. Murray; New York: E.P. Dutton, 1909); Vladimir Kostenko, *Na 'Orle' v Tsusime* (Leningrad, 1955), 151–409; さらに次の記録も参照：Georg von

Taube, *Posledniĭ dni Vtoroi tikhookeanskoi eskadrĭ* (St Petersburg, 1907); Georg von Taube, Die *letztenTage des BaltischenGeschwaders* (St Petersburg, 1907); Frank Thiess, *The Voyage of the Forgotten Men* (Indianapolis, 1937); Richard Hough, *The Fleet That Had to Die* (London, 1958); and Constantine Pleshakov, The Tsar's Last Armada (New York, 2002).

78. この役割にロジェストヴエンスキーを選んだ件については次を参照：*Vladimir Gribovskii, Vitse- admiral Z.P. Rozhestvenskiĭ* (St Petersburg, 1999), 163–5.

79. 東郷と違って、ロジェストヴェンスキーに関する出版リストは限定的である。特に英語のものが少ない。最も詳細な伝記は：*Gribovskiĭ, Vitse- admiral Z.P. Rozhestvenskiĭ.* 最近出版された東アジアへの航海の途次に書いた書簡集も示唆に富む。次を参照：Konstantin Sarkisov, *Put'k Tsusime* (St Petersburg, 2010).

80. *Gribovskiĭ, Vitse-admiral Z.P. Rozhestvenskiĭ,* 20–32; Pleshakov, *The Tsar's,* 41.

81. 部下の一人であったある水兵は「背が高く、重々しく迫力があった」「堂々たる風采の人で、まるで成功を意のままに手にすることができるように見えた」と述懐している。次を参照：Alexey Novikov-Priboy, *Tsushima* (London, 1936), 20, 131. 次も参照：Vladimir Apushkin, *Russko-iaponskaia voina1904–1905 g.* (Moscow, 1910),298; and Pleshakov, *The Tsar's,* 37–53.

82. 皇帝の誉め言葉については次を参照：Hough, The Fleet That Had to Die, 19; and Noel F. Busch, *The Emperor's Sword* (New York, 1969), 87. 後年海軍内で、立証されないが噂が流れた。重要な砲撃演習で弾が命中しないのに的が落ちるように秘密に仕組まれていたという。次を参照：Novikov-Priboy, *Tsushima,* 23.

83. ロジェストヴェンスキーがエンクヴィストを嫌っていた点については次を参照：Pleshakov, *The Tsar's,* 287–8.

84. いくつかのロシア側資料には将校640人、下士官兵1万人としている。たとえば次を参照：NikolaiLevitskiĭ, *Russko-Iaponskaia voina1904–1905 gg.* (Moscow, 1938 [2003]), 396.

85. 日本側のスパイ活動や破壊工作に対する恐れとともに、日本海軍の水雷艇による待伏せ攻撃の心配が航海中ずっと付きまとっていた。次を参照：Politovsky, *From Libau,* 43, 101, 149, 159; Apushkin, *Russko-iaponskaia voina,*305.

86. この事件については、次を参照：Richard Lebow, 'Accidents and Crises', *Naval War College Review* 31 (1978), 66–75.

87. ロジェストヴェンスキー艦隊邀撃のため海軍を使うとするイギリスの準備態勢については次を参照：T.G. Otte, 'The Fragmenting of the Old World Order', in Rotem Kowner (ed.), *The Impact of the Russo-Japanese War* (London, 2007), 98. See also Bikov, *Russko-Iaponskaia voina,* 572.

88. Lamar J. R. Cecil, 'Coal for the Fleet That Had to Die', *American Historical Review* 69, no. 4 (1964), 993.

89. 契約に従い、ドイツの企業HAPAG(Hamburg-Amerikanische Packetfahrt-Actien-Gesellschaft)が、船舶52隻を使って石炭を合計30万トン輸送することになっていた。次を参照：National Archives (United Kingdom), Admiralty Papers, ADM 231/44, *Papers on Naval Subjects 1906,* 1:9–10. ロシア側と企業およびドイツ政府との交渉は次を参照：Cecil, 'Coal for the Fleet', 993–1005.

90. 1905年1月初旬におけるロジェストヴェンスキーの状態については次を参照：Pleshakov,TheTsar's,171–2.

91. 1905年1月25日付ロジェストヴェンスキー宛ニコライII世の指示。次に引用：Pleshakov,TheTsar's,183. 次も参照：Bikov, *Russko-Iaponskaia voina,* 576.

92. Bikov, *Russko-Iaponskaia voina,* 574.

93. Thiess, *The Voyage,* 224–9; Pleshakov, *The Tsar's,* 172–3.

94. 艦内における士気については次を参照：Politovsky,FromLibau,166; and Pleshakov, *The Tsar's,* 192–3. ロジェストヴェンスキーの状態については次を参照：Pleshakov, *TheTsar's,* 75, 200.

95.Kostenko, *Na 'Orle',* 479.

96. クラドの理由付けについては次の本人の著書を参照：Klado,The Russian Navy in the Russo-JapaneseWar(London, 1905), 160–97. ロシア語では次を参照：Nikolai Klado, *Sovremennaia mors*

kaiavoina (St Petersburg, 1905).
97.アドミラル・ウシャーコフ級海防戦艦は巡洋艦サイズの艦艇で、速力と航続距離を犠牲にして、戦艦に類似する装甲と火力を付与したもの。戦艦よりも安価で、本格的な海戦に参加するというよりは沿岸防備を主目的として設計建造された。この級の艦については次を参照：Vladimir Gribovskiĭ and I.I. Chernikov, *Bronenosets 'Admiral Ushakov'* (St Peterburg, 1996); Vladimir Gribovskiĭ and I.I. Chernikov, *Bronenostsi berego- voioboronitipa 'Admiral Seniavin'* (St Peterburg, 2009); Vladimir Gribovskiĭ, 'Bronenosets beregovoi oboroni "General-admiral Apraksin"', *Gangut* 18 (1999), 31–45; and Stephen McLaughlin, 'The *Admiral Seniavin* Class Coast Defence Ships', *Warship International* 48, no. 1 (2011), 43–66.
98. 1904年末、相当数の海軍関係者が黒海艦隊の派遣を強く促したが、無駄であった。次を参照：Klado, *The Russian Navy,* 198–217.
99.日本側艦艇の中でいちばん大きい被害を被ったのが戦艦朝日。1904年10月26日旅順港外で触雷し、1905年4月後半まで佐世保で修理中であった。
100. 次を参照：Chiharu Inaba and Rotem Kowner, 'The Secret Factor', in R. Kowner (ed.), *Rethinking the Russo-Japanese War* (Folkestone, 2007), 86–7; 稲葉千春「バルチック艦隊ヲ捕捉セヨ—海軍情報部の日露戦争」(東京、2016). *passim.*
101. 外山三郎「日露海戦新史」(東京、東京出版、1987) 230. ; Evans and Peattie, *Kaigun,* 110–11.
102. 1906年、戦争は終わり、日本帝国海軍はこの湾内に新しい軍港を作った。
103. Corbett, *Maritime Operations,* 2:200–2.
104. Bikov, *Russko-Iaponskaia voina,* 577–8.
105. Politovsky, *From Libau,* 255, 286.
106. Politovsky, *From Libau,* 103. ほかの艦艇における類似の事件については次を参照：Politovsky, *From Libau,* 132. 比較的多数の回想録が出たのは、海戦後のアリヨールの航海記関連である。ボロディノ級戦艦4隻のうち、生き残ったのは本艦だけという背景がある。一連の回想を最近編纂したものは次を参照：A.S. Gladkikh, R.V. Kondratenko, and K.B. Nazarenko (eds), *'Orel' v pokhode i v boiu* (St Petersburg, 2014).
107. Politovsky, *From Libau,* 287. 士気が上がったことについては次も参照：A. Zatertiĭ, *Bezumtsi i besplodniya zhertvi* (St Petersburg, 1907), 25.
108. この複数の艦は旧式の305ミリ砲2門、254ミリ砲11門、そして229ミリ砲4門を装備していた。
109. 秋山の伝記は20以上もあるが、特に知られているのものは次を参照：秋山真之会(編)「秋山真之」(東京,1933)、島田謹二「ロシヤ戦争前夜の秋山真之」(東京,1990)、松田十刻「東郷平八郎と秋山真之」(東京,2008)。
110. 次を参照：Evansand Peattie,Kaigun,112-15; 久住忠男「秋山真之と日本海海戦」中央公論80 (1965年8月) 352－8.
111. この2つの戦術的機動に関する海軍の研究については次を参照：Evans and Peattie, *Kaigun,* 74–9.
112. 最初の計画とその修正については次を参照：Corbett, *Maritime Operations,* 2:243; 外山「日露海戦史研究」, 2:223–9; Evans and Peattie, *Kaigun,* 84–5, 111–14.
113. Kostenko, *Na 'Orle',* 480.
114. 目的地ウラジオストクへ至るルートを選択するうえでロジェストヴエンスキーが行なったであろうさまざまな考慮については次を参照：Nicolas Klado, *The Battle of the Sea of Japan* (London, 1906), 63–4; Thiess, *The Voyage,* 288–9; and Bikov, *Russko- Iaponskaia voina,* 579–80. ロジェストヴェンスキーの計画を示唆する唯一の文書が彼の命令 no.182 および 227 である。後者は1905年5月8日付。次を参照：Admiralty, *Reports of the British Naval Attachés* (London: 1908), 4:236–7, 245; and Kostenko, *Na 'Orle',* 496.
115. この輸送船—ロシア義勇船隊 (Russ, DobrovolnirFlot, 国家統制下の輸送船協会) —上海 (呉淞) 着とその件に関する日本の在上海総領事の即時急報については稲葉千春「バルチック艦隊ヲ捕捉セヨ—海軍情報部の日露戦争」223-6 を参照。
116. 艦隊の位置を懸念する日本側の証言は次を参照：Mahan, *Naval Strategy,* 56–7.
117. In 'Admiral Togo's Battleship…', *The Washington Times,* 26 May 1905, 1.

118. ‘Confident Togo Will Lose: Capt. Von Essen Tells Why He Expects a Russian Sea Victory’, *The New York Times,* 4 May 1905, 4.
119. この海戦における重砲の重要性については次を参照：ArthurMarder,*The Anatomy of British Sea Power* (New York, 1940), 531.
120. 日本の第1戦隊は各305ミリ砲4門を装備する戦艦4隻の他に装甲巡洋艦春日搭載の254ミリ砲1門が助けになった。さらに日本海軍は大口径砲を持つ艦をあといくつか保有していたが、すべて第5戦隊に所属し、最も重要な海戦に本格加入することがなかった。戦隊主力は元清国海軍の二等戦艦鎮遠（305ミリ砲4門）と松島級防護巡洋艦（松島、厳島、橋立で発射速度の極めて遅い320ミリカネー砲を各1門を装備）である。
121. イギリス海軍の先任観戦武官（Captain William Pakenham）の報告を参照。1905年5月6日付報告で「ロシアが重砲火力で優越していることを考えれば、もし彼ら（日本海軍）が（もっと強力なロシアの艦艇を相手とする以前の手柄）を繰り返すことができるならば、実に素晴らしい功績となる」と記述した。次を参照： Admiralty, *Reports* (2003), 358.
122. たとえば次を参照：Politovsky, *From Libau,* 187, 217.「ロシアの海軍提督は、東郷の方が強いと述べ、ロジェストヴェンスキーが艦隊の一部でも残せたらと願っている」とする、次の記事も参照：*The New York Times,* 17 May 1905, 4.
123. この比較は各艦のデータをベースとしているが、そのデータは次を参照：Hansgeorg Jentschura et al., *Warships of the Imperial Japanese Navy* (Annapolis, 1977) *passim;* and Kowner, *Historical Dictionary, passim.* 主力艦という用語は、戦艦、海防戦艦、装甲巡洋艦を含む。以前の比較は排水総トンが同じか、ロシア側が優位としていたが、不備があった。ロシア側の補助艦船（総登録6万3900トン）が含まれ、日本の補助艦船（総登録4万4900トン）が除外されていたのである。次も参照：Klado, *The Battle,* 26–7; 田中健一および氷室千春「図説東郷平八郎」（東京、1995） Ⅵ-9-1。
124. 艦隊はその補助艦艇特に運送船（輸送船イルツィシの最大速力は9.5ノットと報じられていた）の速力に足をとられた。艦艇の中で新しい戦艦は16～18ノットで、航行できたが、古い大型の戦艦と海防戦艦は12～14ノットまでしか出ず、古い防護巡洋艦ドミトリー・ドンスコイとウラジーミル・モノマーフは13ノット以上は出なかった。次を参照：Kostenko, *Na ‘Orle’,* 476. 次も参照：Piotr Olender, *Russo-Japanese Naval War* (Sandomierz, 2009–10), 2:204.
125. この側面については次を参照：Pakenham’s report to the Admiralty dated 6 May 1905:「すべてが、二つ（日本側の艦隊とその乗組員）を高度に仕上げ…勝利のために不可欠である戦う自信と勇気を指揮官達に付与し、勝算を高めているように見える」と報じた。次に収録：Admiralty, *Reports* (2003), 360.
126. HAPAGの運送船（輸送船）は艦隊に石炭と食料を補給した。しかし新規の弾薬は補給しなかった。それでロジェストヴェンスキーはこの面で節約せざるを得なかった。

第2章

1. たとえば次を参照：‘Expects Naval Battle Will Come This Week’, *The New York Times,* 2 May 1905, 1;「東郷敗北の噂。マニラで台湾南水域の海戦に関する未確認報道あり」とする記事。次を参照：*The New York Times,* 25 May 1905, 1.
2. 野村実「海戦史に学ぶ」（東京、1985） 97－8。
3. 1899年のハーグ協定に従って、2隻の船は船体を白く塗り、水平に赤い帯をつけられた。次を参照：Pierre Boissier, *From Solferino to Tsushima* (Geneva, 1985), 331.
4. その船は特務艦の亜米利加丸、満州丸、佐渡丸、信濃丸で、2隻の巡洋艦は和泉、秋津洲であった。次を参照：Admiralty, *Reports* (2003), 390.
5. 戦闘直前および戦闘中における気象状態の分析につては次を参照：半沢正男「気象が戦局の重大転機となった証例」海事資料館年報19（1991）18–25。
6. この個所は次の諸資料を総合した記述：海軍軍令部（編）明治三十七八年海戦史（東京、1934） vol 2, RGAVMF, f. 763; Admiralty, *Reports;* Corbett, *Maritime Operations,* 2:141–344.
7. 信濃丸の船長ジョン・サルター（John Salter）と技師長フランク・ガイバー・ブリトン

(Frank Guyver Britton) はともにイギリス人であった。それでもこの仮装巡洋艦がこのように高い階級の海軍将校（元巡洋艦艦長で、戦後1年で海軍少将に昇任）に指揮されたのは、東郷とその幕僚がこの哨戒を重視していた事実を物語る。乗船した2人のプロフィルは次を参照：Dorothy Britton, 'Frank Guvyer Britton (1879–1934), Engineer and Earthquake Hero', in Hugh Cortazzi (ed.), *Britain & Japan: Biographical Portraits,* vol. 6 (Folkestone, 2007), 175–6.

8. ロシアの艦隊には、この名称を持つ船が2隻あった。後の1隻は戦艦アリヨールである。
9. 探知されたロシア艦艇の正確な位置は、北緯33度20分東経128度10分であった。海戦前朝鮮海峡のこの水域はいくつかの哨区（緯度経度ともに10分の幅）に分けられていた。この無線電信技術は1897年に初めてテストされ、1901年にイギリスのノウハウをベースに、日本で海軍用として導入された。日本海軍の無線通信の初期的開発（特に日本製の1903年制式、すなわち三六式無線機）については次を参照：山本英輔「海軍電波関係追憶集」3巻（1955）： Daqing Yang, *Technology of Empire* (Cambridge, 2010), 56–8.
10. 画期的ではあるが、この無線電信は軍事史上これが最初ではなかった。ほぼ1年前、黄海海戦時、日本海軍が無線電信技術を使っていた。次を参照：Corbett, *Maritime Operations,* 1:388.少し前イギリスの特派員が旅順港外から第一線ニュースを伝えるため、無線通信機を使った。次を参照：Peter Slattery, *Reporting the Russo- Japanese War* (Folkestone, 2004).
11. 1905年、連合艦隊の全艦艇に無線電信機を装備していた件については次を参照：外山「日露海戦史の研究」2：530–1。
12. 艦艇は事前に取り決めていた暗号をリレー式に送った。それは時間が経つうちに電鍵を打つ「タタタ・タタタタ」が日本の俗謡に取り込まれた。次を参照：司馬遼太郎「坂の上の雲」（タタタは所謂タ連送、敵艦見ユの略称号、タタタタは敵の第二艦隊見ユの意）。
13. 大本営に対し「敵艦見ユトノ警報二接シ、連合艦隊ハ直チニ出動シテ之ヲ撃滅セントス。本日天気晴朗ナレドモ浪高シ」と打電。
14. 生出寿「知将秋山真之」（東京、1985）191–2。
15. Admiralty, *Reports* (2003), 363; RGAVMF, f. 763, op. 1, d. 512; *Russko-Iaponskaia voina, Materiali,* 194–6.
16. 海戦前夜ロジェストヴェンスキーはエンクヴィスト少将（第1巡洋艦隊司令官）を降格し、オレーグとアウローラの2隻の指揮官にした。
17. Vladimir Semenov, *The Battle of Tsu-Shima*(London, 1906), 3–5.
18. Semenov, *The Battle,* 38–42.
19. 戦闘開始前の和泉の活動については艦長の次の証言を参照：石田一郎「海戦前後『和泉』の行動」、次に収録：戸高一成（編）「日本海海戦の証言」（東京、潮書房光人社、2012）7–15。
20. Semenov, *The Battle,* 43; Kostenko, *Na 'Orle',* 424–5.
21. RGAVMF, f. 763, op. 1, d. 327; *Russko-Iaponskaia voina, Materiali,* 194–6; Kostenko, *Na 'Orle',* 439–40.
22. ネルソンが上げたのは、「イギリスは全員の各任務遂行を期待する」('England expects that everyman will do his duty')と少し違った表示の旗であった。
23. Admiralty, *Reports* (2003), 367; Kostenko, *Na 'Orle',* 428.
24. Semenov, *The Battle,*53–4. この機動に関するほかの証言は次を参照：Klado, *The Battle,* 164.
25. 1列縦隊の長い列で航行したため、ロシアの艦艇の中には9000〜11000、13000メートルと攻撃目標がさらに遠くなった艦もある。
26. Semenov, *The Battle,* 55; Kostenko, *Na 'Orle',* 430.
27. 1905年5月27日付伊地知彦次郎「軍艦三笠戦時日誌」防衛省防衛研究所（NIDS）。戦艦朝日艦上における交戦初期の状況証言は次を参照：塚本義胤「朝日艦上より見たる日本海海戦」（東京、1907）71-2。
28. ロシア側が撃った初弾は、三笠の後方約20メートルに着弾した。その後15分間に305ミリ弾5発、その他の弾種14発が三笠に命中した。次を参照：Admiralty, *Reports* (2003), 364, 93, 120. 次も参照：Corbett, *Maritime Operations,* 1:246–7; 外山三郎「日露海戦史研究」2 : 353–4.
29. 日本側艦列の位置のためロシアの先頭の戦艦3隻は前方砲塔しか使用できず、4番艦ア

リョールは完全に見えなかった。ほかの旧式艦も少なくとも最初の5分間は艦砲を使用しなかった。

30. ロジェストヴェンスキーはやろうと思えば北西へ変針できた。そうすれば相手が同じ行動をとることを妨げつつ、その相手により多くの艦砲を指向できたはずである。しかし、この90度近い変針は味方艦艇の間に混乱を生じさせ、艦列が願望するウラジオストクへのコースから外れてしまう恐れがあった。
31. Admiralty, *Reports* (2003), 367–8; Levitskiĭ, *Russko-Iaponskaia voina,* 401.
32. RGAVMF, f. 763, op. 1, d. 335; *Russko-Iaponskaia voina, Materiali,* 199–202. ロジェストヴェンスキーの負傷については次を参照：Grigoriĭ Aleksandrovskiĭ, *Tsusimskii Boi* (New York, 1956), 46.
33. Semenov, *The Battle,* 113–14; Kostenko, *Na 'Orle',* 432.
34. A. Zatertiĭ, *Za chuzhiye grekhi* (Moscow, 1907), 24. オスラービヤの最後の状況に関する英訳証言は次を参照：Westwood, *Witnesses of Tshushima,* 183–9.
35. Zatertiĭ, *Za chuzhiye grekhi,* 24–5.
36. Semenov, *The Battle,* 158.
37. オスラービヤの最後の状況に関する別の証言は次を参照：Vladimir Kravchenko, *Cherez tri okeana* (St Petersburg, 1910), 138.
38. Admiralty, *Reports* (2003), 371–2.
39. Kostenko, *Na 'Orle',* 434.
40. この攻撃に関する艦隊参謀による個人的証言は次を参照：佐藤鉄太郎「第二艦隊の行動」戸高一成（編）「日本海海戦の証言」16-23に収録。
41. Semenov, *The Battle,* 137–8.
42. この攻撃に関する第3艦隊将校による個人的証言は次を参照：山路一善「第三戦隊の行動」戸高一成（編）「日本海海戦の証言」24–9に収録。
43. Kostenko, *Na 'Orle',* 435.
44. アリヨールにはロシア側が捕獲したイギリス商船の乗組員が捕虜として乗っていたので、日本側は大変驚いた。次を参照：Boissier, *From Solferino,* 331. 病院船2隻の降伏に至る経緯については日本側将校による個人的証言は次を参照：釜屋忠道「露国病院船アリヨールの捕獲、露艦ナヒーモフおよびウラジーミル・モノマーフの捕獲処分」戸高一成（編）「日本海海戦の証言」76-82に収録。1906年の査問委員会におけるアリヨール船長および船医の一人による証言は次を参照：Russia, *Russko-iaponskaia voina1904–05. Deistviaflota,* (St Petersburgh, 1907, 1912–14), 5:293–300.
45. Kravchenko, *Cherez tri okeana,* 146.
46. Levitskiĭ, *Russko-Iaponskaia voina,* 403; Bikov, *Russko-Iaponskaia voina,* 587–8.
47. Kravchenko, *Cherez tri okeana,* 148.
48. Semenov, *The Battle,* 140–50.
49. 仮装巡洋艦ウラールの沈没に関する証言は次を参照：塚本「朝日艦」87; William Pakenham, 'The Battle of Tsushima Straits', Tokio./N.A. Report 12/05, East Riding of Yorkshire Archives, 13–13a.
50. Kostenko, *Na 'Orle',* 438.
51. 戦艦インペラトール・アレクサンドルⅢ世の沈没については次を参照：塚本「朝日艦」91–2。これには同艦の最後の行動図が含まれている（p 97）。
52. Kravchenko, *Cherez tri okeana,* 157.
53. Admiralty, *Reports* (2003), 377.
54. Kostenko, *Na 'Orle',* 439.
55. Kravchenko, *Cherez tri okeana,* 158.
56. Semenov, *The Battle,* 159–60. 次も参照：Captain Pakenham's testimony,Admiralty, *Reports* (2003), 378.
57. 戦艦ボロディノの最後に関する詳しい記述とそれまでのこの艦の歴史は次を参照：Vladimir Gribovskiĭ, *Eskadrenniĭ bronenosets 'Borodino'* (St Petersburg, 1995).
58. 塚本「朝日艦」92。

59. Admiralty, *Reports* (2003), 379–80.
60. 次を参照：塚本「朝日艦」89; Apushkin, *Russko-iaponskaia voina,* 308–9.
61. 戦艦クニャージ・スウォーロフ乗員中 906 人が死亡した。ほぼ全員である。ロシアの艦艇中 1 艦の人的損害としてはこれが最大である。
62. 目撃証言は次を参照：Klado, *The Battle,* 199.
63. この海戦でロシアの主力艦 12 隻には 152～305 ミリの砲弾 360 発が命中した。その内 265 発は戦艦 4 隻に命中した（73・6%）。なかでも被弾の大きかったのがクニャージ・スウォーロフで 100 発命中した。日本の主力艦 12 隻に対するロシアの発砲命中数と同じである。次を参照：Vladimir Gribovskiĭ, *Rossiĭskiĭ flot Tikhogo okeana* (Moscow, 2004), Table 14.1.
64. Admiralty, *Reports* (2003), 380, 382.
65. ネボガトフに対する公式の軍法会議記録に依拠。本記録の出版は次のとおり：*Morskoi Sbornik*(1907), 57, 次に引用：Westwood, *Witnesses of Tshushima,* 231.
66. 日没前に行なわれたこの指揮の移行は、1905 年 6 月 5 日付マニラより発信された皇帝宛エンクヴィスト海軍少将の電報を参照。次に引用:Klado, *The Battle,*148.
67. ロジェストヴェンスキー死亡説は次を参照：Kravchenko, Cherez tri okeana, 153.
68. *Russko-Iaponskaia voina, Materiali,*206-7.
69. アウローラが水雷艇に遭遇した当初の経緯は次を参照：Kravchenko,*Cherez tri okeana,* 161–9.
70. 次を参照：RGAVMF, f. 763, op. 1, d. 330; *Russko-Iaponskaia voina, Deistviya,* 207–13;Evgeniĭ Dubrovskiĭ, *Dela o sdacheiaponstam* (St Petersburg, 1907).
71. Kravchenko, *Cherez tri okeana,* 207.
72. RGAVMF, f. 870, op. 1, d. 33717; Leonid Dobrotvorskiĭ, *Uroki morskoi voini* (Kronstadt, 1907). その夜エンクヴィストが行なった決定に関する、生き生きとした記述は次を参照：Pleshakov, *The Tsar's,* 287–95 (スピーチは p.293).
73. その夜の鈴木の目覚ましい活動は本人の伝記に詳しい。次を参照：鈴木貫太郎伝記編纂委員会（編）「鈴木貫太郎伝」（東京、1960）48-52。
74. ネボガトフの証言は公式の軍法会議、記録は次の発行：発行所 *Morskoi Sbornik*(1907), 55, 次に引用: Westwood, *Witnesses of Tshushima,* 233.
75. 戦闘に関する鈴木自身の証言は次を参照：鈴木貫太郎「第 4 駆逐隊の敵艦襲撃」戸高一成（編）「日本海海戦の証言」30-42 に収録。
76. たとえばコステンコは探照灯のあったのは戦艦ナヴァリンの艦上のみとしている。次を参照：Kostenko, *Na 'Orle',* 458.
77. Klado, *The Battle,* 159.
78. 外山「日露海戦史研究」2：421。
79. 次を参照：Westwood, *Witnesses of Tshushima,* 234–7.
80. 戦艦シソイ・ヴェリーキーの白昼戦闘の経験については次を参照：M.A. Bogdanov, *Eskadreniĭ bronenosets Sissoi Velikiĭ* (St Petersburg, 2004), 74–6. 同艦の指揮官オゼロフ大佐によると艦の死者 29 人、負傷 28 人であった。次を参照：Klado, *The Battle,* 214.
81. 艦の最後の状態は次を参照：Bogdanov, *Eskadreniĭ bronenosets Sissoi Velikiĭ,* 77; Klado, *The Battle,* 214; 外山「日露海戦史研究」2：463。艦長の報告は次を参照：Russia, *Russko-iaponskaia voina 1904–05. Deistvia flota,* 3:353–74) (他の将校たちについては pp375–84)。
82. この 2 隻の沈没に関する個人的証言は次を参照：釜屋「露国病院船」戸高一成（編）「日本海海戦の証言」82–8。
83. 艦長および副長の報告はそれぞれ次を参照：Russia, *Russko- iaponskaia voina1904–05. Deistviaflota,* 3:405–14, 415–27.
84. 装甲巡洋艦アドミラル・ナヒーモフの戦闘経験は次を参照：Zatertiĭ, *Za chuzhiye grekhi,* 1–3, 12–15.
85. Zatertiĭ, *Za chuzhiye grekhi,* 12–16.
86. 海防戦艦アドミラル・セニャーウィンは、海戦中主力艦の中で一発の直撃弾も受けなかった。1 発の被弾もなしというのはこの艦だけのようである。対照的にネボガトフ指揮下でいちばん被害が大きく、人的損害もいちばん多かった（死亡 43 人、負傷 87 人）のが、アリヨールである。戦闘 1 日後の本艦状況の詳細は次を参照：Kostenko, Na 'Orle', 440–57.

87. 日本の主力戦隊と遭遇した朝の状況は公式の軍法会議におけるネボガトフ証言を参照。記録出版は次を参照：*MorskoiSbornik* (1907), 67–7, 引用は次を参照：Westwood, *Witnesses of Tsushima,* 256–9.
88. Kostenko, *Na 'Orle',* 466.
89. Thiess, *The Voyage,* 361–2. 日本側の圧倒的優勢とネボガトフの艦艇の射程を超えたところで砲撃する戦法については次を参照：Semenov, *The Price of Blood* (London & New York, 1910), 131.
90. 公式の軍法会議ネボガトフの証言。記録発行は次を参照：Morskoi Sbornik(1907), 43, 引用は次を参照：Westwood, *Witnesses of Tshushima,* 264. 次も参照：Apushkin, *Russko-iaponskaia voina,* 310.
91. ネボガトフの軍法会議における機関科長ラブシュキンの証言。次を参照：*MorskoiSbornik* (1907), 67–7, Westwood, *Witnesses of Tsushima,*256–9.
92. 次を参照：Holger Afflerbach, 'Going Down with Flying Colours?' in Holger Afflerbach and Hew Strachan (eds), *How Fighting Ends* (Oxford, 2012), 199. 少し見解の異なる見解は次を参照：Novikov-Priboy, *Tsushima,* 249.
93. Kostenko, *Na 'Orle',* 468.
94. 当初フェルゼンが脱出を要請し、ネボガトフが拒否した件は次を参照：Thiess, *The Voyage,* 362.
95. Admiralty, *Reports* (2003), 381.
96. シュベデの証言についてはネボガトフ公式軍法会議記録を参照：*MorskoiSbornik* (1907), 257, 次に引用：Westwood, *Witnesses of Tsushima,* 268. 次も参照：Klado, T*he Battle,* 89–97.
97. Paine, *The Sino-Japanese War,* 229–31.
98. 三笠艦上では一将校、富士艦上で一水兵の降伏に関する個人的証言は次を参照：山本新次郎「ネボガトフ将降伏状況」戸高一成（編）「日本海海戦の証言」58–67 に収録。打山虎夫「日露戦争半ばより従軍の感想」戸高（編）「日本海海戦の証言」97–8 に収録。
99. Admiralty, *Reports* (2003), 397.
100. Admiralty, *Reports* (2003), 397.
101. Bikov, *Russko-Iaponskaia voina,* 599.
102. フェルゼン大佐によるとウラジーミル湾へ至るコースは本人自身の決定による。その証言は次に収録：Klado, *The Battle,* 154–6; and Russia, *Russko-iaponskaia voina1904–05. Deistviaflota,* 3:491–502.
103. ブイヌイは故障、不具合が多発の状態で、ボイラー破損のため、これ以上の航行ができなかったので、同艦から提督をベドウィに移した件は次を参照：Semenov, *The Price,* 7. ベドウィの降伏は次を参照：*Russko-Iaponskaia voina, Materiali,* 216; Admiralty, *Reports* (2003), 413; Thiess, *The Voyage,* 377–81. 負傷してから降伏するまでの 24 時間におけるロジェストヴェンスキーの状況は次を参照：Pleshakov, *The Tsar's,* 299–307.
104. 海防戦艦アドミラル・ウシャーコフの沈没に関しては、装甲巡洋艦盤手乗艦将校の個人的証言がある。次を参照：竹内重利「露艦アドミラル・ウシャーコフの撃沈」戸高（編）「日本海海戦の証言」68–72 に収録。
105. Bikov, *Russko-Iaponskaia voina,* 600. 艦が沈没した結果、乗組員の大半は捕虜になった。艦の犠牲者は 98 人。そのうち 87 人が死亡。これに指揮官が含まれる。この艦の最後に関する詳しい記述とその前の歴史は次を参照：Gribovskiĭ and Chernikov, *Bronenosets 'Admiral Ushakov'.* 艦長報告については次を参照：Russia, *Russko-iaponskaia voina1904–05.* Deistviaflota, 3: 503–12.
106. 西側の情報によると、この交戦は午後 5 時頃生起した。たとえば次を参照：Corbett, *Maritime Operations,* 2:329. それでも日露双方の一級資料は最初の遭遇が朝に始まったことを示唆する。次を参照：*Russko-iaponskaia voina1904–05. Deistviaflota,* 4:440–1; 内藤正一「第 2 駆逐隊の敵艦襲撃」戸高（編）「日本海海戦の証言」50–1 に収録。
107. 防護巡洋艦ドミトリー・ドンスコイ攻撃に関しては第 2 駆逐隊駆逐艦朧乗艦の日本側将校の証言を参照：内藤「第 2 駆逐隊」50–7。
108. 次に収録された艦の司祭（chaplain,PetrN.Dobrovolskiĭ）の証言を参照：Klado,The *Battle,* 149–54; N.N. Dmitriev, *Bronenosets 'Admiral Ushakov'* (St Petersburg, 1906).

109. Admiralty, *Reports* (2003), 381; Thiess, *The Voyage,* 372-3.
110. 艦の艦長報告は次を参照：Russia, *Russko-iaponskaia voina1904–05. Deistvia flota,* 3:453–66.
111. 査問委員会における艦長の証言は次を参照：Russia, *Russko- iaponskaia voina 1904–05. Deistvia flota,* 5: 289–92. 運送船(輸送船)イルツィシの最後は次を参照：G.K. Graf, *Moriaki; ocherki12 'zhiznimorskikh'* (Paris, 1930), 108–10.
112. 巡洋艦3隻がマニラに逃げ込んだ件については次を参照：Kravchenko, *Cherez tri okeana,* 204–25; 'Russian Ships Safe in Manila Bay', *The New York Times*, 4 June 1905, 1. エンクヴィスト海軍少将のロシア皇帝宛 1905年6月5日付電報も参照。次に収録：Klado, *The Battle,* 148–9. オレーグ、アウローラおよびジェムチュークの艦長報告はそれぞれ次を参照：Russia, *Russko-iaponskaia voina1904–05. Deistviaflota,* 2: 67–110, 111–26, および 189–96.
113. 国際法における中立の今日的概念 (The Law of Neutrality) に従って中立国は交戦国軍艦（士官と乗組員とともに）を、その艦が居残る権利を持たぬ中立港あるいは投錨地から出港できぬよう抑留する義務がある。
114. 運送船コレーヤの体験に関する三つの報告は次を参照：*Klado,TheBattle,*186–201.
115, この艦の艦長報告は次を参照：Russia, *Russko-iaponskaia voina1904–05. Deistvia flota,*2:213–20.
116. この運送船アナズィリの船長報告は次を参照：Russia, *Russko-iaponskaia voina 1904–05. Deistvia flota,* 2:241–56.
117. (非防護) 巡洋艦アルマーズの艦長報告は次を参照：Russia, *Russko-iaponskaia voina 1904–05. Deistvia flota,*2:257–62.
118. 駆逐艦ブラーウィの脱出については第1駆逐隊司令の電報を参照。次に収録：Klado, *The Battle,* 156–7. 艦長の報告は次を参照：Russia, *Russko-iaponskaia voina 1904–05. Deistvia flota,* 2:267–84.
119. 駆逐艦グローズヌイの脱出については第2駆逐隊司令報告を参照。次に引用：Klado, The *Battle,* 183–6; Russia, *Russko-iaponskaia voina1904–05. Deistvia flota,* 3:469–72.
120. 戦艦朝日から見た戦闘初期の状況証言は次を参照：塚本「朝日艦」128–36.
121. 戦闘開始の少し前、ほかに12隻の補助艦艇が艦隊を離れ、おかげで助かった。5月18日、運送船メルクーリヤ・T・タムボフがサイゴンに向かい、5月25日にはリオン、ドニエプル、リウォニヤ、クローニヤ、メテオル、ウラジーミル、ヴォローネジ、ヤロスラーウリが揚子江河口に向かった。一方、テレーク、クバーニ（仮装巡洋艦に改装）は日本列島南東水域で陽動作戦を展開すべく分離派遣された。
122. この水雷艇は第34, 35号で、夜襲戦で沈没、第69号は駆逐艦暁と衝突後浸水沈没した。
123. ロシア側の損害は次のものを含む。沈没12万5910トン、捕獲4万8941トン、抑留2万3879トン。軍艦14万6905トン、運送船などの補助艦船5万1916トンである。日露双方の排水総トン数は次に基づく計算である：Kowner,Historical Dictionary, passim, and Jentschura et al. *Warships,* 124.
124. ロシア側の損害について、イギリスの公式戦史にはこれより大きい数字が示されている。次の引用を参照：Corbett, *Maritime Operations,* 2:333. 安全地帯へ到達したロシア側乗組員の数は次を参照：Iu. Chernov, 'Tsushima', in Ivan Rostunov (ed.), *Istoriia russko-iaponskoi voiny* (Moscow, 1977), 3. いずれにせよ海戦の正確な人的損害数にはわずかながら違いがある。その中で日本海軍医務報告が双方の損害を最も詳細に記録している。各艦ごとの階級別調査である。それによるとロシア側の損害は死者4625人（士官180人を含む)、負傷者745人、日本側損害は死者117人（同39人)、負傷者580人である。しかしこれにはロシアの補助艦艇数隻分と日本側の二義的重要性しかない小型船艇の分が抜けている。次を参照：日本・国立公文書館、日本アジア歴史資料センター（JACAR)、明治三十七八年海戦史第2部570–5。これより大きいロシア側の損害がイギリスの公式戦史にあり、引用もされているのは前述の通りである。Corbett, *Maritime Operations,* 2:333. 少し違う数字は次も参照：United States, *Epitome of the Russo-Japanese War* (Washington, 1907), 165. ロシア側の研究はさらに大きい数字を示す傾向がある。たとえばウラジーミル・コステンコ（Vladimir Kostenko）はロシア側の損害を死者5044人、捕虜5982人、武装解除2110人、ウラジオストク到着870人、ロシア側に釈放された者544人（病院船カストローマ乗船者）としている。次を参照：Kostenko, *Na 'Orle',* 490, 46.

125. たとえば次を参照：H.P. Willmott, *Sea Warfare* (New York, 1981), 32; H.P. Willmott, *The Last Century of Sea Power* (Bloomington, 2009), 1:115.
126. Levitskil, *Russko-Iaponskaia voina,* 400; and Bikov, *Russko-Iaponskaia voina,* 587–8.
127. 日本の主力艦12隻（第1、第2戦隊）の発射弾数は次の通り：305ミリ弾446、254ミリ弾50、203ミリ弾1199、152ミリ弾9464、76ミリ弾7526（総計152～305ミリ弾1万1159発）。次を参照：See N.J.M. Campbell, 'The Battle of Tsu-Shima', Parts 1, 2, 3, and4, in Antony Preston (ed.), *Warship* (London, 1978), 46–49, 127–35, 186–92, 258–65, 4:260. その中で第2戦隊の装甲巡洋艦6隻は、305ミリ弾782、254ミリ弾535、229ミリ弾261、203ミリ弾280、152ミリ弾3716、76ミリ弾3480を発射した。一方ロシア側主力艦12隻は、305ミリ弾782、254ミリ弾535、229ミリ弾261、203ミリ弾280、152ミリ弾5084、120ミリ弾1250を発射した（総計120～305ミリ弾8192発）。つまり類似口径のもので比較すると、ロシア側の発射弾数は日本側の73.4%に相当する。次を参照：Gri- bovskiĭ, *Rossiĭskiĭ flot Tikhogo okeana,* Table 14.1.
128. たとえば次を参照：Olender, *Russo-Japanese Naval War,* 2:223.
129. ロシア側の命中精度は次を参照：Olender, *Russo-Japanese Naval War,* 2:224 (日本側艦砲の数字はPP225–6のデータに基づく計算)。
130. 合衆国海軍の命中率は1898年の米西戦争時のマニラ沖海戦で2.5%、サンチャゴ沖海戦で1.3%であった。ドイツ帝国海軍とイギリス海軍も1916年のユトランド沖海戦では、米西戦争と似たようなもので、ドイツ海軍の命中率は3.4%、イギリス海軍は2.8%であった。次を参照：Jim Leeke, *Manila and Santiago* (Annapolis, 2009); and Vincent O'Hara, and Leonard Heinz, *Clash of the Fleets* (Annapolis, 2017), 182. パケナムは日本側の実際の命中率に気づかず、「日本側の砲撃は驚くべき効果を生みだした。そして彼らの射撃の素晴らしさが誇張されそうである。少なくとも別の海軍で達成された水準が、日本が今日さえ見習おうとしているものより、はるかに高いと信じられている」と報告に書いた。次を参照：国立公文書館 外務省文書46/592、日露戦争、対馬沖の海戦：'The Russo-Japanese War: Battle of Tsushima Straits', Pakenham Report, f. 219
131. 研究者の中には日本が性能の良い測距儀を使ったのが優位の要因と考える者が数人いる。しかしながら射程距離と使用機材は同じようなものであり、訓練と現実の戦闘経験が日本側の高い命中率の主たる要素であることを示唆する。次を参照：Iain Russel, 'Rangefinders at Tsushima', *Warship* 49 (1989), 30–6; and Peter Ifland, 'Finding Distance—The Barr & Stroud Rangefinders', *Journal of Navigation* 56 (2003), 315–21.
132. 日本の小口径砲弾がロシアの艦艇に与えた"恐るべき破壊"についてはロシア側に多数の証言がある。たとえば次を参照：Klado, *The Battle*, 166; Kostenko, *Na 'Orle'*, 442–3.
133. Semenov, *The Battle*, 62–3.
134. 日露双方の砲弾命中率に関する分類と評価は次を参照：Olender, *Russo-Japanese Naval War, 2*:225–6.
135. 双方の艦隊の主力艦各12隻に命中した152～305ミリ弾だけに焦点を当てた研究も同じような命中率を示している。すなわちロシアの艦隊は360発の命中弾を浴び、一方日本側には100発命中した（ロシア側被弾の27.8%）。次を参照：Gribovskiĭ, *Rossiĭskiĭ flot Tikhogo okeana,* Table 14.1.
136. ロシア側の砲弾については次を参照：Semenov, *The Battle,* 77.
137. 黛治夫「海軍砲戦私談」（東京、1972）117–2; Kostenko, *Na 'Orle',* 520–1.
138. Newton McCully, *The McCully Report* (Annapolis, 1977),249–50; Kostenko,*Na 'Orle',* 523–4. しかしながらコステンコは装甲艦を破壊する目的でこの弾種を使用しても、「多数の命中弾を浴びせて初めて目的を達せられる」とし、「日本帝国海軍が徹甲弾を使用していたら、ボロディノ級戦艦3隻はもっと早く沈没し、多数の命中を必要としなかったであろう」と主張した（521、522）。
139. ロシア側の資料によると、日本側の炸薬の衝撃は同じようなサイズのロシア側砲弾より7倍以上も強かった。次を参照：Semenov, *The Battle,* 77. 1904年の海戦経験をベースとした日本側の砲弾に改善が見られた点については次を参照： Admiralty, *Reports* (2003), 384.

140. この新しい炸薬は仏および英で使用されたピクリン酸をベースとして1888年に開発され、1899年に日本で大量生産された。戦後すぐ開発者の海軍技師下瀬雅允は戦時の功績を認められ、勲三等旭日中綬章（1906）を含むさまざまな栄誉に浴した。この火薬が発生する熱の説明は次を参照：Corbett, *Maritime Operations,* 2:249. 下瀬HC弾に対するロシア側の印象は次を参照：Kostenko, *Na 'Orle'*, 519.
141. 日露双方の魚雷発射と命中に関する分析は次を参照：Olender, *Russo-Japanese Naval War,* 2:235–6.
142. Klado,The Battle,122–3.クラドは惨状をもたらしたと思われる五つの原因の中で水雷艇を3位にしている（P.126）。
143. Fred Jane, *The Imperial Russian Navy* (London, 1899), 327.
144. Stephen McLaughlin, *Russian & Soviet Battleships* (Annapolis, 2003), 113–14.
145. 日本の戦艦4隻のうち3隻がハーベイ装甲で守られた。しかし1890年代末にはより強力なクルップ装甲が導入され、ハーベイ装甲は旧式化していた。
146. たとえば次を参照：Klado, *The Battle,* 129–30; Kostenko, *Na 'Orle',* 501.
147. 概括は次を参照：Dmitrii Likharev, 'Shells vs. Armour', *War & Society,* 36 (2017), 184.
148. 多数の調査資料がこの点とその破壊的インパクトを指摘している。たとえば次を参照：Admiralty, Reports (2003), 385; Klado, *The Battle,* 122; Taube, *Poslednii,* 89; Kostenko, *Na 'Orle'*, 505–8; Thiess, *The Voyage,* 111–12; Alfred Thayer Mahan, 'Reflections, Historic and Other', *US Naval Institute Proceedings,* 32 (1906), 465.
149. David Brown, *The Grand Fleet* (Annapolis, 1999), 27.
150.フランス海軍元造艦局長バーチン (Louis-Emile Bertin). 参照：Bertin, 'The Fate of the Russian Ships at Tsushima', in *Jane's Fighting Ships (1904-7) reprinted in HogueThe Fleet That Had to Die,* 233.
151. それはそうであるが、対馬沖海戦後30年も日本帝国海軍とソ連海軍は自国海軍艦艇の重装甲を強調した。次を参照：J.N. Westwood, *Russian Naval Construction, 1904–45* (Basingstoke, 1994), 204.
152. 戦闘において速力に劣ることに関するロシア側の証言は次を参照：Klado,*TheBattle,*173. いくつかの研究によると、ロシア側の艦艇は船体付着物のため、速力が3ノット落ちた。たとえば次を参照： David Brown, *Warrior to Dreadnought* (Annapolis, 1997), 170. 次も参照：David Brown, 'The Russo-Japanese War', *Warship* (1996), 66–77.
153. 速力、火力および装甲における艦艇の不統一性に見られる同質性の欠落が次第に大きくなっていた。これが1890年代初期以降に見られるロシアの戦艦建造計画の特徴である。次を参照：Sergei Vinogradov, 'Battleship Development in Russia from 1905 to 1917', *Warship International* 35 (1998), 268–9.
154. Mahan, 'Reflections', 405.
155. Apushkin, *Russko-iaponskaia voina,* 307.
156. Kostenko, *Na 'Orle',* 442. 霧の中で"黒ずんだオリーブ色"の日本艦艇に狙いをつける難しさについて、ロシア側の証言は次を参照：Kostenko, *Na 'Orle'*.
157. この観察については次を参照：Mahan, *Naval Strategy,* 417. 海戦の前とその最中にロジェストヴェンスキーが手にすることができた情報については次を参照：EvgenySergeev, *Russian Military Intelligence in the War with Japan* (London, 2007), 148–9; 稲葉千春「バルチック艦隊ヲ捕捉セヨ―海軍情報部の日露戦争」171–226, *passim.* 次も参照：Bruce Menning, 'Miscalculating One's Enemies', War in History 13, no. 2 (2006), 147–8.
158. 同じようなロジェストヴェンスキー評決は次を参照：Kostenko, *Na 'Orle',* 478.
159. Taube, *Poslednii,* 14.
160. ネボガトフの指揮統率については次を参照：Thiess, *The Voyage,* 360.
161. 黛治夫「海軍砲戦私談」p231を参照。
162. ロシア側の訓練不足に対する厳しい批判は次を参照：Klado, *The Battle,*79–80.
163. この啓発に対する日本の教育システムの役割は次を参照：Ury Eppstein, 'School Songs, the War and Nationalist Indoctrination in Japan', in Kowner (ed.), *Rethinking,* 185–201.

164. 次を参照：Rotem Kowner, 'The War as a Turning Point', in Kowner (ed.), The Impact, 39–41.
165. この見解については次を参照：Mahan,Naval Strategy,398（彼の指揮下の艦のうち 20 隻だけでもウラジオストクに到着していたら日本の交通は深刻な危機に見舞われる。これは、明確かつ純粋な"牽制艦隊"理論の一例証となる）。
166. Mahan, *Naval Strategy,* 398.
167. Olender, *Russo-Japanese Naval War,* 2:185.
168. 数人の海軍戦略家が計算したところによると、艦隊は基地から離れると 1000 マイルごとに戦力の 10%を消耗する。次を参照：Norman Friedman, *The U.S. Maritime Strategy* (Annapolis, 1988), 72, no. 10.
169. 二つの兵科に見られたこの重大な相違については次を参照：Luntinen and Menning, 'The Russian Navy', 258.
170. 戦後、海軍の専門家たちが補助艦船の望ましい扱いについて一連の選択肢を示唆した。それには日本の東側ルートでウラジオストクへ向かう案が含まれる。次を参照：Mahan, *Naval Strategy,* 419; Klado, *The Battle,* 73–5.
171. Thiess, *The Voyage,* 360.
172. Admiralty, *Reports* (2003), 382.
173. 戦闘時における東郷の戦術上、戦略上の鍵となる決心に関する究明は次を参照：Ronald Andidora, 'Admiral Togo: An Adaptable Strategist', *Naval War College Review* 44 (1991), 52–62.
174. Julian Corbett, *Some Principles of Maritime Strategy* (London, 1911), 319,338.

第 3 章

1. この詩については次を参照：Donald Keene, *Emperor of Japan* (New York, 2002), 645.
2. 興味深いことに奉天戦の勝利では 2 倍以上の人が集まった。次を参照：桜井良樹「大正政治史の出発」（東京、1997）22–5。
3. 次を参照：「海軍大勝利」1905 年 5 月 29 日付二六新聞、「大海戦」1905 年 5 月 30 日付報知新聞。
4. Lone, *Army, Empire,* 117. しばしば忘れ去られるが、ロシアも破綻し、ローンを必要とした。次を参照：William C. Fuller, *Civil–Military Conflict in Imperial Russia, 1881–1914* (Princeton, 1985), 160.
5. Elting Morison,The Letters of Theodore Roosevelt (Cambridge,1951–4),4:1221-2. 次も参照：小村寿太郎と児玉源太郎、1905 年 6 月 9 日付外務省日本外交文書：日露戦争（東京、1958–60） 5 ：252–4。
6. 本州北端の青森湾大湊に海軍部隊が集結した。出羽重遠海軍中将の指揮する装甲巡洋艦 4 隻（吾妻、春日、日進、八雲）、東郷正路海軍少将指揮の巡洋艦 4 隻、片岡七郎海軍中将指揮下の海防艦 4 隻のほか、駆逐艦 9 隻と水雷艇 12 隻である。次を参照： Great Britain. *Official History of the Russo-Japanese War,* 5 vols (London, 1906-10), 3:834.
7. サハリン島占領については次を参照：原暉之（編）「日露戦争とサハリン島」（札幌、2011）; Marie Sevela, 'Chaos versus Cruelty', in Kowner (ed.), *Rethinking,* 93-108.
8. この努力については次を参照：Robert Valliant, 'The Selling of Japan', Monumenta Nipponica 29 (1974), 415-38; Rotem Kowner, 'Becoming an Honorary Civilized Nation', *The Historian* 64 (2001), 19-38.
9. 次を参照：Rotem Kowner,'Japan's"Fifteen Minutes of Glory"',in Yulia Mikhailova and M. William Steele (eds), *Japan and Russia* (Folkestone, 2008), 47-70.
10. 一捕虜の個人的体験は次を参照：Kostenko, *Na 'Orle'*,469-70; 紛争時のロシア兵捕虜の一般的扱りいについては次も参照：Rotem Kowner, 'Imperial Japan and its POWs', in Guy Podoler (ed.), *War and Militarism in Modern Japan* (Folkestone, 2009), 特に次の頁：86-7.
11. Blond, *Admiral Togo,* 237; see also Thiess, *The Voyage,* 385.
12. この訪問を芸術的に描いた最も著名な作品が、画家藤島武二（1867～1943）の絵で、次のオンラインで検索できる：https://en.wikipedia.org/wiki/Zinovy_Rozhestvensky#/media/File:

Admiral_Togo_Visiting_Zinovy_Rozhestvensky_by_Fujishima_Takeji_(Reimeikan).jpg.
13. もう一つの病院船アリョールは戦利品として日本に残された。これらの船をめぐる交渉と論議は次を参照：Boissier, *From Solferino,* 331-2; House of Representatives, *Papers Relating to Foreign Relation of the United States* (Washington, 1906), 1: 595-6, 790-1.
14. ポーツマス講和会議とその反響については多数の資料がある。たとえば次を参照：Eugene Trani, *The Treaty of Portsmouth* (Lexington, 1969); Okamoto, *The Japanese Oligarchy,* 150-63; Norman Saul, 'The Kittery Peace', in Steinberg et al. (eds), *The Russo-Japanese War,* 1:485-507; Steven Ericson and Allen Hockley (eds), *The Treaty of Portsmouth and Its Legacies* (Hanover, 2008); and Francis Wcislo, *Tales of Imperial Russia* (Oxford, 2011), 204-14.
15. Okamoto, *The Japanese Oligarchy,* 167–95.
16. Semenov, *The Price,* 82.
17. Okamoto,The Japanese Oligarchy,196-223; Shumpei Okamoto,'The Emperor and the Crowd', in Tetsuo Najita and J. Victor Koschmann (eds), *Conflict in Modern Japanese History* (Princeton, 1982), 262-70; Lone, *Army, Empire,* 117-20.
18. この戦争が日本に及ぼしたインパクトの概括は次を参照：Kowner, 'The War as a Turning Point', 29-46.
19. 戦後日本が交した協定は次を参照：Peter Berton, *Russo-Japanese Relations, 1905-17* (London, 2011); and E.W. Edwards, 'The Far Eastern Agreements of 1907', *The Journal of Modern History* 26, no. 4 (1954), 340-55.
20. Schencking, *Making Waves,* 111.
21. たとえば次を参照：1905 年 10 月 21 日付時事新報・社説、1905 年 11 月 13 日付やまと新聞。本書第 5 章も参照。ネルソンとの結びつきをつけることに一役買った英海軍観戦武官の間に見られる雰囲気については次を参照：Richard Dunley, "The Warrior Has Always Shewed Himself Greater Than His Weapons': The Royal Navy's Interpretation of the Russo-Japanese War 1904-5', *War & Society* 34 (2015) 248-62.
22. Schencking, *Making Waves,* 111.
23. 観艦式については次を参照：TakashiFujitani,SplendidMonarchy(Berkeley,1996),134–6; Blond, *Admiral Togo,* 240–2.
24. 爆発原因については、火薬の湿気から破壊活動までさまざまな推測と仮説がある。次を参照：豊田譲「旗艦三笠の生涯」（東京、2016）368–402。
25. Pleshakov, *The Tsar's,* 316.
26. さらに陸軍記念日が 3 月 10 日に祝われた。奉天戦の勝利（1905）の日である。二つの記念日が生まれた経緯については次を参照：原田敬一「慰霊と追悼：戦争記念日から終戦記念日へ」、倉沢他（編）「戦争の政治学」（東京、2005）、296-307 に収録。
27. 対馬沖海戦で捕獲されたロシア船の排水総トンは 4 万 8941 トン（うち 3 万 2641 トンが軍艦）であった。日本海軍は旅順港で半没状態にあるロシアの戦艦 3 隻も回収し、戦後海軍の艦籍に入れた。1906 年時点のロシア海軍の構造と艦艇については次を参照：The Editors, 'The Progress of Navies: Foreign Navies', in John Leyland and T.A. Brassey (eds), *The Naval Annual, 1906.* (Portsmouth, 1906), 23-5. Cf. 'Sea Strength of the Naval Powers', *Scientific American* 93, no. 2 (July 8, 1905), 26.
28. Evans and Peattie,Kaigun:147.This specific position is also corroborated by Modelsky and Thompson, *Seapower in Global Politics,* 123. もっともそのグローバルなシーパワーの比例配分は日本帝国海軍が 6 位より上になったことがないことを示唆していた。
29. Schencking, *Making Waves,* 117-22, 128-34.
30. 日露戦争当時と戦後に流行した絵葉書（主に軍艦）の人気については次を参照：*Japanese Philately* 41:4 (August 1986), 152–8.
31. Yoshitake Oka, 'Generational Conflict after the Russo-Japanese War', in Tetsuo Najita and J. Victor Koschmann (eds), *Conflict in Modern Japanese History* (Princeton, 1982), 214–15.
32. Schencking, *Making Waves,* 123-8. この新しいイメージについては次を参照：Shōichi Saeki, 'Images of the United States as a Hypothetical Enemy', in Akira Iriye (ed.), *Mutual Images* (Cambridge, 1975), 100-14.

33. Tal Tovy and Sharon Halevy, 'America's First Cold War', in Kowner (ed.), *The Impact,* 137-52.
34. 予算のための海軍（budgetary navy）という用語については次を参照：Ian Nish, 'Japan and Naval Aspects of the Washington Conference', in William Beasley (ed.), *Modern Japan* (Berkeley, 1975), 69.
35. 造艦計画については次を参照：Evans and Peattie, *Kaigun,* 153 (1905–22 年間の計画は、pp.152–98 を参照)。
36. 1945 年に破棄されたこの文書の復元については次を参照：島貫武治「日露戦争以降における国防方針所要兵力用兵綱領の変遷」（軍事史学 8 の 4 （1973））2-11.
37. この計画については次を参照：実松譲「八八艦隊と加藤友三郎」歴史と人物 6（1976 年 8 月）58–65; Evans and Peattie, Kaigun, 150-1; Fumio Takahashi, 'The First War Plan Orange and the First Imperial Japanese Defense Policy: An Interpretation from the Geopolitical Strategic Perspective', NIDS Security Reports 5 (2004), 68-103.
38. 海軍予算は 1914 年以降 7 年間で 5.8 倍となり、国家予算に占める割合は 12.9%から 32.5%に拡大した。次を参照：J. Charles Schencking, 'The Imperial Japanese Navy and the First World War: Unprecedented Opportunities and Harsh Realities', in Tosh Minohara, Tze-ki Hon, and Evan Dawley (eds), *The Decade of the Great War* (Leiden: Brill, 2014), 97, Table 4.1.
39. 1909 年 1 月に東京のイギリス海軍駐在武官が述べたこの発言については次を参照：Arthur Marder, *From the Dreadnought to Scapa Flow* (London, 1961), 236.
40. Tadokoro Masayuki,'Why did Japan Failto Become the "Britain" of Asia?'in Steinberg et al. (eds), *The Russo-Japanese War,* 2:321.
41.戦後海軍の支出と拡張計画については次を参照：Keishi Ono, 'The War, Military Expenditures and Postbellum Fiscal and Monetary Policy in Japan', in Kowner (ed.), *Rethinking,* 139-57.
42. Lone, *Army, Empire,* 175-84.
43. 拡大する日本帝国海軍の政治的役割と軍部内の陸海ライバル関係（1909–14）については次を参照：増田友子「海軍軍備拡張を巡る政治過程」。次に収録：近代日本研究巻 4「太平洋戦争」(東京、1983) 411–33：J. Charles Schencking, 'The Politics of Pragmatism and Pageantry', in Sandra Wilson (ed.), *Nation and Nationalism in Japan* (London, 2002), 565–90.
44. 日本の軍国主義に及ぼした戦争のインパクトについては次を参照：Kowner,'TheWarasa Turning Point', 33–5. 武士道の概念形成における本戦争の役割については次を参照：Oleg Benesch, *Inventing the Way of the Samurai* (Oxford, 2014),103-10, 114-28.
45. 海上自衛隊と海軍支持派における海軍とその精神的な里程標としての戦後の海戦レガシーについては次を参照：Alessio Patalano, *Post-War Japan as a Sea Power* (London, 2015), 41-6, 73, 90.
46. この概念については次を参照：Benesch, *Inventing,* 84-5, 109, 147.
47. 高まる必勝不敗の信念と将来の戦いのプレリュードとしてのこの戦争が果した役割については次を参照：Sandra Wilson, 'The Russo-Japanese War and Japan', in David Wells and Sandra Wilson (eds), *The Russo-Japanese War in Cultural Perspective* (Basingstoke, 1999), 182-3; and Frederick Dickinson, 'Commem- orating the War in Post-Versailles Japan', in Steinberg et al. (eds), *The Russo- Japanese War,* 1:539-42.
48. 城英一郎「侍従武官城英一郎日記」(東京、1982) 4–5; Emiko Ohnuki-Tierney, *Kamikaze, Cherry Blossoms, and Nationalisms* (Chicago, 2002), 159-66.
49. この論議については次を参照：Evans and Peattie, Kaigun, 132; and Jonathan Parshalland Anthony Tully, *Shattered Sword* (Dulles, 2005), 72-3, 403.
50. たとえば次を参照：Minoru Genda, 'Tactical Planning in the Imperial Japanese Navy', *Naval War College Review* 22, no. 2 (1969), 45.
51. この比率の起源については次を参照：Carlos Rivera, 'Big Stick and Short Sword',PhD dissertation (Ohio State University, 1995), 230-1.
52. たとえば次を参照：Thomas Buckley, *The United States and the Washington Conference,1921-1922* (Knoxville, 1970); Sadao Asada, *From Mahan to Pearl Harbor* (Annapolis, 2006), 74-88 (この条約の

破棄は次を参照：pp.192–5).
53. 真珠湾攻撃３週間前の南雲忠一海軍中将の所信は次に収録：Nobutaka Ike (ed.), *Japan's Decision for War* (Stanford, 1967), 247.
54. Hiroyuki Agawa, *The Reluctant Admiral* (Tokyo, 1979), 2.
55. 1941 年後半における日本帝国海軍の戦略は次を参照：Evans and Peattie, *Kaigun*, 480-1.
56. Shigeru Fukudome, 'Hawaii Operation', *U.S. Naval Institute Proceedings* 81(1955), 1315-31.
57. Alvin Coox, 'The Pearl Harbor Raid Revisited', *The Journal of American–EastAsian Relations* 3, no. 3 (1994), 218.
58. Donald Goldstein and Katherine Dillon (eds), *The Pearl Harbor Papers* (Washington, 1999), 122.
59.この日を出撃日に選んだ理由は次を参照：Parshall and Tully, *Shattered Sword,* 69.
60. Evans and Peattie, *Kaigun,* 129.
61. Patalano, *Post-War Japan,* 137.
62. この点の論議については次を参照：Parshall and Tully, *Shattered Sword,* 404-5.
63. 日本帝国海軍の攻勢戦法と第２次世界大戦前夜の当時としてはユニークな空母投入構想については次を参照：Rotem Kowner, 'Passing theBaton', *Education About Asia* 19 (2014), 68-73.
64. 次を参照：Atsushi Oi, 'Why Japan's Anti-Submarine Warfare Failed', in David Evans (ed.), *The Japanese Navy in World War II* (Annapolis, 1986), 387.
65. Evans and Peattie, *Kaigun,* 130, 266-72, 383.
66. 1905 年以降の日本における戦争記念ついては次を参照：Dickinson, 'Commemorating the War', 1:523-43; Ben-Ami Shillony and Rotem Kowner, 'The Memory and Significance of the Russo-Japanese War', in Kowner (ed.), *Rethinking,* 1-9.
67. 陸軍記念日、海軍記念日に関する国民の無関心に対する陸軍、海軍それぞれの憤懣は次を参照：原田「慰霊と追悼」300。
68. Yuriĭ Pestushko and Yaroslav A. Shulatov, 'Russo-Japanese Relations from 1905 to 1916', in Streltsov and Shimotomai (eds), *A History of Russo-Japanese Relations,* 109.
69. 1906 年時点で見られた、減退気味の関心を示すさまざまな徴候については次を参照：Isao Chiba,'Shifting Contours of Memory and History', in Steinberg et al. (eds), *The Russo-Japanese War,* 2:361.
70. 今日この日本海海戦の記念碑は上対馬殿崎国定公園の一部としてある。
71. あと一人の軍神が遼陽付近の大会戦で戦死した橘周太陸軍歩兵中佐である。広瀬武夫に関しては次を参照：Naoko Shimazu, *JapaneseSociety at War* (Cambridge, 2009), 197-229.
72. さまざまな栄誉があるが、東郷は 1906 年にイギリスの"Member of the British Order of Merit"（メリット勲位、文武の功労に与えられる名誉勲位)を受け、20 年後には大勲位菊花章頸飾を授与された。我が国最高の勲位で、当時この勲位にあるのは裕仁親王と閑院宮載仁親王だけであった。次を参照：Falk, Togo, 431-3; Clements, Admiral Togo, 208-24.
73. 東郷は自分自身の彫像が建てられるのに反対であったが、1927 年に説得され、東郷公園での銅像建立に同意した。場所は埼玉県秩父市の秩父御嶽神社にある東郷神社で、乃木の像と並べて建てられることになった。除幕式に出席している。次を参照：大熊浅次郎「信水堀内文次郎を悼む」（福岡、1942） ５。
74. 比較的早い段階で小笠原は日本帝国海軍軍神第一号広瀬武夫の神格化に深く関わった。次を参照：*Shimazu, Japanese Society at War,* 200-2.
75. Herbert Bix, *Hirohito and the Making of Modern Japan* (New York, 2000), 108-11.
76. Falk, *Togo,* 457-8.
77. 東郷の死後、国際的関心の再燃と並んで、日本語、英語による出版ブームはその一例である。たとえば次を参照：中村孝也「世界の東郷元帥」（東京、1934）、安部真造「東郷元帥直話集」（東京、1935）、海軍兵学校「東郷元帥景仰録」（東京、1935）、Ogasawara, *Life of Admiral Togo* (1934); Ronald Bodley, *Admiral Togo* (London, 1935); Falk, *Togo* (New York, 1936); and Koya Nakamura, *Admiral Togo* (Tokyo, 1937).
78. このキャンペーンの中心人物が芝染太郎である。1920 年代ジャパンタイムズの編集長

であった。本人の次の記事を参照：'Save the Mikasa', *The Japan Times,* 14 June 1923; 'Save the Mikasa!' *The Japan Times,* 21 July 1923.
79. 三笠保存会の設立は次を参照："Save the Mikasa" Men Meeting to Organize Today', *The Japan Times,* 24 March 1924; 小笠原長生「聖将東郷平八郎伝」490–6。
80. 尾崎主税「聖将東郷と霊艦三笠」(東京、1935) 100–1。保存会とその出版物については次を参照：NIDS「戦史－日露戦争 11」。
81. Edan Corkill, 'How *The Japan Times* Saved a Foundering Battleship, Twice', *The Japan Times,* 18 December 2011.
82. 式典については次を参照：Dickinson, 'Commemorating the War', 536-7.
83. Tatsushi Hirano etal., 'Recent Developments in the Representation of National Memory and Local Identities', *Japanstudien* 20 (2009), 252.
84. 福岡県福津市の日本海海戦紀念碑。
85. 紀念碑の設立推進者である。
86. この記憶の復活は次を参照：Chiba, 'Shifting Contours', 2:360.
87. Saburo Ienaga,'Glorification of War in Japanese Education',*international Security* 18, no. 3 (1993–94), 119–20.
88. 'Togo shrine dedicated', *Nippu Jiji,* 27 May 1940, 1. 奇妙なことであるが、開戦少し前アメリカで東郷讃仰が起きた。場所はハワイの大神宮の一部であるホノルルの神道神社である。次を参照：Wilburn Hansen, 'Examining Prewar Tôgô Worship in Hawaii', *Nova Religio* 14 (2010), 67-92.
89. 二つの神社の歴史は次を参照：乃木神社—東郷神社（東京、1993）。
90. 豊田穣「旗艦三笠の生涯」、491。
91. アメリカ占領時代初期における三笠については次を参照：Elmer Potter, *Nimitz* (Annapolis, 1976), 397-8, 466.
92. ルービンの訪問と手紙は次を参照：豊田穣「旗艦三笠の生涯」、497–8。
93. John.S.Rubin,'Flagship Mikasa then and Now',Nippon Times,24 September 1955.
94. 戦後、三笠復旧の動きは次を参照：Patalano, *Post-War Japan,*45-7.
95. この区別は次を参照：Patalano, *Post-War Japan,* 37.
96. 伊藤正徳の運動は次を参照：Alessio Patalano, 'A Symbol of Tradition and Modernity', *Japanese Studies* 34 (2014), 61-82.
97. ニミッツは対馬沖海戦後間もなくして東郷の面識を得た。本人は東郷の葬儀に参列している。次を参照：Potter, *Nimitz,* 56-7, 158,397-8; and Brayton Harris, *Admiral Nimitz* (New York, 2012), 13, 48.
98. 映画監督渡辺邦男の作品は明治天皇のパイオニア的肖像を描いた。次を参照：Chiba, 'Shifting Contours', 2:371-4.
99. この映画は観客動員数（約 2000 万人）、収入ともに当時としては日本の映画史上最高の記録を達成した。この観客動員数の記録は 2001 年に公開された宮崎駿監督のアニメ映画「千と千尋の神隠し」によって破られた。
100. 1957 年以来、月刊誌「文藝春秋」は記念艦三笠に対する国民の関心喚起に深く関わってきた。次を参照：NIDS「戦史-日露戦争・7」。文藝春秋寄稿のニミッツの記事については次を参照：Potter, *Nimitz,* 466–7; and Harris, *Admiral Nimitz,* 210. ニミッツのレガシーはそこで終わらなかった。2009 年米原子力空母ニミッツの乗組員たちが三笠の塗装作業を申し出た。ニミッツの復活関与については次を参照：Papers of Chester W. Nimitz, Archives Branch, Naval History and Heritage Command, Washington, D.C., Box 63, folders 499-503.
101. 支援団体の一つ日本相撲協会は地方巡業で募金活動を行なった。このプロジェクトには 50 万人を超える国民が寄付した。復活事業の中心的資料は 32 頁の保存協会発行のパンフレット（横須賀、1981）。
102. 当初見学者が多数押し寄せたが、1970 年代から 80 年代にかけて年間 15 万から 20 万人で推移し、90 年代に減少した。次を参照：Hirano et al., 'Recent Developments', 252.
103. Elmer B. Potter and Chester Nimitz (eds), *The Great Sea War* (Englewood Cliffs, 1960);

Chester Nimitz and Elmer B. Potter, 日本語版：C・W・ニミッツ、E・B・ポッター「ニミッツの太平洋海戦史」（東京、1962）。

104. 日本語版の印税をニミッツが寄付した件については次を参照：Potter, *Nimitz,* 467; and Harris, *Admiral Nimitz,* 175.

105. 福岡県福津市にある東郷神社と宝物館は 1934 年に建立された日本海海戦紀念碑の近くに創建・開設された。

106. Harald Salomon, 'Japan's Longest Days', inKing-fai Tam et al., *Chinese and Japanese Films on the Second World War* (Abingdon, 2015), 126.

107. Salomon, 'Japan's Longest Days', 121; and Marie Thorsten and Geoffrey M. White, 'Binational Pearl Harbor?', *The Asia-Pacific Journal* 8 (2010), Issue 52, no. 2.

108. この物語は全 6 巻ですぐに版を重ねた。次を参照：司馬遼太郎「坂の上の雲」（東京、1969–72）。英語版は全 4 巻で海戦は第 4 巻に収録。次を参照：Shiba Ryōtarō, *Clouds above the Hill* (London, 2012–14).

109. 司馬の文学上のレガシーと日本の戦争記憶に及ぼしたインパクトについては次を参照：Donald Keene, *Five Modern Japanese Novelists* (New York, 2003), 85-100; and Hidehiro Nakao, 'The Legacy of Shiba Ryotaro', in Roy Starrs (ed.), *Japanese Cultural Nationalism at Home and in the Asia Pacific* (Folkestone, 2004), 99-115.

110. 司馬の歴史観については次を参照：Tomoko Aoyama, 'Japanese Literary Response to the Russo-Japanese War', in Wells and Wilson (eds), *The Russo-Japanese War in Cultural Perspective,*79-82; and Alexander Bukh, 'Historical Memory and Shiba Ryōtarō', in Sven Saaler and Wolfgang Schwentker (eds), *The Power of Memory in Modern Japan* (Folkestone, 2008), 96-115.

111. 次を参照：野村直邦「元帥東郷平八郎」（東京、1968）：米沢藤良「東郷平八郎」（東京、1972）：戸川幸夫「乃木と東郷」（東京、1972）。

112. 吉村昭「海の史劇」（東京、1972）。本書は何度も版を重ね、2003 年にも重版された。

113. この連続漫画は書籍化された。次を参照：上田信、高貫布土「実録日本海海戦」（東京、2000）。

114. 江川達也「日露戦争物語」（東京、2001–6）。2001 年から 5 年間漫画週刊誌に掲載された。22 巻の漫画本としても出版されている。

115. 江川と司馬の作品の違いについては次を参照：Yukiko Kitamura, 'Serial War: Egawa Tatsuya's Tale of the Russo-Japanese War', in John W. Steinberg et al. (eds), *The Russo-Japanese War,* 2:427-30.

116. 著者の知名度が高いこともあり、2007 年出身地の松山市に日本の著名建築家安藤忠雄設計による「坂の上の雲ミュージアム」が開設された。

117. 13 話で構成されたこの連続ドラマは非常な人気で、平均視聴率が 14.5%。最後の 2 話は 19.6% に達した。

118. 広瀬健夫「日露戦争をめぐって」、次に収録：ロシア研究会（編）「日露 200 年」（東京、1993）106。

119. 豊田譲「東郷平八郎」、次に収録：文藝春秋（編）「日本の論点」（東京、1992）、594-601：Ienaga, 'Glorification of War', 129-31.

120. この教科書の内容に関する概括は次を参照：Elena Kolesova and Ryota Nishino, 'Talking Past Each Other?' *Aoyama Journal of International Studies* 2 (2015),22-3.

121. 式典については次を参照：Hirano et al., 'Recent Developments', 252.

122. この 2 隻の外国の軍艦との想定される関連は記念艦三笠の公式サイトの説明によれば、3 隻は「歴史的海戦で国の独立を守るため勇敢に戦った」由緒を持つ「世界最大の記念艦」である。次のオンラインを検索： https://www.kinenkan-mikasa.or.jp/mikasa/big3.html (2020 年 3 月 1 日の検索)。

123. Patalano, *Post-War Japan,* 90.

124. 次を参照：Colin Joyce, 'Japan proudly flies battle flag again', *The Telegraph,* 6 January 2005.

125. この記念碑と近年の海戦記念の "平和主義的" 側面については次を参照：Hirano et al. 'Recent Developments', 253-7.

126. 合衆国海軍が海戦に参加しなかったにもかかわらず、第7艦隊司令官は毎年挙行される記念艦三笠での記念式典に来賓として招かれている。次を参照：塚田修一「体験なき戦争の記憶の現場」三田社会学 23（2018）94.
127. この傾向は四国の板東俘虜収容所に収容されたドイツ兵捕虜に対する人道的扱いの美化にも見ることができる。場所が復元され、2006年公開の劇映画「バルトの楽園」も制作された。もう一つが在リトアニア領事代理杉原千畝に対する崇敬である。1940年リトアニアのユダヤ人難民にビザを発給した人物。この外交官とその行為は敦賀市の「人道の港」を含むいくつかの記念施設で後世に伝えるべく顕彰されている。日本の歴史的イメージを変える運動については次を参照：Masami Saito et al., 'Dissecting the Wave of Books on Nippon Kaigi', *The Asia-Pacific Journal* 16 (2018).
128. 2015年には25万3000人の見学者が戦艦三笠を訪れた。同年時点の保存会々員数は3790人である。次を参照：塚田「体験」、89-90。
129. 近年、三笠艦上で行なわれる式典では、この語り口が使われるが、それには中国の不法領海侵入、未解決の対北朝鮮ならびに対ロシア問題に対する弱腰を嘆く声がともなっている。次を参照：塚田「体験」、93。
130. 2004年このような状況を背景として、新しい像の建設を推進する委員会は「今日の日本は自信喪失している」とし、「国家の誇りは、5月27日の遺産を伝え、日本国民の心に刻み付けることによって助長できる。そうして初めて我が国日本は、その偉大なる希望と夢を回復できる。我々委員会は古き日本への回帰を願い続けるとともに、これを“真なる民族主義”である“武士道日本”（の価値観）と、将来の世代に対する目的として誇りある日本の建設を重ねて力説するひとつの機会と考える」と力説した。次に引用：Hirano et al., 'Recent Developments', 254.

第4章

1. Anna Akhmatova, Sochineniia(Moscow, 1986), 1:284. 次も参照：Apushkin, *Russko-iaponskaia voina,* 315.
2. たとえば1905年6月2日付アメリカのメイヤー大使 (George von Lengerke Meyer)の報告を参照。次に引用：Tyler Dennet, *Roosevelt and the Russo-Japanese War* (New York, 1925), 217. 1905年1月の旅順喪失はロシア国民に同じようなショックを与えた可能性がある。しかし、今や革命ゆえに、彼らの反応はよりあからさまで、率直になった。
3. 1905年6月5日付イギリスの外交官ハーディング (Arthur Henry Hardinge) のランズダウン外相宛報告。次に収録：G.P. Gooch and Harold Temperley (eds), *British Documents on the Origins of the War* (London, 1926–38), 4:83. 次も参照：Feeling in St Petersburg', *The Times,* 1 June 1905, 5.
4. Aleksandr Kuprin, *Shtabs-Kapitan Ribnikov* (St Petersburg, 1906). 英訳版は次を参照：Aleksandr Kuprin, 'Captain Ribnikov', in Gerri Kimber etal. (eds), *The Poetry and Critical Writings of Katherine Mansfield* (Edinburgh, 2014), 165.
5. 対日戦および1905年の革命時におけるロシアのジャーナリズムについては次を参照：Louise McReynolds, *The News under Russia's Old Regime* (Princeton, 1991), 168–222.
6. *Peterburgskaia Gazeta,* no. 127, 31 May 1905.
7. S. Galai, 'The Impact of War on the Russian Liberals in 1904–5', *Government and Opposition* 1 (1965), 105–6.
8. Galai, 'The Impact', 106.
9. *Russkoe Slovo,* no. 254, 23 June 1905.
10. 戦争に対するロシア内外のユダヤ人の態度については次を参照：Shillony, *The Jews and the Japanese,* 143-50.
11. たとえば次を参照：'HaMilchama al HaYam',, *Ha-Tsfira,* 30 May 1905, 1; 'HaMilchama', *HaSman,* 2 June 1905, 1. 海戦の概要および日本人の愛国心に対する理解、ロシアのよみがえりに対する期待については次を参照：'Acharei Milchemet HaYapanim VeHaRussim al pnei HaYam', *Ha-Tsfira,* 4 June 1905, 1.

12. 'Hamilchama', *Machsike Hadas,* 2 June 1905, 6. 当時リヴィウはオーストリア・ハンガリー帝国の一部であった。
13. 次を参照：Raymond Esthus, *Double Eagle and the Rising Sun* (Durham, 1988), 5.
14. Grand Duke Alexander, *Once a Grand Duke* (NewYork,1932),223. 著者によれば、考えられない時間であるが、海戦のニュースは 1905 年 5 月 27 日、ガッチナ宮殿での屋外パーティの最中にメッセンジャーが伝えたという。
15. Nicholas Ⅱ, *Dnevnik imperatora Nikolaia II* (Berlin, 1923), 201.
16. Nicholas Ⅱ, *Dnevnik,* 201.
17. 戦前皇帝が抱いていた日本人観は次を参照：Rotem Kowner, 'Nicholas IIand the Japanese Body', *The Psychohistory Review* 26 (1998), 211-52. 対馬沖海戦の前夜における皇帝の戦争観については次を参照：Raymond Esthus, 'Nicholas II and the Russo-Japanese War', *Russian Review* 40 (1981), 403.
18. Esthus, 'NicholasⅡ', 404. この点に関するセルゲイ・ウィッテ(Sergei Witte)の大局観は本人の回顧録を参照：*The Memoirs of Count Witte* (Garden City, 1921), 132. これとは少し見方の違う記述は次を参照：Wcislo, *Tales of Imperial Russia,* 189.
19. Esthus,'NicholasⅡ', 404.ロシアがシベリアを失うとはとても思われなかった。1905 年 6 月までにロシア兵 100 万が北部満洲に集結していた。一方の日本は大きい損害に苦しみ、平和を求めていたので、ロシアがさらに相当な地域を失う可能性は極めて低かった。
20. Boris A. Romanov (ed.), 'Konetsrussko-iaponskoĭ voiny (Voennoe soveshchanie 24 Maia 1905 goda v Tsarskom Sele)', *Krasnyi arkhiv* 3(1928) , 201.
21. Esthus, 'NicholasⅡ', 405.
22. Aleksei Kuropatkin, *The Russian Army and the Japanese War* (New York, 1909),1:241-2.
23. 1905 年革命の全体像は次を参照：Sidney Harcave, *First Blood* (New York, 1964); and Abraham Ascher, *The Revolution of 1905* (Stanford, 1988).
24. 1905 年 2 月から 5 月にかけて生じた国内危機の推移と対馬危機の発生については次を参照：Roberta Manning, *Crisis of the Old Order in Russia* (Princeton, 1982), 89-105.
25. 戦艦ポチョムキン艦上の出来事については次を参照：John Bushnell, *Mutiny Amid Re pression* (Bloomington, 1993), 55-65; Neal Bascomb, *Red Mutiny* (Boston, 2007); and Iu. Kardashev, *Vosstanie: Drama naTendre* (Kirov, 2008). 死者数は次を参照：Robert Weinberg, *The Revolution of 1905 in Odessa* (Bloomington, 1993), 136.
26. 満洲戦域におけるロシア軍の兵力は 1905 年 8 月末までに 78 万 8000 人に達した。次を参照：Levitskiĭ, *Russko-Iaponskaia voina,* 386.
27. 次を参照：onathan Frankel, 'The War and the Fate of the Tsarist Autocracy', in. Kowner(ed.), *The Impact,* 63.
28. メンシコフは 1902 年に出た反ユダヤの偽書「シオン長老の議定書」に対する最初の原文言及にかかわっていた。次を参照：Cesare De Michelis, The Non-Existent Manuscript Lincoln, 2004), 23-37.
29, Mikhail O Menshikov Polyaki Tusima', *Novoe Vremia,* 18 February 1908.
30. Frankel, 'The War', 65.
31. Abraham Ascher, *P.A. Stolypin* (Stanford, 2001), 137-49.
32. Witte, *The Memoirs,* 132.
33. John Leyland, 'The Russo-Japanese Naval Campaign', in J. Leyland and T.A. Brassey (eds), *The Naval Annual, 1906* (Portsmouth, 1906), 116.
34. Roderick McLean, 'Dreams of a German Europe', in Annika Mombauer and Wilhelm Deist (eds), *The Kaiser* (Cambridge, 2004), 119-42.
35. 次を参照：Rotem Kowner,'The HighRoadtoWorldWarI? Europeand Outcomes of the Russo-Japanese War', in Chiharu Inaba, John Chapman, and Masayoshi Matsumura (eds), *Rethinking the Russo-Japanese War: The Nichinan Papers* (Folkestone, 2007), 294-7.
36. 南東ヨーロッパにおける均衡の瓦解については次を参照：David Stevenson, *Armaments and the Coming of War* (Oxford,1996), 112-64.
37. Robert Seton-Watson, Sarajevo (London, 1926), 36.

38. 第1次世界大戦に先立つ時代の日露和睦については次を参照：Berton, *Russo-Japanese Relations,* 2-7; and Pestushko and. Shulatov,'Russo-Japanese Relations', 101-18.
39. 合意文書は秘密であったが、その内容はイギリスとフランスに伝えられた。次を参照：Berton, *Russo-Japanese Relations,* 3.
40. 次を参照：Mikhail Petrov, *Podgotovka Rossiĭ k mirovoi voine na more* (Moscow, 1926), 95, 103; Donald Mitchell, *A History of Russian and Soviet Sea Power* (NewYork, 1974), 269.
41. 1906年時点の帝政ロシア海軍の組織構造と艦艇については次を参照：The Editors, 'TheProgress of Navies', 25-8.
42. Peter Gatrell, Government, Industry, and Rearmament in Russia (NewYork,1994),71.
43 1906–10年における帝政ロシア海軍の地位は次を参照：EvansandPeattie,Kaigun,147. 1906年時点で世界第6位という地位は次の二人によって裏付けられている：Modelsky and Thompson, *Seapower in Global Politics,* 123. 総トンで見れば、ロシア海軍は戦前の排水トンの半分以上を喪失した。1905年6月1日時点で約22万4000トン、日本帝国海軍(5位）とイタリア海軍-Regia Marina(6位）より下である。この事実に対する世界メディアの注目は次を参照：'Sea Strength of the Naval Powers', *Scientific American* 93, no. 2 (8 July 1905), 26; and 'Russia Seventh of Naval Powers, Was Third until Admiral Togo Won His Victory', *The New York Times,* 2 June 1905, 1.
44. Klado, *The Battle,* 130.
45. 次を参照：Aleksei Shishov, Rossiia i Iaponiia (Moscow, 2001), 340-5.
46. 著述家たちは彼を皇帝の贔屓を利用して自分の無能をごり押しする人物とみたり、あるいは皇帝のまずい管理の悲劇的犠牲者ととらえた。次を参照：Westwood, Witnesses of Tshushima, xi.
47. Pleshakov, *The Tsar's,* 321-6.
48. 1906年1月29日付でロジェストヴェンスキーを復職させる決定については、次を参照：RGAVMF, Fund 406, inventory 9, case 3560, sheet 1-13 vol.
49. 皇帝がこの審理の背景にいるとする意見は次を参照：Pleshakov, *The Tsar's,* 326–7.
50. 「ロジェストヴェンスキー語る 東郷に負けた提督がイギリスを非難」とある。次を参照：*The Spokane Press,* 3 January 1906, 1. 次も参照：Pleshakov, *The Tsar's,* 328–30.
51. 軍法会議にかけられた将校の中でロジェストヴェンスキーの幕僚がいた。次の2人である：Captain Konstantin Clapier de Colongue (1859-1945), Colonel Vladimir Filippovskiĭ, 次の人物も然り：Commander Vladimir Semenov. 次を参照：Thiess, *The Voyage,* 388-9. 査問委員会における彼らの証言は次を参照：Russia, *Russko-iaponskaia voina* 1904-05. *Deistvia flota,* 4:79-84; 106-9, 85-105,
52. 「ロジェストヴェンスキー有罪：提督、自分の幕僚を救うため抗弁」とある。次を参照：*New York Tribune,* 5 July 1906, 1. 査問委員会における彼の証言は次を参照：Russia, *Russko-iaponskaia voina*1904-05. *Deistvia flota,* 4: 9–42. 彼が佐世保から（1905年7月）海軍省へ送り、1906年3月20日に提出された報告については次を参照：Russia, *Russko-iaponskaia voina* 1904-05. *Deistvia flota,* 3:597-616, and 617-32.
53. 「ロジェストヴェンスキー自由の身に：軍法会議提督に無罪判決」とある。次を参照：*New York Tribune,* 11 July 1906, 3. 次も参照：Pleshakov, *The Tsar's,* 331-3.
54. 次に引用：Gribovskiĭ, *Vitse-admiral Z.P. Rozhestvenskiĭ,* 309.
55. 査問委員会におけるエンクヴィストの証言は次を参照： Russia, *Russko-iaponskaia voina* 1904-05. *Deistvia flota,* 4:61-9.
56. 査問委員会におけるネボガトフの証言は次を参照： Russia, *Russko-iaponskaia voina* 1904-05. *Deistvia flota,* 4:43-60.
57. Richard Plaschka, *Matrosen, Offiziere, Rebellen, Krisenkonfrontationen zur See* (Vienna, 1984), 1:283.
58. Denis Warner and Peggy Warner, *The Tide at Sunrise* (New York, 1974), 518.
59. 降伏当時アリョールの艦長であったシュベデ中佐は無罪であった。艦の損傷がひどく、戦闘続行は不適と判断され、さらに致命傷を負ったニコライ・ユンク艦長に代わって指揮を執ったのは数時間前であった。

60. ネボガトフの裁判は彼の降伏に至る決心をめぐって長い間論議が続いた。たとえば次を参照：Generalmajor D. C. von Zepelin, 'Die Kapitula- tion des "Bjödowy" und der Schiffe Nebogatows', *Marine-Rundschau* (1907), 186-96; Hans-Otto Rieve, 'Admiral Nebogatov Schuld oder Schicksal', *Marine-Rundschau1* (1964), 1-11; Alexander Meurer, *Seekriegsgeschichte in Um rissen* (Leipzig, 1941), 402; Warner and Warner, *The Tide at Sunrise,* 516-19; Vladimir Gribovskiĭ, 'Krostniĭ put' otriada Nebogatova', *Gangut* 3 (1992), 34.
61. Afflerbach, 'Going Down with Flying Colours?', 200.
62.次を参照：Kowner, *Historical Dictionary,* 368, 513.
63. 次を参照：Gribovskiĭ, 'Krostniĭ put', 34.
64. Vinogradov, 'Battleship Development', 269.
65. しかし帝政ロシアでルドネフの名声は長続きしなかった。乗組員の反乱に懲戒処分をせず、結局 1905 年末までに退役リストに入れられた。2 年後明治天皇は本人に勲二等旭日重光章を授与した。対馬沖海戦に参加したロシアの軍人で日本の勲章をもらったのはルドネフだけである。次を参照：Kowner, *Historical Dictionary,* 460-1.
66. 次を参照：Petrov, *Podgotovka Rossiĭ,* 99–100; Kornelliĭ Shatsillo, Russkiĭ imperializm i razvitieflota nakanune pervoi mirovoi voiny (Moscow, 1968), 173– 4 .
67. 次を参照：Evgenii Podsoblyaev, 'The Russian Naval General Staff', *Journal of Military History* 66 (2002), 42-3.
68, 対馬沖海戦後に始まる議論の主たる場は次を含む: *NovoeVremia, Sankt-Peterburgskie vedomosti, Slovo, Voenni Golos,* および海軍雑誌 *Morskoi sbornik.* 初期の議論の記事例は次を参照：Podsoblyaev, 'The Russian Naval General Staff ', 46 n.31. 1908 年 2 月 5 日から 18 日まで連載された海軍改革に関するブルトの批判記事 6 本は次を参照：E.K. Brut, 'Reformaflota', *Novoe Vremia,* 5-18 February 1908.
69. 対馬沖海戦にともなう帝政ロシア海軍の構造改革と再建に関する最も重要な論評は次を参照：Petrov, *PodgotovkaRossiĭ,* 特に 90–129 および Shatsillo, *Russkiĭ imperializm.* 英語の記事は次を参照：Peter Gatrell, 'After Tsushima: Economic and Administrative Aspects of Russian Naval Rearmament', *Economic History Review* 43 (1990), 255-72; Podsoblyaev, 'The Russian Naval General Staff ', 37-69 および Tony Demchak, 'Rebuilding the Russian Fleet', *Journal of Slavic Military Studies* 26 (2013), 25-40. 第 1 次世界大戦までの帝政ロシア海軍の進化に関する概括は次を参照：Mitchell, *A History,* 267-82.
70. 次に引用：Podsoblyaev, 'The Russian Naval General Staff ', 51.
71. 次に引用：Cited in Podsoblyaev, 'The Russian Naval General Staff ', 51.
72. この開発・発展計画は次を参照：Petrov, *Podgotovka Rossiĭ,* 110-19.
73. Petrov, *Podgotovka Rossiĭ,* 133-6; Westwood, *Russian Naval Construction,* 51-3.
74. 対馬沖海戦の敗北直後に始まる帝政ロシアの北極海経由航路の探査について、その初期的論評は次を参照：William Barr, 'Tsarist Attempt at Opening the Northern Sea Route: The Arctic Ocean Hydrographic Expedition, 1910-1915', *Polarforschung* 45 (1972), 54-5. 次も参照：N.A. Transehe, 'The Siberian Sea Road: The Work of the Russian Hydrographical Expedition to the Arctic 1910-1915', *Geographical Review* 15, no.3 (1925), 367-98; I.Ye. Kuksin, 'The Arctic Ocean Hydrographic Expedition 1910-1915', *Polar Geography andGeology* 15 (1991), 299-309.
75. ロシアの定義によると、北海ルートは北東水路の一部である。それはバレンツ海を含まず、したがって大西洋に至ることはない。このルートとその歴史については次を参照：Marcus Matthias Keupp, 'The Northern Sea Route: Introduction and Overview', in M.M. Keupp (ed.), *The Northern Sea Route* (Wiesbaden, 2015), 7-20.
76. 次を参照：Andreas Renner, 'Markt, Staat, Propaganda: Der Nördliche Seeweg in Russlands Arktisplänen', *Osteuropa* 70, no. 5 (2020), 39-59.
77. Podsoblyaev, 'The Russian Naval General Staff ', 67.
78. 対馬沖海戦から 10 年、この間のロシアの戦艦開発については次を参照：Vinogradov, 'Battleship Development', 118-41.
79. 列強海軍のドレッドノート級の 1 号艦竣工はドイツが 1909 年 10 月、アメリカが 1910

年3月、日本が1912年3月、フランスが1913年11月の順である。

80. N. Nordman, 'Nashi morskie budzheti', *Morskoi Sbornik* 379, no. 12 (1913), 77.そのなかで戦艦の占める割合はいくつかの計算によると64%に達した。次を参照：Vinogradov, 'Battleship Development', 284. 軍事予算の総計は次を参照：Fuller, *Civil–Military Conflict,* 227.
81. この結論については次を参照：Petrov, *Podgotovka Rossii,* 184.
82. 第1次世界大戦前に立てられたロシアの建艦計画1917〜29については次を参照：Vinogradov, 'Battleship Development', 286, Table 1.2.
83. 第1次世界大戦時のバルチック艦隊に関する短い論評は次を参照：O'Hara and Heinz, Clash of the Fleets, 60-6, 116-36, 190-4, 244-57, 304-5.
84. この反乱は次を参照：Paul Avrich, *Kronstadt,* 1921(Princeton, 1970).
85. 次に引用:George Hudson, 'Soviet Naval Doctrine under Lenin and Stalin',*Soviet Studies* 28 (1976), 43.
86. Jürgen Rohwer and Mikhail Monakov, *Stalin's Ocean-Going Fleet* (Portland,2001) 69-109.
87. Milan Hauner, 'Stalin's Big-Fleet Program', *Naval War College Review* 57, No. 2(2004), 115.
88. ロシアにおける戦争記念については次を参照：DmitriiOleinikov, 'The War in Russian Historical Memory', in Steinberg et al. (eds), *The Russo-Japanese War,* 1:509-22; and Shillony and Kowner. 'The Memory', 1-9.
89. 次に引用：Aaron Cohen, 'Long Ago and Far Away', *Russian Review* 69(2010), 388.
90. 1912年のバルカン危機での干渉にロシア政府が失敗したことを書くうえでメディアが対馬に言及した件は次を参照：David McDonald, *United Government and Foreign Policy in Russia* (Cambridge, 1992), 189.
91. 次に引用：David Wells, 'The Russo-Japanese War in Russian Literature', in Wells and Wilson (eds), *The Russo-Japanese War in Cultural Perspective*, 124. それでもなお注目すべきは、トルストイが戦場で発揮する日本人の戦闘上の資質を尊敬するにやぶさかではなかった点である。次を参照： Barry Scherr, 'The Russo-Japanese War and the Russian Literary Imagination', in Steinberg et al. (eds), *The Russo-Japanese War,* 1:440.
92. 日露戦争全体そして特に対馬沖海戦が与えた特別なインパクトについて、そのいくつかの概括はたとえば次を参照：Wells, 'The Russo-Japanese War'; Rosamund Bartlett, 'Japonisme and Japanophobia', *Russian Review* 67 (2008), 24-9; and Susanna Lim, *China and Japan in the Russian Imagination* (Abingdon, 2013), 149-61.
93. ロシア語および英語翻訳の詩については次を参照：Wells, 'The Russo-Japanese War', 117-18 (ツシマに関する近年の作品はpp109, 114-16を参照)。
94. Andrei Bely, Petersburg (St Petersburg, 1913). 英訳版は次を参照：Andrei Bely, *Petersburg* (Bloomington, 1978).
95. 海戦後に生じた"黄禍"の恐怖を語る類似の文章は象徴主義文学者メレズコフスキーの次の記事を参照：Dmitriĭ Merezhkovskiĭ' *Gria- dushchiĭ kham* (迫り来るボーア人、1906). 本人の見解は次を参照：Lim, *China and Japan,* 156-8.
96. セメノフの著書は次の3部作を含む：*Rasplata, Boi Pri Tsusime,and Tsena Krovi* (St Petersburg, 1906). 死後の出版は次を参照：*Floti Morskoe Vedomstvo do Tsushimi i Posle* (St Petersburg, 1911). 三部作の英訳版は次を参照：*Battle of TsuShima* (1906); *Rasplata (The Reckoning)* (1909); and *The Price of Blood* (1910).
97. 海戦におけるロシア側の総崩れの原因分析は次を参照：Klado, The Battle, 126-30.
98. *Novoe Vremia,* 26 May 1908, 次に引用：Cohen, 'Long Ago and Far Away', 400.
99. 皇族が建設費用として少なくとも5万ルーブルを寄付した（総額の約18%）。次を参照：Cohen, 'Long Ago and Far Away', 397.
100. 第1次世界大戦前の10年間に生じた日本に対するロシア人の陶酔感は次を参照：Bartlett, 'Japonisme and Japanophobia', 30-3; Lim, *China and Japan,*161-9.
101. 大戦（第1次）を"国家総動員戦争"とし、対日戦争と対比する行為については次を参照：Christopher Stroop, 'Thinking the Nation through Times of Trial', in Murray Frame et al. (eds), *Russian Culture in War and Revolution* (Bloomington, 2014), 2:207; および William Fuller, *Strategy and Power in Russia* (New York, 1992), 408-9.

102. ソ連の日露戦争観に関する最も詳細な研究は次を参照：清水威久「ソ連と日露戦争」（東京、1973）。
103. 次に引用：Isaac Deutscher, Stalin (London,1949),528. レーニンの戦争観は次を参照：清水「ソ連と日露戦争」45–140。
104. Vladimir Lenin, 'The Debacle', from *Proletarii̮,* no.3,9 June 1905; in Vladimir Lenin, *Collected Works* (Moscow, 1960-7), 7:389.
105. 1920年代ソビエトが追悼した人物の一人が海軍将校シュミット（Petr Schmidt）である。黒海艦隊の司令部があり主要基地でもあるセバストポリで、1905年11月に大規模蜂起を組織、指揮した人物として知られる。鎮圧後、当局によって処刑された。次を参照：Robert Zebroski, 'Lieutenant Peter Petrovich Schmidt: Officer, Gentleman, and Reluctant Revolutionary', *Jahrbücher für Geschichte Osteuropas* 59 (2011), 28-50.
106. この施設破壊を決めたのはセルゲイ・キーロフ（Sergei Kirov 1886-1934）といわれた。全連邦共産党（ボリシェヴィキ）レニングラード地区委員会第一書記で、強い影響力を持つ人物。おそらく中央政府の意向とは無関係の行為と思われる。
107. 1932年、本書の出版が熱烈に歓迎され、長期間読み継がれた件は次を参照：Oleinikov, 'The War', 515-16.
108. 初めにロシア語版で出た本書は第1巻が92万5000部、第2巻は52万700部売れた。次の英語版の訳者解説を参照：Aleksei Novikov- Priboi, *Tsushima* (London, 1936), i.
109. Aleksei Novikov-Priboi, *Tsushima,* 2 vols. (Moscow, 1935–36); アレクセイ・ノビコフ・プリボイ「日本海海戦」(東京, 1933–36); Alexey Novikoff-Priboy, *La tragédie de Tsoushima* (Paris, 1934); Alexey Novikoff-Priboy, *Tsushima* (London, 1936).
110. 次を参照：J.N. Westwood, 'Novikov-Priboi as Naval Historian', *Slavic Review* 28 (1969), 297-303.
111. 1930年代日ソ対立のエスカレートについては次を参照：RyōichiTobe, 'Japan's Policy toward the Soviet Union, 1931-1941', in Streltsov and Shimotomai (eds), *A History of Russo-Japanese Relations,* 201-17; and Anasta- siaLozhkina, Yaroslav Shulatov, and Kirill Cherevko, 'Soviet–Japanese Relations after the Manchurian Incident, 1931-1939', in Streltsov and Shi- motomai (eds), *A History of Russo-Japanese Relations,* 218-37.
112. Nikolai Levitskiĭ, *Russko-Iaponskaia voina 1904-1905 gg.* (Moscow, 1936); Aleksandr Svechin, *Strategiia XX veka na pervom etape* (Moscow, 1937). ステパノフの小説の英訳は次を参照：Aleksandr Stepanov, *Port Arthur, Historical Narrative* (Moscow, 1947).
113. 1943年、帝政シンボルの復権プロセスは軍人に対する肩章の再導入で新しい段階を迎えた。それまで金の肩章（zoloto-pogonniki）は白露軍の兵隊を嘲笑する意味で使われてきたことを考えれば驚くべき転換であった。さらにこの後、退役軍人は第1次世界大戦、さらにその前の日露戦争従軍時に受けた帝政ロシアの勲章装着も許された。
114. Levitskiĭ, *Russko-Iaponskaia voina* (Moscow, 2003), 397.
115. Levitskiĭ, *Russko-Iaponskaia voina,* 399–400. レヴィツキーは両艦隊を詳しく比較し、次の結論に達した。すなわちロシア側の艦砲の発射速度は2〜3倍以下。日本の艦隊は1分間の発射弾量で、ロシア側の2.5倍であった。さらに日本側艦砲砲弾の炸薬量はロシア側の5〜6倍大きかった。
116. Levitskiĭ, *Russko-Iaponskaia voina,* 404.
117. Levitskiĭ, *Russko-Iaponskaia voina,* 405.
118. Bikov, *Russko-Iaponskaia voina,* 565.
119. Bikov, *Russko-Iaponskaia voina,* 587-8.
120. 興味深いのはレヴィツキーとバイコフはともにネボガトフの降伏に短く触れただけで、さらに本人を非難していない。開戦数年後に出したアプシュキンのネガティブな見方と対照的である。次を参照：*Russko-iaponskaia voina,* 310–12.
121. Bikov, *Russko-Iaponskaia voina,* 605.
122. Bikov, *Russko-Iaponskaia voina,* 605.
123. この軍事衝突に関する最良の報告は現在も次の書である:Alvin Coox, *Nomonhan: Japan against Russia* (Stanford, 1985).

124. 次を参照： L. Gench, 'Tridtsatpiat let nazad. Teper', *Krokodil* 3 (1939), 3, 次に引用：YuliaMikhailova, 'Japan's Place in Russian and Soviet National Identity', in Mikhailova and Steele (eds), *Japan and Russia,* 84. ボロチャエフカとスパスコは 1918～22 年のシベリア出兵時、ボリシェヴィキのパルチザンが日本の部隊を壊滅した場所である。
125. Andrew Grajdanzev, 'Japan in Soviet Publications', *Far Eastern Survey* 13, no. 24 (1944), 224-5.
126. 次に引用：Deutscher, *Stalin,* 528.
127. デレビヤンコ（Derevyanko）は日本の降伏文書の調印者の一人であり、次いで東京の連合軍最高司令官（SCAP）司令部のソ連代表として勤務した。次を参照：Potter, *Nimitz,* 398, 466.
128. 防護巡洋艦スウェトラーナ乗組員の最後の生き残りが 1975 年に死去した。次を参照：Oleinikov, 'The War', 510, 521.
129. この映画製作の波は次の 4 部作「戦争と平和」をもって始まる：Sergei Bondarchuk's four-part *Voinai mir* (*War and Peace*) in 1966-7, 最も費用のかかった作品が白露系難民を扱った歴史劇映画「帰郷」(Beg)。同時並行的に生じた白露運動のイメージ変化は次を参照：Alexander Fedorov, 'The Image of the White Movement in the Soviet Films of 1950s–1980s', *European Journal of Social and Human Sciences* 9 (2016), 28–31.
130. 次を参照：Viktor V. Kuz'minkov and Viktor N. Pavlyatenko, 'Soviet–Japanese Relations from 1960 to 1985', in Streltsov and Shimotomai (eds), *A History of Russo-Japanese Relations,* 425-34.
131. 'Japan: Treasure off Tsushima', *Time* 116, no. 16, 20 October 1980. その際アドミラル・ナヒーモフの 203 ミリ砲 1 門が海中から引き揚げられ、現在対馬の茂木浜に展示されている。
132. 破壊の直前にモザイクの一部がほかへ移された。それが 1995 年に発見され、2007 年に再建された教会へ戻された。
133. 次に引用：Kolesova and Nishino,'Talking Past',25.
134. Kolesova and Nishino, 'Talking Past', 25–6.
135. たとえば次を参照：Aleksandr Chubaryan, *Istoriia Rossii XX-nachalo XXI veka. 11 klass* (Moscow, 2007), 32.
136. 次に引用：Leonid Smorgunov, 'Strategies of Representation', in Mikhailova. and Steele (eds), *Japan and Russia,* 204.
137. 2005 年 2 月 17 日付時事通信英語ニュース記事。日露両海軍の相互親善訪問と合同演習は次を参照：Vladimir Solntsev, 'Russia, Japan to Hold Joint Naval Exercises', *TASS News Wire* (1 June 1998), 1; Vladimir Solntsev, 'Russian Navy to Attend Joint Exercise with Japan', *TASS News Wire* (15 September 2001), 1.
138. 6 年後ソウルで、韓国の代表がロシア当局者に防護巡洋艦ワリヤーグに掲揚されていた旗を渡した。仁川沖海戦後、この旗が海底から引き揚げられ、地元の博物館に保管されていたもの。次を参照：'Historic Ship's Flag Returns Home to Russia', *Naval History* 25 (February 2011), 11.
139. 2000 年代の日露関係については次を参照：HidetakeKawaraji, 'Japanese–Russian Relations in the 21st Century, 2001-2015', in Streltsov and Shimotomai (eds), *A History of Russo-Japanese Relations,* 521–34; and Dmitry Streltsov, 'The Territorial Issue in Russian–Japanese Relations', in Streltsov and Shimotomai (eds), *A History of Russo-Japanese Relations,* 577–606.
140. 次を参照：Hirano et al., 'Recent Developments', 252, 255.
141. 一連の書籍に関する短い概括については次を参照：David Schimmelpenninck van der Oye, 'Rewriting the Russo-Japanese War: A Centenary Retrospective', *Russian Review* 67 (2008), 81.
142. 回答者の 9 %は対馬沖海戦、8 %は旅順ないしワリヤーグを挙げた。次を参照：Cohen, 'Long Ago and Far Away', 411.

第5章

1. Yang, *Technology of Empire*, 35.
2. 次を参照：Kowner, *Historical Dictionary*, 589-90; Michael Sweeney and N.T. Roelsgaard, *Journalism and The Russo-Japanese War* (Lanham, 2020).
3. たとえば次を参照：Slattery, *Reporting the Russo-Japanese War*; Philip Towle, 'British War Correspondents and the War', in Kowner (ed.), *Rethinking*, 319-31; Michael S. Sweeney, '"Delays and Vexation"', *Journalism and Mass Communication Quarterly* 75 (1998), 548-59.
4. 戦時中、技術的に相当改善されたが、それでも日本からヨーロッパとアメリカへ送信する電報は中継上の遅れや技術上の問題で7〜10時間かかり、それ以上になることも珍しくなかった。次を参照：Cf. Yang, *Technology of Empire*, 37; Jorma Ahvenainen, *The Far Easter Telegraphs* (Helsinki, 1981).
5. 艦隊の位置を示唆する新聞見出しはたとえば次を参照：'17 Ships off the Saddle Islands', *Exeter and Plymouth Gazette*, 27 May 1905, 6; 'Rozhdestvensky's Possible Routes', *Birmingham Mail*, 27 May 1905, 2.
6. *The Sphere*, 21, no. 279, 27 May 1905, 1.
7. 艦隊の敗北を示唆する新聞見出しは次を参照：'The Great Naval Battle', *Newcastle Evening Chronicle*, 29 May 1905, 8; 'Rodjestvensky's Fleet Annihilated', *Liverpool Echo*, 29 May 1905, 8. 次も参照：'Great Naval Battle in Korean Straits; Japanese Success', *Eastern Daily Press*, 29 May 1905, 5.
8. 日本の勝利を報じる記事は次も参照：'Reported Japanese Success', *The Times*, 30 May 1905, 5; 'Great Japanese Victory', *The Times*, 30 May 1905, 5.
9. たとえば「日本側の損害、今までのところ巡洋艦1、水雷艇10」と報じた新聞は次を参照：'The Japanese Losses', *The Daily Telegraph & Courier*, 30 May 1905, 9.
10. *The Times*, 2 June 1905.「英国人東郷を称揚、日本の勝利に歓喜—トラファルガーに比肩」と報じた例は次を参照：*The New York Times*, 30 May 1905, 2.
11. しかしスフィアーは「ロシアの大艦隊、東郷艦隊により日本近海で潰滅」と報じた。次を参照：*The Sphere*, 3, 6-7, June 1905, 1.
12. たとえば「ロシアの艦隊を目撃」：*Daily Capital*, 27 May 1905, 1;「ロジェストヴェンスキー艦隊大衆の目を釘付け」：*Waterbury Evening Democrat*, 27 May 1905, 1;「ロシア艦隊中国沿岸に再集結」：*The Washington Times*, 27 May 1905, 1.
13. 「ロシア、日本に高笑い：ロジェストヴェンスキー艦隊日本の警戒をすり抜け、目下日本のフィシュポンドを通航、北上目撃」とある。次を参照：*Bismark Daily*, 27 May 1905, 1.
14. 'Naval Battle is Expected', *The Bemidji Daily Pioneer*, 27 May 1905, 1.
15. たとえば次の記事を参照：「朝鮮海峡の大海戦いまだ確認されず: 海戦はすでに生起との噂あり」, *The St. Louis Republic*, 28 May 1905, 1;「艦隊交戦か：東郷優位」, *The Sun* (New York),28 May 1905, 1;「目下交戦中？」, *Daily Press*, 28 May 1905, 1.
16. *Los Angeles Times*, 28 May 1905, 1.
17. *The San Francisco Call*, 29 May 1905, 1, 5.
18. *New York Tribune*, 29 May 1905, 1.
19. *The Washington Times*, 29 May 1905, 1.
20. たとえば次を参照：「ロシアの艦隊19隻沈没ないし捕獲、残余艦の撃破続く」, *The San Francisco Call*, 30 May 1905, 1;「ロシアの大艦隊海戦で一部沈没ないしは捕獲」, *The Washington Times*, 30 May 1905, 1.
21. たとえば次を参照：「両艦隊の戦力比」, *New York Tribune*, 29 May 1905, 2;「世界の中心から海上の一大決戦へ」, *The Washington Times*, 29 May 1905, 2.
22. 「飛弾ロジェストヴェンスキーに命中､敗走5隻は東郷をすり抜け：土曜の大海戦詳報、戦艦ボロディノの最後」, *Baltimore Evening Herald*, 30 May 1905, 1.
23. Marion Rodgers, Mencken: *The American Iconoclast* (Oxford, 2006), 97.
24. H.L. Mencken, *Newspaper Days* (New York, 1941), 274-5. 次も参照：Sweeney and Roelsgaard,

Journalism, 35.

25. たとえば次を参照：「東郷とロジェストヴェンスキー朝鮮海峡で激突：両艦隊半身不随の打撃」, *The St. Louis Republic,* 29 May 1905, 1;「ロシア艦隊、東郷に粉砕さる」, *The Topeka State Journal,* 29 May 1905, 1; 速報：東郷の大戦果」, *The San Francisco Call,* 30 May 1905, 1.
26. たとえば次を参照：「オリエントの中心人物は日本の東郷提督」, *The San Francisco Call,* 21 February 1904, 24.
27. 「東郷とネルソン」,*Evening Star* (Washington,DC),2June1905,4;「戦捷の旭日旗」, *The Washington Times,* 4 June 1905, 34. この比較はすぐに書籍で表明される。たとえば次を参照：Giuseppe Gavotti, *Tre grandiuomini di Mare* (Savona, 1911).
28. *The Washington Times,* 29 May 1905,1.
29. *The Washington Times,* 30 May1905,1.類似のニュースは次を参照：「頭部負傷：ロジェストヴェンスキー重傷」, *The Evening News* (Washington, DC), 30May 1905, 1.
30. たとえば次を参照：「露帝の艦隊殲滅」, *The Evening World,* 29 May 1905, 1.
31. 降伏のニュースはベルリンからの情報をもとに、まずドイツ語新聞に掲載された。次を参照：'Der Zusammenbruch', *Indiana Tribüne,* 30 May 1905, 3. 同じ日「ネボガトフ屈辱的降伏」のニュースが次に報じられた：*The Hawaiian Star,* 30 May 1905, 1.夕刊で報じたのがほかに数紙ある。
32. たとえば次を参照：「負傷水兵を海中投棄」,*LosAngeles Herald,*3 June1905,2;「見下げはてた光景—ネボガトフ降伏の記者報告」, The New York Times, 3 June 1905, 2.
33. たとえば次を参照：「ロシア艦上の裏切り」, The Evening World (New York), 2 June 1905, 1;「ロジェストヴェンスキー頭部骨折」, The Washington Times, 31 May 1905, 1;「佐世保で入院、ロジェストヴェンスキー：頭部骨折、回復すると医師団」, *The New York Times,* 1 June 1905, 2;「ロジェストヴェンスキー危機を脱すと報告あり」, *The San Francisco Call,* 3 June 1905, 2.
34. たとえば次を参照：'Laflotte russe' ,L'Intransigeant,29 May 1905,2：'La flotte russe dans le détroit de Corée' *L'Intransigeant,* 29 May 1905, 2.
35. Patrick Beillevaire, 'The Impact of the War on the French Political Scene', in Kowner (ed.), *The Impact,* 128-31.
36. 'Un désastre Russe: L'escadre Rodjestvensky anéantie', *Le Petit Parisien,* 30 May 1905, 1.
37. 'La bataillen avale: Un désastre Russe', *Le Journal,* 30 May 1905, 1. 次も参照：'La flotte Russe anéantie', *L'Aurore,* 30 May 1905, 1; 'La bataille du détroit de Corée: Catastrophe Navale', *Le Figaro,* 30 May 1905, 1.
38. 'Après le désastre: le biland'une bataille historique', *Le Petit Parisien,* 31 May 1905, 1; 'La poursuite continue le sort de Rodjestvinsky', *Le Journal,* 31 May 1905, 1; 'La défaite navale de Tsoushima', *L'Aurore,* 31 May 1905, 1; 'La défaitenavale russe', *Le Figaro,* 31 May 1905, 4; 'Premiers rapports de Togo, *La Dépêche,* 31 May 1905, 3.
39. 'Le désastre Russe: la guerre doit finir', *Le Croix,* 31 May 1905, 1.
40. しかし次を参照：'Les causes de la défaite russe', *Le Journal,* 3 June 1905, 1.
41. 'Roschdjestwensky geschlagen!', *Berliner Tageblatt,* 29 May 2015, 1; 'Der Sieg der Japanerzur See', *Berliner Tageblatt,* 29 May 1905, 1 (evening edition); 'Die baltische Flotte vernichtet!', *Berliner Volks-Zeitung,* 29 May 1905, 1.次も参照：'Sieg der japanischen Flotte', *Königlich privilegirte Berlinische Zeitung,* 29 May 1905, 1.
42. 'Der russisch-japanische Krieg: eine Seeschlacht', *Norddeutsche Allgemeine Zeitung,* 30 May 1905, 1; 'Die Seeschlacht bei Tsuschima', *Berliner Tageblatt,* 30 May 1905, 1. 地図は次を参照：'Die Seeschlacht in der Tsuschima-Straße', *Berliner Volks-Zeitung,* 30 May 1905, 1.
43. 1937 年 9 月 15 日、ヒトラーが武者小路公共駐独大使に語った言葉。次に引用：J.W.M. Chapman, 'Japan in Poland's Secret Neighborhood War', *Japan Forum* 7 (1995), 269.
44. 'Roschdjestwensky, Fölkersahm und Nebogatow gefangen?', *Berliner Tageblatt,* 31 May 1905, 1. 次も参照：'Die Katastrophe in der Koreastraße', *Berliner Volks-Zeitung,* 31 May

1905, 1.
45. 次を参照：'Rußland und Japan'，*Berliner Börsen-Zeitung,* 1 June 1905, 1; 'Kriegskunft und Staatskunft', *Königlich privilegirte. Berlinische Zeitung,* 1 June 1905, 1.
46. *Simplicissimus,* 17 October 1905, 338. アジアにおけるこの戦争に関する雑誌の見解は次を参照：Peter Hugill, 'German Great-Power Relations in the Pages of "Simplicissimus"', *Geographical Review* 98 (2008), 13-16.
47. 非欧米世界におけるこの戦争に対する一般大衆の反応は次を参照：Pankaj Mishra, *From the Ruins of Empire* (New York, 2012), 7-13.
48. 日露戦争に対するイスラム世界の態度は次を参照：Fernand Farjenel, 'Le Japon et l'Islam', *Revue du monde musulman* 1(1907), 101-14; Klaus Kreiser, 'Der japanische Sieg über Rußland (1905)', *Die Welt des Islams* 21 (1981)209-39; Hashem Rajabzadeh, 'Russo-Japanese War as Told by Iranians', *Annals of Japan Association for Middle East Studies* 3 (1988), 144-66; Rina Bieganiec, 'Distant Echoes', in Kowner (ed.), *Rethinking,* 444–55.
49. Steven Marks,'"Bravo,Brave Tiger of the East!"',in Steinberg et al. (eds),The *Russo-Japanese War,* 1:609-27; and Paul Rodell, 'Inspiration for Nationalist Aspirations?', in Steinberg et al. (eds), *The Russo-Japanese War,* 1:629-54.
50. R.P. Dua, *The Impact of the Russo-Japanese* (1905) *War on Indian Politics* (Delhi, 1966); Tilak Raj Sareen, 'India and the War', in Kowner (ed.), *The Impact,* 137-52; and Marks, '"Bravo, Brave Tiger of the East!"'
51. *Habl al-Matîn,* 14 August 1905, 次に引用：Rajabzadeh, 'Russo-Japanese War', 155.
52. この戦争に関する新聞報道は次を参照：LiAnshan,'The Miscellany and Mixed', in Steinberg et al. (eds), *The Russo-Japanese War,* 2:498.
53. これ以外の戦闘は1942年のシンガポール陥落、ミッドウェー海戦、1950年の仁川上陸作戦、1954年のディエンビエンフーの陥落である。次を参照：*Time magazine,* Asian edition, 'The Battles that Changed the Continent', 23 August 1999.
54. 次の人物（George von Lengerke Meyer）に対する書簡, 24 May 1905, そして（Cecil Spring Rice）宛, 16 June 1905, 次に引用： Saul, 'The Kittery Peace', 1:493.
55. Morison, The Letters, 4:1198. および日本の外務省「日本外交文書5：731」、さらに次も参照： Okamoto, *The Japanese Oligarchy,* 119.
56. 日露戦争が合衆国に与えたインパクトの概要は次も参照：Tovy and Halevy, 'America's First Cold War', 137-52.
57. 次を参照：日本、外務省「日本外交文書5：731」。
58. 次を参照：Raymond Esthus, *Theodore Roosevelt and Japan* (Seattle, 1966), 40.
59. 日本に対するルーズベルトの当初の懸念については次を参照：John White, *The Diplomacy of the Russo-Japanese War* (Princeton, 1964), 162.
60. この海軍の拡張におけるルーズベルトの役割は次を参照：Lawrence Sondhaus, *Naval Warfare* 1815-1914, *Warfare and History* (London, 2001), 206.
61. ライス（Cecil Spring Rice）宛書簡, 16 June 1905, 次に引用： John Chapman, 'British Naval Estimation of Japan and Russia', Suntory Center Discussion Paper no.IS/04/475 (2004), 44.
62. たとえば次を参照： Charles à Court Repington, *The War in the Far East* (London, 1905),579.
63. 次に引用：Otte, 'The Fragmenting', 99.
64. Nish, *The Anglo-Japanese Alliance,* 292 (1907年時点におけるイギリスの対日姿勢については363–4頁を参照).
65. 日露戦争直後の東アジアに対するロシアの関心と活動は次を参照：Ian Nish, *Alliance in Decline* (London, 1972), 19-20.
66. George Monger, *The End of Isolation* (London, 1963), *passim;* Beryl Williams, 'Great Britain and Russia', in F.H. Hinsley (ed.), *British Foreign Policy* (Cambridge, 1977), 143-7.
67. 次に引用：Williams, 'Great Britain and Russia', 134.
68. 1905年5月29日付。次の日記を参照：Maurice Paléologue, *Un grand tournant de la politique*

mondiale (Paris, 1934), 336.

69. この戦争に対するフランスの態度は次を参照：Beillevaire, 'The Impact', 124-36.
70. 次を参照：E.C.Kiesling,'France',in Richard Hamilton and Holger Herwig(eds), *The Origins of World War I* (Cambridge, 2003), 244.
71. 次を参照：George Kennan, *The Fateful Alliance* (New York, 1984).
72. 次に引用：John Röhl, *Wilhelm II* (Cambridge, 2014), 272.
73. Röhl, *Wilhelm II*, 285.
74. Dennet, *Roosevelt*, 218–19; and Röhl, *Wilhelm II*, 365–7.
75. この条約については次を参照：Röhl, Wilhelm II, 377–80.
76. 戦時中および戦後におけるドイツの立場の変化は次を参照： Matthew Seligman, 'Germany, the Russo-Japanese War, and the Road to the Great War', in Kowner (ed.), *The Impact*, 126-22.
77. 次を参照：Mishra, *From the Ruins*, 7.
78. Sultan Abdülhamid, Siyasîhatıratım(Istanbul, 1987), 165, 次に引用：HalitD. Akarca, 'A Reinterpretation of the Ottoman Neutrality', in Kowner (ed.), *Rethinking*, 389.
79. Mohandas Gandhi, 'Japan and Russia', *Indian Opinion*, 10 June 1905, in *Collected Works of Mahatma Gandhi* (New Delhi, 1960), 4:466. 次も参照：Jona- than Hyslop, 'An "Eventful" History of Hind Swaraj', *Public Culture* 23 (2011), 299-319.
80. Vishnu Priya-o-Ananda Bazar Patrika,Reports Bengal,8 July 1905,1:587,次に引用： Gita Dharampal-Frick, 'Der Russisch-Japanische Krieg und die indischeNationalbewegung', in MaikSprotte et al. (eds), *Der Russisch-Japanische Krieg* (Wiesbaden, 2007), 270.
81. Jawaharlal Nehru, *An Autobiography* (London, 1936), 16, 18. 次も参照： Marie Seton, *Panditji: A Portrait of Jawaharlal Nehru* (London, 1967), 24.
82. 戦時中日本の勝利に熱狂していた孫文については、次を参照：Harold Schiffrin, 'The Impact of the War on China', in Kowner (ed.), *The Impact*, 173.
83. 次に引用：Schiffrin, 'The Impact', 173.
84. たとえば朝鮮の政治活動家尹致昊（ユンチホ、1864～1945）は「黄色人種の名誉を回復する日本の誇り」を表明した。次に引用：Guy Podoler and Michael Robinson, 'On the Confluence of History and Memory', in Kowner (ed.), *The Impact*, 192.
85. Alfred Zimmern, *The Third British Empire* (London, 1926), 82.
86. この予言については次を参照：Sidney Gulick, *The White Peril in the Far East* (NewYork, 1905), 5.
87. 日本の主導下で人種闘争が起きるとする恐怖の高まりについては次を参照：AkiraIriye, *Across the Pacific* (New York, Harcourt, Brace and World, 1967), 103-4; Akira Iikura, 'The Anglo-Japanese Alliance and the Question of Race', in Phillips Payson O'Brien (ed.), *The Anglo-Japanese Alliance* (London, 2004), 228-31; Marilyn Lake and Henry Reynolds, *Drawing the Global Colour Line* (Cambridge, 2012), 166-89. 日本側の反応は次を参照：Sven Saaler, 'The Russo-Japanese War and the Emergence of the Notion of the "Clash of Races" in Japanese Foreign Policy', in John W.M. Chapman and Chiharu Inaba (eds), *Rethinking the Russo-Japanese War*, 1904-05 (Folkestone, 2007), 279-82.
88. Mahan, 'Reflections'. Earlier, 海戦から２週間ほど経った早い段階でマハンは短い海戦分析を書いた。それは同時に次の２誌に掲載された：*Collier's Weekly and The Times* (London). 次を参照：Mahan, 'The Battle of the Sea of Japan', *Collier's Weekly* 33 (17 June 1905), 11-12.
89. マハンの結論に対する批判的論評は次を参照：Wayne Hughes, 'Mahan, Tactics and Principles of Strategy', in John Hattendorf (ed.), *The Influence of History on Mahan* (Newport, 1991), 25-6.
90. Mahan, 'The Battle of the Sea of Japan', 12.
91. Mahan, 'Reflections', 1337.
92. Mahan, 'Reflections', 1338.
93. Mahan, 'Reflections', 1344.
94. Mahan, *Naval Strategy*, 137-8.
95. Mahan, *Naval Strategy*, 215.

96. Mahan, *Naval Strategy,* 268, 278.
97. Mahan, *Naval Strategy,* 410, 412.
98. Mahan, *Naval Strategy,* 420, 421.
99. 合衆国海軍の立場については次を参照：Evans and Peattie, *Kaigun,* 147.
100. 1905年7月27日付ウイリアム・S・シムズ宛セオドア・ルーズベルト書簡。次に収録：Morison, *The Letters,* 4:1289.
101. シムスはマハンと違って次のような最近の報告を読むことができた：R.D. White, 'With the Baltic Fleet at Tsushima', *US Naval Institute Proceedings* 32, no. 2 (1906), 597-620.
102. Matthew Oyos, 'Theodore Roosevelt and the Implements of War', *The Journal of Military History* 60 (1996), 648; William M. McBride, *Technological Change and the United States Navy* (Baltimore, 2000), 75-7. シムスは同じ年に出版された記事でさらに練り上げた見解を展開した。次を参照：William Sims, 'The Inherent Tactical Qualities of the All-Big-Gun, One Caliber Battleship of the High Speed, Large Displacement and Gun Power', *US Naval Institute Proceedings* 32, no. 4 (1906), 1337-66.
103. シムスの回答を見てアザル・ガットは「特にマハン自身にとって、老いていく権威が現実を把握していないことが明らかになった」と結論した。次を参照：Gat, *A History,* 468; and Hughes, 'Mahan, Tactics', 26.
104. Bradley A. Fiske, 'Compromiseless Ships', United States Naval Institute Proceedings 31 (July 1905), 552. フィスクとマハンのやりとりの分析については次も参照：McBride, *Technological Change,* 71-4.
105. Oyos, 'Theodore Roosevelt', 648.
106. マックリーの海戦報告は次を参照：McCully, *The McCully Report,* 237–42.
107. McCully, *The McCully Report,* 243.
108. McCully, *The McCully Report,* 253.
109. McCully, *The McCully Report,* 253.
110. John Fisher, *Memories, by Admiral of the Fleet, Lord Fisher* (London, 1919), 107.
111. Reginald Custance, 'Lessons from the Battle of TsuSima', Blackwood's *Edinburgh Magazine* 179 (February 1906), 164, 次に引用：Marder, *From the Dreadnought,* 60–1. Italics in the original text.
112. 次を参照：'Introduction', in Corbett, Maritime Operations, 1:x–xv. 彼の履歴は次を参照：Donald Schurman, *Julian S. Corbett, 1854-1922*(London, 1981). 海軍戦略と歴史に関するコルベットの見解は次を参照： Donald Schurman, *The Education of a Navy* (London, 1965), 147-84; and Milevski, *The Maritime,* 37-43.
113. Julian Corbett, 'The Strategical Value of Speed in Battleships', *Journal of the Royal United Services Institute* (July 1911), 824-39.
114. 速力に関する類似の見解については次を参照：Admiral John Hopkins, 'Comments on Tsushima', 232.
115. Corbett, 'The Strategical', 831.
116. 次に指摘：Corbett, 'The Strategical', 837.
117. Corbett, *Some Principles,* 170–1.
118. Corbett, *Some Principles,* 171.
119. Corbett, *Some Principles,* 309.
120. Corbett, *Some Principles,* 334. Italics in the original text.
121. Corbett, *Some Principles,* 323.
122. René Daveluy, *Les leçons de la guerre russo-japonaise* (Paris, 1906); René Daveluy, *Étude sur la stratégie navale* (Paris, 1906); René Daveluy, L' *esprit de la guerre navale* (Paris, 1909–10).
123. René Daveluy, *Studieüber die See-Strategie* (Berlin, 1907); René Daveluy, *The Genius of Naval Warfare* (Annapolis, 1910-11).
124. 「対馬沖海戦で日本側は60発ほどを発射したが、距離が遠すぎて目標に到達できなかった」。次を参照：Daveluy, *The Genius,*2:27 (次も参照：2:71, 103).
125. Daveluy, *he Genius,*2: 25, 52.

126. Daveluy, *he Genius,*2: 67–8.
127. 次を参照： 'Die Schlacht in der japanischen See', 日付なし、次に収録:Bundesarchiv, Militärarchiv Freiburg, BAMA RM 5/5784 (*geheime Denkschrift*). この報告の背景については次も参照： Cord Eberspaecher, 'The Road to Jutland?', in Kowner (ed.), *The Impact,* 301-2.
128. 'Die Schlacht'.
129. 'Die Schlacht'.
130. 'Der Kampf um die Seeherrschaft', *Marine-Rundschau* (1906) Heft 1 (specialissue). 次を参照： Frank Jacob, *Tsushima 1905* (Paderborn, 2017), 136-7.
131. Eberspaecher, 'The Road to Jutland?', 298.

第6章

1. この戦争では、数カ国が海軍の観戦武官を日本側またはロシア側に派遣したが、この対馬沖海戦では1人しか観戦しなかった。それはイギリス海軍のウィリアム・パケナム海軍大佐で、日本の戦艦朝日に乗り組んだ。パケナムの経歴、日露戦争における当初の経験、当海戦における行動は次を参照：Quintin Barry, Command of the Sea (Warwick, 2019), 118-28, 261-79.
2. たとえばイギリスでは、英海軍には国家予算の28.8%（1904～05年）が割り当てられていた。次を参照：Norman Friedman, *Fighting the Great War at Sea* (Barnsley, 2014), 75-6.
3. ドレッドノート級の性能諸元は次を参照：Oscar Parkes, *British Battleships,* 'Warrior' 1860 to 'Vanguard' 1950 (Annapolis, 1990), 447.
4. David Brown,Warrior to Dreadnought (Annapolis,1997),186,189-90. アーサー・マーダーはフィッシャーが黄海海戦の2カ月後の1904年10月にはしっかりしたドレッドノート級戦艦のデザインを手にしていたと示唆している。次を参照：Marder, *From the Dreadnought,* 59.
5. 主砲だけを装備する戦艦構想は1882年にフィッシャーが行なった討論から早くも生まれたと主張する研究者が複数人いる。たとえば次を参照：Richard Hogue, *Dreadnought,* (New York, 1964), 15-16.
6. クニベルティの記事については次を参照：James George, *History of Warships* (Annapolis, 1998), 91; アメリカの計画については次を参照：Marder, *From the Dreadnought,* 57.
7. Corbett, *Maritime Operations,* 1:385-6, 388.
8. フィッシャー提督自身、1908年に出したエドワード・グレイ宛書簡で、パケナムの報告に触れている。次を参照：Arthur Marder, *Fear God and Dread Nought* (London, 1956), 156.
9. 次に引用：Marder,TheAnatomy, 531. 1904年8月15日から17日にかけて帰港したロシアの戦艦を視察、海戦における重砲の命中精度と衝撃力に関して同じような印象を抱いたことについてはホップマン海軍少佐（Albert Hopman,1865～1942）の報告を参照。ホップマンは当時旅順駐在の観戦武官で、1904年9月23日付で皇帝ヴィルヘルムⅡ世宛に書簡を送った。次に収録：Albert Hopman, *Das ereignisreiche Leben eines 'Wilhelminers'* (Munich, 2004), 115-16.
10. 海軍予算の削減を求めるイギリス政府の圧力については次を参照：Charles Fairbanks, 'The Origins of the Dreadnought Revolution', *International History Review* 13 (1991), 262.
11. 艦隊の火力は譲らず、艦艇の数は減らしてもよいとするフィッシャーの見解は次を参照：Eric Grove, *Big Fleet Actions* (London, 1995), 47,
12, たとえば次を参照：Klado The Battle, 166; Kostenko, *Na 'Orle',* 442-3; Semenov, *The Battle,* 62–3.
13. 次を参照：Philip Towle, 'The Evaluation of the Experience of the Russo-Japanese War', in Bryan Ranft (ed.), *Technical Change and the British Naval Policy* (London, 1977), 69. 同じような見解をイギリスの遣支艦隊司令官ヘッドワース・ミュー海軍中将 (Vice Admiral Hedworth Meux, 1856-1929,1908 reference) が対馬沖海戦後における日露双方の戦艦調達に関連して述べている。次に収録：Towle, 'The Evaluation', 71.
14. 1910年に竣工したオライオン級は102ミリ砲16門を装備していた。5年後にはクイー

ン・エリザベス級は152ミリ砲を12門装備した。
15. イギリスの政治家ウイリアム・パーマー（William Palmer, 2nd Earl of Selborne）は、「日露戦争が、艦艇の抗堪性は従来考えられていたよりも強く、最も強烈な打撃力しか頼りにならぬことを証明した」と述べた。次に引用：Marder, *From the Dreadnought,* 58-9.
16. 対馬沖海戦におけるロシアの戦艦装甲の強靭性については次を参照：Evans and Peattie, *Kaigun:* 125.
17.速力の重要性に関するイギリス海軍の討論は次を参照：Towle, 'The Evaluation', 72-3. 速力に関するフィッシャー提督の見解は次に引用：Marder, *From the Dreadnought,* 59.
18.この技術の発展については次を参照：Alexander Rchardson,*The Evlution of the Parsons Steam Turbine* (London, 1911); Crosbie Smith, 'Dreadnought Science', in Robert Blyth et al. (eds), *The Dreadnought and the Edwardian Age* (Farnham, 2011), 137-49.
19. HMSドレッドノートがイギリスで引き起した論争は次を参照：Marder,*From the Dreadnought,* 57-70.
20. O'Hara and Heinz, Clash of the Fleets, 17.
21, 超ドレッドノート級の戦艦1号艦はオライオンで、この級の戦艦4隻はすべて1912年に竣工した。
22. この概念とその出現については次を参照：Roberts, *Battlecruisers,*10-45.
23. 巡洋戦艦をフィッシャーが支持した件は次を参照：Jon Sumida, *In Defense of Naval Supremacy* (Winchester, 1989), 37-61.
24. 1900～01年当時に考えられた仏露の脅威とマルタ島およびエジプトに対する奇襲攻撃の恐れに対するフィッシャーの警告は次を参照：John W.M. Chapman, 'British Naval Estimation of Japan and Russia, 1894-1905', Suntory Center Discussion Paper no. IS/04/475 (2004), 17-55.
25. 巡洋戦艦構想にフィッシャーが引かれた件は次を参照：Nicholas Lambert, *SirJohn Fisher's Naval Revolution* (Columbia, 1999); Nicholas Lambert, 'Admiral Sir John Fisher and the Concept of Flotilla Defence, 1904-1909', in Phillips P. O'Brien (ed.), *Technology and Naval Combat in the Twentieth Century and Beyond* (London, 2001), 70-2.
26. Roberts, *Battlecruisers,* 24-8.
27. ほかの海軍はこのタイプの艦艇投資にかかわる投機性を見逃すことはなかった。第1次世界大戦前、巡洋戦艦の建造を決めたのはドイツと日本の海軍だけであった。
28. 海戦における命中精度については次を参照：本書2章 (分析) 。
29. イギリス海軍は初期型の照準設定装置を1904年までに開発済みであった。それはアナログ式計算機を使用し、艦の位置と目標を標定し、艦載全砲塔の射撃をリモートコントロールによって統一する装置であった。射撃システムの改良については次を参照： Sumida, *In Defense,* chs3-5; Peter Padfield, *The Battleship Era* (London, 1972), 183-5.
30. Jon Sumida,British Capital Ship Design and Fire Control in the Dreadnought Era', *Jounal of Modern History* 51 (1979), 212-17, 222-9; Friedman, Fighting the Great War, 78-81; Trent Hone, *Learning War* (Annapolis, 2018), 55-91.
31. ユトランド沖海戦ではドイツの命中率は3.4%、イギリス側が2.8%であった。次を参照：O'Hara and Heinz, *Clash of the Fleets,* 182.
32. Marder, *From the Dreadnought,* 329. 命中率はさらに落ちる（約2％）とする報告は次を参照：Edwyn Gray, *The Devil's Device* (London, 1975), 175; and Lambert, 'Admiral Sir John Fisher', 74.
33. この海戦における命中精度は本書第2章（分析）を参照。
34. この戦争、特に本海戦における水雷艇の役割は次を参照：McCully, The McCully *The McCully Report,* 246.
35. この開発については次を参照：Norman Friedman, *The Battleship, 1906-1946* (Annapolis, 2015), 48-53.
36. Friedman, *Fighting the Great War,* 78
37. 射程と速力の向上を中心とする魚雷の発達は次を参照：Marder, *From the Dreadnought,* 329.
38. 双方の損害の詳細は次を参照：Corbett, *Maritime Operations,* 2:446.

39. Friedman, *Fighting the Great War,* 74.
40. O'Hara and Heinz, *Clash of the Fleets,* 275.
41. Friedman, *The British Battleship,* 53–4.
42. Friedman, *Fighting the Great War,* 77, 85.
43. Corbett, *Maritime Operations,* 2:224.
44. Friedman, *Fighting the Great War,* 89–93.
45. 航海時、石炭を使用したロシア側の苦難については次を参照：Politovsky,From *Libau,* 257.
46. James Goldrick, 'Coal and the Advent of the First World War at Sea', War inHistory 21 (2014)330–31.
47. Friedman, *The British Battleship,* 58-9; Goldrick, 'Coal and the Advent', 331.
48. 1912 年、イギリス海軍で新しい燃料源の必要性が明らかになって、艦隊に対する石油供給の可能性を検討する委員会が設置され、フィッシャーが委員長に任命された。次を参照：Winston Churchill, *The World Crisis* (London, 1923), 137-8.
49. 第 1 次世界大戦が近づく頃、ドイツ海軍も石油を副次的燃料として大型艦に使い始めた。しかしながら、石油の安定供給ができない恐れがあり、艦の石炭庫（特に水面下）が魚雷に対する防護の役も果たすので、依然として石炭依存を続けた。次を参照：Michael Epkenhans, 'Technology, Ship building and Future Combat in Germany, 1880-1914', in O'Brien (ed.), *Technology and Naval Combat,* 61-2.
50. 20 世紀初期の数十年における特定目的の補給船の開発については次を参照：Thomas Wildenberg, *Gray Steel and Black Oil* (Annapolis, 1996).
51. この戦争に対するフィッシャーの関心については次を参照：R.F. Mackay, *Fisher of Kilverstone* (Oxford, 1973), 307.
52. 次を参照：Nicholas Rodger, 'Anglo-German Naval Rivalry, 1860-1914', in Michael Epkenhans et al. (eds), *Jutland* (Lexington, 2015), 14.
53. Phillips O'Brien, *British and American Naval Power* (Westport, 1998), 31.
54. 旧式および小型艦約 90 隻が払い下げられ、さらに 64 隻が予備艦籍に編入された。
55. 1904-5 年の戦時中ティルピッツがロシアとのいかなる提携にも反対した件は次を参照：Patrick Kelly, *Tirpitz and the Imperial German Navy* (Bloomington, 2011), 251-2.
56. 戦争とドレッドノート革命がドイツ海軍に与えた影響については次を参照：Holger Herwig, *'Luxury' Fleet: The Imperial German Navy, 1888-1918* (London, 1980), 33-68; Holger Herwig, 'The German Reaction to the Dreadnought Revolution', *International History Re view* 13 (1991), 273-83; and Hans Steltzer, *Die deutsche Flotte* (Darmstadt, 1989), 238-55.
57. 次を参照：Matthew Seligman, 'Intelligence Information and the 1909 Naval Scare', *War in History* 17 (2010), 37-59.
58. イギリスにおける 1908〜09 年の海軍危機につては次を参照：O'Brien, *British and American,* 33-44, 73-97.
59. ドイツ艦隊に関するフィッシャーの対応は次に紹介：Herwig, *'Luxury' Fleet,* 50.
60. Marder, *From the Dreadnought,* 182-3; O'Brien, *British and American,* 25-46.
61. HMS ドレッドノート竣工直後、ヴィルヘルムⅡ世が到達した同じような結論については次を参照：German Emperor William II, *The Kaiser's Memoirs* (New York, 1922), 235. 戦後の英独建艦競争は次を参照：James Goldrick, 'The Battleship Fleet: The Test of War, 1895-1919', in J.R. Hill (ed.), *The Oxford Illustrated History of the Royal Navy* (Oxford, 1995), 280-318.
62. 第 1 次世界大戦前夜における列強海軍のドレッドノート級戦艦保有は、フランス 10（前ドレッドノート級 21）、イタリア 3（同級 15）、オーストリア・ハンガリー帝国 6（同級 6）、ロシア 4（同級 11）、日本 2（同級 8）、合衆国 10（同級 25）。次を参照：George, *History of Warships,* 99; Richard Hough, *The Great War at Sea* (Oxford, 1983), 55.
63. 対馬沖海戦後、フランス海軍が戦艦に重点を置くようになった経緯は次を参照：Paul Halpern, 'The French Navy, 1880-1914', in O'Brien (ed.), *Technology and Naval Combat,* 46-7.
64. Stevenson, *Armaments,* 29.
65. フランスの国防支出は 1905 年に少し減少したものの、陸軍支出は増加した。20 世紀初

期におけるフランスの国防支出は次を参照：Stevenson, Armaments, 4; and David Herrmann, *The Arming of Europe and the Making of the First World War* (Princeton, 1996), 237.

66. 1906年の海軍競争でフランスが技術的に劣り、特にダントン級戦艦が失敗作になった理由については次を参照：Ray Walser, *France's Search for a Battle Fleet* (New York, 1992), 141-8; and Halpern, 'The French Navy', 45-6.
67. イギリスによるフランス海軍の戦力算定（1909年時点）は次を参照：O'Brien,*British and American,* 31-2.
68. 事実、合衆国海軍内には早くも1897年に日本のハワイ占領、さらに進んで西海岸を攻撃される不安が生まれ、その対抗策と草案が作られた。次を参照：Scott Mobley, *Progressives in Navy Blue* (Annapolis, 2018), 253.
69. 1907年の日米紳士協定については次を参照：Charles Neu, *An Uncertain Friendship* (Cambridge, 1967), 69-80, 163-80.
70. Edward Miller, *War Plan Orange* (Annapolis, 1991), 19-25.
71. 次を参照：Mobley, *Progressives in Navy Blue,* 253.
72. Tovy and Halevy, 'America's First Cold War', 142.
73. Miller, *War Plan Orange,* 160.
74. ルーズベルトはドイツ海軍のアルフレート・フォン・ティルピッツ提督との会談で、貧相なロジェストヴェンスキー艦隊とは全く異なるグレート・ホワイト艦隊があると自慢した。次に引用：Samuel Carter, *The Incredible Great White Fleet* (New York, 1971), 19. 次も参照：James Reckner, *Teddy Roosevelt's Great White Fleet* (Annapolis, 1988), 14.
75. 14カ月に及ぶこの地球周航については次を参照：Robert Hart, *The Great White Fleet* (Boston, 1965); Reckner, *Teddy Roosevelt's; and Lake and Reynolds, Drawing the Global Colour Line,* 190-209 (日本に対するルーズベルトの意図はP24を参照); Neu, *An Uncertain Friendship,* 110-14. 艦隊の日本寄港は次を参照：Reckner, *Teddy Roosevelt's,* 79-80.
76. 次を参照：William Braisted, 'The United States Navy's Dilemma in the Pacific, 1906-1909', *Pacific Historical Review* 26 (1957), 235-44.
77. Reckner, *Teddy Roosevelt's,* 158-9.
78. 少数の強大な力を誇る艦艇に集中した頭でっかちの海軍に付随する危険を指摘するマハンの警告は次を参照：Alfred Mahan, 'Retrospect upon the War between Japan and Russia', *National Review* (May 1906), 142. 次も参照：Robert Seager, *Alfred Thayer Mahan* (Annapolis, 1977), 525-7.
79. 日露戦争後の時代、合衆国海軍の状況は次を参照：O'Brien, *British and American,* 62-7.
80. たとえば1905年5月31日付サンフランシスコ・コール紙は「アメリカ製潜水艦ロシアの艦艇を撃沈」と題し「スラブの艦隊海峡通過で水中戦闘艇の戦いの矢面に立つ」と報道した。一方ニューヨーク・タイムズ紙は、1905年5月31日付1面で、「潜水艦は使用されたのか」と疑問を呈し、第三面で「潜水艦話は疑問」とした。日本の潜水艦情報を伝えるフランス紙もある。次を参照：Les rapports officiels des Japonais', *L'Aurore,* 1 June 1905, 1; 'L'oeuvre de sous-marins japonais', *L'Aurore,* 2 June 1905, 1.
81. Klado, *The Battle,* 124 (p192も参照).
82. 潜水艦の黎明期については次を参照：Alex Roland, *Underwater Warfare in the Age of Sail* (Bloomington, 1978); and Richard Compton-Hall, *Submarine Boats* (London, 1983).
83. イギリス海軍への潜水艦導入については次を参照：Nicholas Lambert, *Sir John Fisher's Naval Revolution* (Columbia, 1999), 38-72; andAntony Preston, *The Royal Navy Submarine Service* (Annapolis, 2001), 24-43.
84. 導入初期の帝政ロシア海軍の潜水艦については次を参照：Norman Polmar and Jurrien Noot, *Submarines of the Russian and Soviet Navies, 1718-1990* (Annapolis, 1991),10-22.
85. 日露戦争時における帝政ロシア海軍の潜水艦使用については次を参照：Bikov, *Russko-Iaponskaia voina,* 583-4; Mitchell, A History, 233.
86. 1904年3月12日付ホワイト（Arnold While）宛書簡。次に収録：Arthur Marder, *Fear God andDread Nought* (London, 1952), 305.
87. 1904年4月20日付書簡。次に収録：Marder, *Fear God* (1952), 308-9.

88. Add. Mss. 49710, 次に復刻：Nicholas Lambert (ed.), *The Submarine Service,1900-1918* (Aldershot, 2001), 109-12. 潜水艦の攻勢用投入の可能性に関するフィッシャーの見解は次を参照：Marder, *From the Dreadnought,* 332-3.
89. 1906年以降ドイツが外洋型潜水艦の導入を決意し、開発に着手した経緯は次を参照：Alfred von Tirpitz, *Erinnerungen* (Leipzig, 1920), 517-19; and William II, *The Kaiser's Memoirs,* 236-7. 潜水艦は第1次世界大戦の勃発とともに有力な攻勢型艦艇になった。1914年9月22日、ドイツの潜水艦U-9が1時間足らずで装甲巡洋艦3隻（HMSアブキール、HMSホーグ、HMSクリシー）を撃沈し、初期段階でその潜在的威力を顕示した。第1次世界大戦中ドイツは潜水艦346隻を建造した（ほかに既存艦28隻があった）。この潜水艦隊は、艦艇104隻、商船5000隻以上を撃沈した。次と比較: George, *History of Warships,* 159. この分野におけるドイツのまずまずの勝利は、ロシア海軍を含む他の列強海軍が潜水艦をうまく使用しなかったことを意味しない。次を参照：Ian Ona Johnson, 'Strategy on the Wintry Sea: The Russo-British Submarine Flotilla in the Baltic, 1914-1918', *International Journal of Military History and Historiography* 40 (2020), 187-212.
90. 航空機の初期的開発に対する日露戦争の間接的影響は次を参照：Rotem Kowner, 'The Impact of the War on Naval Warfare', in Kowner (ed.), *The Impact,* 284.
91. John Moore, 'The Short, Eventful Life of Eugene B. Ely', *U.S. Naval Institute Proceedings* 107 (1981), 58-63.
92. 若宮については次を参照：Evans and Peattie, *Kaigun,* 180.
93. 戦艦が戦艦を撃沈した最後の砲撃戦が1944年10月25日のスリガオ海峡夜戦で、戦艦ミシシッピが戦艦山城を1万8000メートルの距離で斉射し、撃沈した。それから半年後、世界最大の戦艦大和が約380機の艦載機から攻撃され、爆弾、魚雷多数を浴びて沈没した。

第7章

1. William Pakenham, 'The Battle of the Sea of Japan,' in Admiralty, *Reports* (2003), 362.
2. Eliot Cohen and John Gooch, *Military Misfortunes* (New York, 1990), 59-163.
3. Parshall and Tully, *Shattered Sword,* 402-3.
4. Cohen and Gooch, *Military Misfortunes,* 27, 197-230.
5. トラファルガー沖海戦では、戦闘艦73隻（うち60隻は戦列艦—2カ所以上の甲板に大砲を装備する主力艦—に4万6000人ほどが乗り組んでいた）。数字は次の資料による算定：Mark Adkin, *The Trafalgar Companion* (London, 2005), 307-93.
6. 水雷艇による蝟集攻撃の代わりに潜水艦を使用する沿岸防備構想は次を参照：Røksund, *The Jeune École,* 134, 173, 189-221.
7. John Guilmartin, *Gunpowder and Galleys* (Cambridge, 1974), 242-5; Roger Crowley, *Empires of the Sea* (London, 2008), 256.
8. 1573年、オスマントルコ軍はキプロス島を手中にし、1年後にチュニスを奪回した。次を参照：Guilmartin, *Gunpowder,* 250-1; David Abulafia, *The Great Sea* (New York,2012), 451; Lord Kinross, *The Ottoman Centuries* (New York, 1977), 272.
9. トラファルガー沖海戦についてジュリアン・コーベットは「偉大なる勝利はいろいろあるが…その中でこれほど…あらゆる面から見て、収穫のない勝利はなかった…結局イギリスに海上の支配圏を与えることになったが、ナポレオンをヨーロッパ大陸の覇者にしてしまった」と指摘した。次を参照：Julian Corbett, *The Campaign of Trafalgar* (London, 1910), 408.
10. 少なくとも対馬沖海戦と比較した場合、この海戦が決定的な戦いにならなかったとする同じような結論は次を参照：Parshall and Tully, *Shattered Sword,* 428; Geoffrey Till, 'Trafalgar, Tsushima, and Onwards', *The Japan Society Proceedings* 144 (2006), 45-6.
11. Paul Dull, *A Battle History of the Imperial Japanese Navy* (Annapolis, 1978), 166; Gordon Prange et al., *Miracle at Midway* (New York, 1982), 395.
12. この考察を最初に提示したのはロシア史の専門家ファンデルオーエ（David Schimmelpenninck van der Oye）である。次を参照：Rewriting the Russo-Japanese War, 87.

13. しかし 2004 年以降、この戦争の歴史的論述にはっきりした変化が生じてきた。たとえば次を参照：Gerhard Krebs, 'World War Zero?', *The Asia- Pacific Journal* 10, issue 21, no. 2 (2012).
14. 次を参照：Shillony and Kowner, 'The Memory'.
15. Corbett, *Maritime Operations,* 2:333.

資料文献

公文書館資料

日本

国立公文書館、アジア歴史資料センター (JACAR)東京
防衛省防衛研究所 (NIDS) 東京 外務省外交史料館 東京

ロシア

Rossiiskii Gosudarstvenniĭ Arkhiv Voenno-Morskogo Flota (RGAVMF), St Petersburg

イギリス

The National Archives, Kew, Greater London Admiralty Papers
Foreign Office Papers
East Riding of Yorkshire Archives, Beverley
Pakenham, Sir William Christopher, Admiral: Reports, Correspondence, Letters and Photographs, 1904-1911 (PKM/2)

ドイツ

Bundesarchiv, Militärarchiv Freiburg (BAMA)

アメリカ合衆国

Archives Branch, Naval History and Heritage Command, Washington, DC. Papers of Chester W. Nimitz, Box 63.

新　聞

オーストリア・ハンガリー

Machsike Hadas (Lviv)

フランス

La Croix (Paris)
L'Aurore (Paris)
La Dépêche (Toulouse)
Le Figaro (Paris)
Le Gaulois (Paris)
Le Journal (Paris)
Le Petit Parisien (Paris)
L'Intransigeant (Paris)

ドイツ

Berliner Börsen-Zeitung (Berlin)

Berliner Tageblatt (Berlin)
Berliner Volks-Zeitung (Berlin)
Königlich privilegirte Berlinische Zeitung (Berlin)
Norddeutsche Allgemeine Zeitung (Berlin)
Simplicissimus (Berlin)
イギリス
Birmingham Mail (Birmingham)
Daily Telegraph & Courier (London)
Eastern Daily Press (Norwich)
Exeter and Plymouth Gazette (Exeter)
Liverpool Echo (Liverpool)
Newcastle Evening Chronicle (Newcastle)
The Sphere (London)
The Times (London)
日本
中央新聞 (東京)
報知新聞 (同)
Japan Mail (横浜)
Japan Times (東京)
時事新報 (同)
東京朝日新聞 (同)
東京日日新聞 (同)
東京二六新聞(同)
読売新聞 (同)
万朝報 (同)
ロシア
Ha-Tsfira (Warsaw)
Hasman (Vilnius)
Morskoi Sbornik (St Petersburg)
Novoe Vremia (St Petersburg)
Peterburgskaia Gazeta (St Petersburg)
Russkoe Slovo (St Petersburg)
Sankt-Peterburgskie vedomosti (St Petersburg)
Voenni Golos (St Petersburg)
アメリカ合衆国
Baltimore Evening Herald (Baltimore)
Bismark Daily (North Dakota)
Hawaiian Star (Honolulu)
Littell's Living Age (Boston)
Los Angeles Times (Los Angeles)
New York Tribune (New York)
Nippu Jiji (Honolulu)
Puck (New York)
St. Louis Republic (Missouri)
The Bemidji Daily Pioneer (Minnesota)
The Daily Capital (Salem, Oregon)
The Daily Press (Virginia)
The Evening News (Washington, DC)
The Evening World (New York)
The New York Times (New York)
The San Francisco Call (San Francisco)

The Spokane Press (Washington)
The Washington Times (Washington, DC)
Topeka State Journal (Kansas)
Waterbury Evening Democrat (Connecticut)
Yamato Shimbun (Honolulu)

公式歴史文書および報告：一般および海上作戦

フランス

Opérations maritimes de la Guerre Russo–japonaise: historique officiel publié par l'Étatmajor général de la marine japonaise trans. Henri Rouvier (Paris: R. Chapelot, 1910-11).

ドイツ

Der Japanisch–Russische Seekrieg 1904-1905. Amtliche Darstellung des Japa- nischen Admiralstabes, 3 vols (Berlin: E. S. Mittler, 1910-11).

イギリス

Admiralty. *Reports of the British Naval Attachés,* 5 vols (London: Public Records Office, 1908; rep. Nashville, TN: Battery Press, 2003).
Admiralty War Staff. *Japanese Official Naval History of the Russo- Japanese War,* 2 vols (London: His Majesty's Stationery Office,1913-14).
Official History of the Russo-Japanese War, 5 vols (London: His Majesty's Stationery Office, 1906-10).

日本

外務省. 日本外交文書: 日露戦争, 5 vols (東京: 外務省, 1958-60).
海軍軍令部. 明治三十七八年海戦史, 2 vols (東京:内閣印刷局, 1934).
海軍軍令部. 明治三十七八年海戦史, 4 vols (東京: 春陽堂, 1909–10).
海軍軍令部. 日本海大海戦史 (東京: 内閣印刷局, 1935).
陸軍省. 明治軍事史, 2（明治軍事史 下 明治天皇御伝記史料）vols (Tokyo（東京）: 原書房,1966).

ロシア

Morskoi Generalniĭ Shtab. *Voenno-Istoricheskaia kommissiia po opisaniiu deistviĭ flota v voinu 1904-5 gg., Russko-iaponskaia voina 1904-5 gg.,* 7 vols (St Petersburg: Tip. V.D. Smirnova, 1912-18).
Russko-iaponskaia voina 1904-5. Deistvia flota. Dokumenti, 13 vols (St Petersburg: Tip. V.D. Smirnova, 1907, 1912-14) (このうち5巻は第2太平洋艦隊とその戦闘を扱っている: 2-ia *Tikhookeanskaia Eskadra,* Boj 14-15 maia 1905 goda).
Russko-iaponskaia voina 1904-5 gg. Materiali dlia opisaniia deistviĭ flota. Khronologicheskiĭ perechen' voennie deistviĭ flota v 1904-5 gg., 2 vols, edited by N.V. Novikov (St Petersburg: Tip. V.D. Smirnova, 1910-12).
Voenno-istoricheskaia Komissiia po opisaniiu. *Russko-iaponskaia voina 1904-5 gg.,* 9 vols (St Petersburg: A.S. Suvorina, 1910-13).

合衆国

War Department. *Epitome of the Russo-Japanese War* (Washington: G.P.O., 1907).

一次資料

Alexander Mikhailovich [Romanov], Grand Duke. *Once a Grand Duke* (New York: Farrar and Rinehart, 1932).
Ashmead-Bartlett, Ellis. *Port Arthur: The Siege and Capitulation* (London: W. Blackwood and Sons, 1906).
Bely, Andrei. *Petersburg* (St Petersburg: M.M. Stasiulevicha, 1913).
Bely, Andrei. *Petersburg,* trans. and annot. John E. Malmstad and Robert A. Maguire

(Bloomington: Indiana University Press, 1978).
Bertin, Louis-Émile. 'The Fate of the Russian Ships at Tsushima', in *Jane's Fighting Ships* (1904-7), reprinted in Richard Hogue, *The Fleet That Had to Die* (London: Viking, 1958), 233.
Bikov, Pëtr D. *Russko-iaponskaia voina 1904-1905 gg. Deistviia na more* (Moscow: Voienmo-morskoie izdatel'stvo NKVMF Soyuza SSR, 1942; rep. St Petersburg: Terra Fantastica, 2003).
Bikov, Pëtr D. *Russko-Iaponskaia voina 1904-1905 gg. Deystviia na more* (Moscow: Voenmo rizdat, 1938; rep. Moscow: Eksmo, Izografus, 2003).
Cassell's History of the Russo-Japanese War, 5 vols (London: Cassell, 1905). Charmes, Gabriel. Naval Reform, trans. J.E. Gordon-Cumming (London: W.H.Allen, 1887).
Churchill, Winston S. *The World Crisis* (London: Thornton-Butterworth, 1923). Colomb, Philip H. *Essays on Naval Defence* (London: W.H. Allen, 1893).
Colomb, Philip H. *Naval Warfare: Its Ruling Principles and Practice Historically Treated* (London: W.H. Allen, 1891).
Colomb, Philip H. *Naval Warfare: Its Ruling Principles and Practice Historically Treated,* 3rd edn (London: W.H. Allen, 1899).
Corbett, Julian S. *Maritime Operations in the Russo-Japanese War, 1904-5,* 2 vols (London, 1914; rep. Annapolis, MD: Naval Institute Press, 1994).
Corbett, Julian S. *Some Principles of Maritime Strategy* (London: Longmans, Green,1911).
Corbett, Julian S. 'The Strategical Value of Speed in Battleships', *Journal of the Royal United Services Institute* (July 1911), 824-39.
Custance, Reginald. 'Lessons from the Battle of Tsu Sima', *Blackwood's Edinburgh Magazine* 179 (February 1906).
Daveluy, René. *Étude sur la stratégie navale* (Paris: Berger-Levrault, 1906).
Daveluy, René. *L'esprit de la guerre navale,* 3 vols (Paris: Berger-Levrault, 1909-10).
Daveluy, René. *Les Leçons de la guerre Russo-japonaise: la lutte pour l'empire de la mer, exposé et critique* (Paris: A. Challamel, 1906).
Daveluy, René. *Studie über die See-Strategie,* trans. Ferdinand Lavaud (Berlin: Boll & Pickardt, 1907).
Daveluy, René. *The Genius of Naval Warfare,* 2 vols, trans. Philip R. Alger(Anapolis, MD: United States Naval Institute, 1910-11).
Dmitriev, N.N. *Bronenosets "Admiral Ushakov"* (St Petersburg: Ekonomicheskaia Tipo-Litografiia, 1906; rep. St Petersburg: Korabli I srazheniia, 1997).
Dobrotvorskiĭ, Leonid. *Uroki morskoi voini* (Kronstadt: Kotlin, 1907).
Dubrovskiĭ, Evgeniĭ. *Dela o sdache iaponstam (1) minonostsa "Bedoviĭ" I (2) eskadriiNebogatova* (St Petersburg: S.l., 1907).
江川達也、日露戦争物語「天気晴朗ナレドモ浪高シ」全 22 巻（東京、小学館、2001-6）。
Fisher, John Arbuthnot. *Memories, by Admiral of the Fleet, Lord Fisher* (London: Hodder and Stoughton, 1919).
Fiske, Bradley A. 'Compromiseless Ships', *United States Naval Institute Proceedings* 31 (July 1905), 549-53.
Gandhi, Mohandas K. *Collected Works of Mahatma Gandhi,* 97 vols (New Delhi: Government of India, 1960-80).
Gavotti, Giuseppe. *Tre grandi uomini di Mare: De Ruyter, Nelson, Togo* (Savona: D. Bertolotto, 1911).
Goldstein, Donald M., and Katherine V. Dillon (eds). *The Pearl Harbor Papers: Inside the Japanese Plans* (Washington, DC: Brassey's, 1999).
Gooch, G.P., and H. Temperley (eds). *British Documents on the Origins of the War, 1898-1914,* 11 vols (London: HMSO, 1926-38).
Graf, G.K. Moriaki; ocherki 12 'zhizni morskikh' (Paris: Impriméric de Navarre, 1930).
Grew, Edwin Sharpe. *War in the Far East; a History of the Russo-Japanese Struggle,* 6 vols (London: Virtue, 1905).
Gulick, Sidney. *The White Peril in the Far East: An Interpretation of the Significance of theRusso-*

Japanese War (New York: F.H. Revell, 1905).
Hare, James H. *A Photographic Record of the Russo-Japanese War* (New York: P.F. Collier, 1905).
Hopkins, John O. 'Comments on Tsushima', in *Jane's Fighting Ships* (1904-7), reprinted in Richard Hogue, *The Fleet That Had to Die* (London: Viking, 1958), 230-2.
Hopman, Albert. *Das ereignisreiche Leben eines "Wilhelminers: tagebücher, briefe, auf zeichnungen 1901 bis 1920,* ed. Michael Epkenhans (Munich: R. Oldenbourg Verlag, 2004).
House of Representatives. Papers Relating to Foreign Relation of the United States, vol. 1: House Documents (Washington: G.P.O., 1906).
石田一郎「海戦前後の『和泉』の行動」戸田一成編「日本海海戦の証言」に収録（東京、潮書房光人社、2012）7-15。
城英一郎「侍従武官 城英一郎日記」（東京、山川出版社、1982）。
海軍歴史保存会「日本海軍史」11 巻（東京、海軍歴史保存会、1995）。
Klado, Nikolai [Nicolas]. *The Battle of the Sea of Japan,* trans. J.H. Dickinson andF.P. Marchant (London: Hodder and Stoughton, 1906).
Klado, Nikolai [Nicolas]. *The Russian Navy in the Russo-Japanese War,* trans.J.H. Dickinson (London: Hurst and Blackett, 1905).
Klado, Nikolai. *Sovremennaia morskaia voina: morskie zametki o Russko-Iaponskoĭ voine* (St Petersburg: A.S. Suvorina, 1905).
釜屋忠道「露国病院船アリヨールの捕獲、露艦ナヒーモフおよびウラジーミル・モノマーフの捕獲処分」戸田一成編「日本海海戦の証言」（東京、潮書房光人社、2012）73-88。
Kostenko, Vladimir P. *Na 'Orle' v Tsusime* (Leningrad: Sudostroenie,1955).
Kravchenko, Vladimir. *Cherez tri okeana* (St Petersburg: Tip. I. Fleĭtmana, 1910).
Kuprin, Aleksandr. 'Captain Ribnikov', in Gerri Kimber et al. (eds), *The Poetry andCritical Writings of Katherine Mansfield* (Edinburgh: Edinburgh University Press, 2014), 151-82.
Kuprin, Aleksandr. *Shtabs-Kapitan Ribnikov* (St Petersburg: *"Mir Bozhiĭ" Magazine* No1/1906, *Tip. I.N. Skorokhodov, 1906*).
Kuropatkin, Aleksei. *The Russian Army and the Japanese War,* 2 vols, trans. A.B. Lindsay (New York: E.P. Dutton, 1909).
Lenin, Vladimir Il'ich. Collected Works, 41 vols (Moscow: Foreign Languages Publishing House, 1960-7).
Levitskiĭ, Nikolai A. *Russko-Iaponskaia voina 1904-1905 gg.* (Moscow: *Gosudarstven- noe Voennoe Izdatel'stvo Narkomata Oboroni Soyuza SSR, 1936*).
Levitskiĭ, Nikolai A. *Russko-Iaponskaia voina 1904-1905 gg.,* 3rd edn (Moscow: *Gosudarstvennoe Voennoe Izdatel'stvo Narkomata Oboroni Soyuza SSR, 1938;* rep. Moscow: Eksmo, Izografus, 2003).
Leyland, John. 'The Russo-Japanese Naval Campaign', in John Leyland and T.A. Brassey (eds), *The Naval Annual, 1906* (Portsmouth: J. Griffin, 1906), 93-117.
McCully, Newton A. *The McCully Report: The Russo-Japanese War, 1904-5* (Annap- olis, MD: Naval Institute Press, 1977).
McCutcheon, John T. *The Mysterious Stranger and Other Cartoons by John T. McCutcheon* (New York: McClure, Phillips & Co. 1905).
Mahan, Alfred Thayer. *Naval Strategy: Compared and Contrasted with the Principles and Practice of Military Operations on Land* (Boston, MA: Little, Brown, and Co., 1911).
Mahan, Alfred Thayer. 'Reflections, Historic and Other, Suggested by The Battle of The Japan Sea', *US Naval Institute Proceedings* 32, no. 2 (1906), 447-71; *Royal United Services Institution Journal* 50, no. 345 (1906), 3327-46.
Mahan, Alfred Thayer. 'Retrospect upon the War between Japan and Russia', *National Re view* (May 1906), reprinted in A.T. Mahan, *Naval Administration and Warfare* (London: Sampson Low, Marston, 1908), 133-73.
Mahan, Alfred Thayer. 'The Battle of the Sea of Japan', *Collier's Weekly* 35 (17 June 1905), 11-12.
Mahan, Alfred Thayer. *The Influence of Sea Power Upon History, 1660-1783* (Boston, MA: Little, Brown,

1890).
Mahan, Alfred Thayer. *The Influence of Sea Power upon the French Revolution and Empire, 1793-1812* (Boston, MA: Little, Brown, 1890).
Merezhkovskii̮, Dmitrii̮ S. 'Griadushchii̮ kham', in *Polnoe sobranie sochinenii̮,* 24 vols (Moscow: Tipografiia Tva I.D. Sytina, 1914), 14:7-11.
Morison, Elting E. *The Letters of Theodore Roosevelt,* 8 vols (Cambridge, MA: Harvard University Press, 1951-4).
内藤省一「第二駆逐隊の敵艦襲撃」戸田一成編「日本海海戦の証言」(東京、潮書房光人社、2012) 43–57。
Nakamura, Koya. *Admiral Togo: A Memoir* (Tokyo: Togo Gensui Publishing Society, 1937).
Nehru, Jawaharlal. *An Autobiography: With Musings on Recent Events in India* (London: John Lane, 1936).
Nicholas II. *Dnevnik imperatora Nikolaia II, 1890-1906 gg.* (Berlin: Knigoizgatel'stvo "Slovo", 1923).
Novikov-Priboy, Alexey. *La tragédie de Tsoushima,* trans. V. Soukhomline and S. Campaux (Paris: Payot, 1934).
Novikovf-Priboy, Alexey. *Tsushima,* trans. Eden Paul and Cedar Paul (London: G. Allen & Unwin, 1936).
Novikov-Priboy, Alexey 「ツシマ：日本海海戦」(東京、東京創元社、1956)。
Novikov-Priboi, Aleksei「日本海海戦」(東京、改造社、1933-5)。
Novikov-Priboi, Aleksei. *Tsushima,* 2 vols (Moscow: Gosudarstvennoe Izdatel'stvo Khudozhestvennoi̮ Literatury, 1935-6).
大熊浅次郎「信水堀内文次郎将軍を悼む」(福岡、大熊浅次郎、1942)。
尾崎主税「聖将東郷と霊艦三笠」(東京、三笠保存会、1935)。
Paléologue, Maurice. *Un grand tournant de la politique mondiale, 1904-1906* (Paris:Pilon, 1934).
Politovsky, Eugène S. *From Libau to Tsushima,* trans. F.R. Godfrey (London: John Murray, 1907).
Repington, Charles à Court. *The War in the Far East, 1904-1905: By the Military Correspondent of "The Times"* (London: J. Murray; New York: E. P. Dutton, 1905).
佐藤鐵太郎「第二艦隊の行動」戸田一成編「日本海海戦の証言」(東京、潮書房光人社、2012) 16-23。
Semenov, Vladimir. *Flot i Morskoe Vedomstvo do Tsushimi i Posle* (St Petersburg: Tip. T-va M.O. Volf, 1911).
Semenov, Vladimir. *Rasplata (Rasplata, Boi Pri Tsusime, Tsena Krovi),* 3 vols (St Petersburg: Tip. T-va M.O. Volf, 1906).
Semenov, Vladimir. *Rasplata(The Reckoning)* (London: J. Murray; New York: E.P. Dutton, 1909).
Semenov, Vladimir. *The Battle of Tsu-Shima between the Japanese and Russian Fleets,Fought on 27th May 1905,* trans. A.B. Lindsay (London: J. Murray; New York:E.P. Dutton, 1906).
Semenov, Vladimir. *The Price of Blood; The Sequel to "Rasplata" and "The Battle of Tsushima"* (London: J. Murray; New York: E.P. Dutton, 1906).
Shiba Ryōtarō. *Clouds above the Hill: A Historical Novel of the Russo-Japanese War,* trans. Juliet Winters Carpenter and Paul McCarthy, 4 vols (London: Routledge, 2012-14).
司馬遼太郎「坂の上の雲」全6巻 (東京、文藝春秋、1969-72)。
Sims, William S. 'The Inherent Tactical Qalities of the All-Big-Gun, One Caliber Battleship of the High Speed, Large Displacement and Gun Power', *US Naval Institute Proceedings* 32, no. 4 (1906), 1337-66.
Stepanov, Aleksandr. *Port Arthur, Historical Narrative,* trans. J. Fineberg (Moscow:Foreign Language Publishing House, 1947).
Sultan Abdülhamid, *Siyasî hatıratım* (Istanbul: Dergâh Yayınları, 1987).
鈴木貫太郎「第四駆逐隊の敵艦襲撃」戸田一成編「日本海海戦の証言」(東京、潮書房光人社、2012) 30-42。

Svechin, Aleksandr A. *Strategiia XX veka na pervom etape: Planirovanie voini i operatsii na sushe i na more v1904-1905 gg.* (Moscow: Akademiia General'nogo Shtaba RKKA, 1937).
竹内重利「露艦アドミラル・ウシャーコフの撃沈」、戸田一成編「日本海海戦の証言」（東京、潮書房光人社、2012）68-72。
Taube, G. *Poslednii dni Vtoroi tikhookeanskoi eskadri* (St Petersburg: A.S. Suvorina, 1907).
Taube, Georg Freiherr von. *Die letzten Tage des Baltischen Geschwaders* (St Petersburg: Sankt Petersburger Herold, 1907).
The Editors. 'The Progress of Navies: Foreign Navies', in John Leyland and T.A. Brassey (eds), *The Naval Annual, 1906* (Portsmouth: J. Griffin, 1906), 8-27.
The Russo-Japanese War Fully Illustrated, 3 vols (Tokyo: The Kinkodo Publishing Company, 1904-5).
Tirpitz, Alfred von. *Erinnerungen* (Leipzig: K.F. Koehler, 1920).
坪谷善四郎編「日露戦役海軍写真集」（東京、博文館、1905）。
塚本義胤「朝日艦より見たる日本海海戦」（東京、滄浪閣書房、1907）。
上田信、高貫布士「実録日本海海戦―日露戦争奇跡の敵前大回頭」（東京、立風書房、2000）。
内山虎夫「日露戦争半ばより従軍の感想」戸田一成編「日本海海戦の証言」（東京、潮書房）光人社、2012）89-98。
White, R.D. 'With the Baltic Fleet at Tsushima', *US Naval Institute Proceedings* 32, no. 2 (1906), 597-620.
William II, German Emperor. *The Kaiser's Memoirs,* trans. Thomas R. Ybarra (New York: Harper and Brothers, 1922).
Wilson, H.W. *Japan's Fight for Freedom,* 3 vols (London: The Amalgamated Press,1904-6).
Witte, Sergei Iu. *The Memoirs of Count Witte,* trans. Abraham Yarmolinsky (Garden City, NY: Doubleday, Page, 1921).
Wood, Oliver Ellsworth. *From the Yalu to Port Arthur: An Epitome of the First Period of the Russo-Japanese War* (London: K. Paul, Trench, Trübner, 1905).
Wright, Seppings H.C. *With Togo: The Story of Seven Months' Active Service under His Command* (London: Hurst-Blackett, 1905).
山路一善「第三戦隊の行動」戸田一成編「日本海海戦の証言」（東京、潮書房光人社、2012）24-9。
山本信次郎「ネボガトフ少将降伏の状況」戸田一成編「日本海海戦の証言」（東京、潮書房光人社、2012）24-9。
吉村昭「海の史劇」2 vols（東京、新潮社、1972）。
Zatertiĭ, A. [Novikov-Priboĭ, Aleksei]. *Bezumtsi i besplodniya zhertvi* (St Petersburg:S.l., 1907).
Zatertiĭ, A. [Novikov-Priboĭ, Aleksei]. *Za chuzhiye grekhi* (Moscow: S.l., 1907).
Zepelin, Generalmajor a. D. C. von. 'Die Kapitulation des "Bjödowy" und der Schiffe Nebogatows vor dem Kriegsgericht, 2. Der Prozeß Nebogatow', *Marine-Rundschau* (February, 1907), 186-96.
Zimmern, Alfred. *The Third British Empire* (London: Humphrey Milford, 1926).

二次資料

安部真造「東郷元帥直話集」（東京、中央公論社、1935）。
Abulafia, David. *The Great Sea: A Human History of the Mediterranean* (New York: Penguin, 2012).
Adkin, Mark. *The Trafalgar Companion: A Guide to History's Most Famous Sea Battle and the Life of Admiral Lord Nelson* (London: Aurum Press, 2005).
Afflerbach, Holger. 'Going Down with Flying Colours? Naval Surrender from Elizabethan to Our Own Times', in Holger Afflerbach and Hew Strachan (eds), *How Fighting Ends: A History of Surrender* (Oxford: Oxford University Press, 2012), 187-210.
Agawa, Hiroyuki. *The Reluctant Admiral: Yamamoto and the Imperial Navy* (Tokyo：Kodansha, 1979).
Ahvenainen, Jorma. *The Far Eastern Telegraphs: The History of/Telegraphic Communi-cations*

between the Far East, Europe, and America before the First World War (Helsinki: Suomalainen Tiedeakatemia, 1981).
Akarca, Halit D. 'A Reinterpretation of the Ottoman Neutrality during the War', in Rotem Kowner (ed.), *Rethinking the Russo-Japanese War, 1904–05* (Folkestone:Global Oriental, 2007), 383-92.
秋山真之会編「秋山真之」(東京、秋山真之会、1933)。
Aleksandrovskiĭ, Grigoriĭ B. *Tsusimskii Boi* (New York: Rossiya Pub. Co., 1956;rep. Moscow: Veche, 2012).
Andidora, Ronald. 'Admiral Togo: An Adaptable Strategist', *Naval War CollegeReview* 44 (1991), 52-62.
Aoyama, Tomoko. 'Japanese Literary Response to the Russo-Japanese War', in David Wells and Sandra Wilson (eds), *The Russo-Japanese War in Cultural Perspective, 1904-05* (Basingstoke: Macmillan, 1999), 60-85.
Apushkin, Vladimir A. *Russko-iaponskaia voina 1904-1945 g.* (Moscow: Obrazovanie, 1910; rep. St Petersburg: Izd-vo S.-Peterb. un-ta, 2005).
Asada, Sadao. *From Mahan to Pearl Harbor: The Imperial Japanese Navy and the United States* (Annapolis, MD: Naval Institute Press, 2006).
Ascher, Abraham. *P.A. Stolypin: The Search for Stability in Late Imperial Russia* (Stanford, CA: Stanford University Press, 2001).
Ascher, Abraham. *The Revolution of 1905,* 2 vols (Stanford, CA: Stanford University Press,1988).
Avrich, Paul. *Kronstadt, 1921* (Princeton, NJ: Princeton University Press, 1970).
Barr, William. 'Tsarist Attempt at Opening the Northern Sea Route: The Arctic Ocean Hydrographic Expedition, 1910-1915', *Polarforschung* 45 (1972), 51-64.
Barry, Quintin. *Command of the Sea: William Pakenham and the Russo-Japanese Naval War, 1904-1905* (Warwick: Helion & Company, 2019).
Bartlett, Rosamund. 'Japonisme and Japanophobia: The Russo-Japanese War in Russian Cultural Consciousness', *The Russian Review* 67 (2008), 8-33.
Bascomb, Neal. *Red Mutiny: Eleven Fateful Days on the Battleship Potemkin* (Boston, MA: Houghton Mifflin, 2007).
Beillevaire, Patrick. 'The Impact of the War on the French Political Scene', in Rotem Kowner (ed.), *The Impact of the Russo-Japanese War* (London: Routledge, 2007), 124-36.
Benesch, Oleg. *Inventing the Way of the Samurai: Nationalism, Internationalism, and Bushido in Modern Japan* (Oxford: Oxford University Press, 2000).
Berton, Peter. *Russo-Japanese Relations, 1905-17: From Enemies to Allies* (London: Routledge, 2011).
Bieganiec, Rina. 'Distant Echoes: The Reflection of the War in the Middle East Perspective', in Rotem Kowner (ed.), *Rethinking the Russo-Japanese War, 1904-05* (Folkestone: Global Oriental, 2007), 444-55.
Bix, Herbert. *Hirohito and the Making of Modern Japan* (New York: HarperCollins, 2000).
Blond, Georges. *Admiral Togo,* trans. Edward Hyams (New York: Macmillan, 1960).
Bodley, Ronald V.C. *Admiral Togo* (London: Jarrolds, 1935).
Bogdanov, M.A. *Eskadrenniĭ bronenosets Sissoi Velikiĭ* (St Petersburg: M.A. Leonov,2004).
Boissier, Pierre. *From Solferino to Tsushima: History of the International Committee of theRed Cross* (Geneva: Henry Dunant Institute, 1985).
Braisted, William Reynolds. 'The United States Navy's Dilemma in the Pacific,1906-1909', *Pacific Historical Review* 26 (1957), 235-44.
Britton, Dorothy. 'Frank Guvyer Britton (1879-1934), Engineer and Earthquake Hero', in Hugh Cortazzi (ed.), *Britain & Japan: Biographical Portraits,* vol. 6(Folkestone: Global Oriental, 2007), 174-81.
Brown, David K. *The GrandFleet:Warship Design and Development 1906-1922* (Annapolis, MD:

Naval Institute Press, 1999).
Brown, David K. 'The Russo-Japanese War: Technical Lessons as Perceived by the Royal Navy', *Warship* (1996), 66-77
Brown, David K. *Warrior to Dreadnought: Warship Development 1861–1905* (Annapolis, MD: Naval Institute Press, 1997).
Buckley, Thomas H. *The United States and the Washington Conference 1921–1922* (Knoxville: University of Tennessee Press, 1970).
Bukh, Alexander. 'Historical Memory and Shiba Ryōtarō: Remembering Russia,Creating Japan', in Sven Saaler and Wolfgang Schwentker (eds), *The Power of Memory in Modern Japan* (Folkestone: Global Oriental, 2008), 96–115.
Busch, Noel F. *The Emperor's Sword: Japan vs. Russia in the Battle of Tsushima* (New York: Funk & Wagnalls, 1969).
Bushnell, John S. *Mutiny amid Repression: Russian Soldiers in the Revolution of 1905–1906* (Bloomington: Indiana University Press, 1993).
Campbell, N.J.M. 'The Battle of Tsu-Shima', Parts 1, 2, 3, and 4, in Antony Preston (ed.), Warship (London: Conway Maritime Press, 1987), 46–49, 127–35, 186–92, 258–65.
Carter, Samuel. *The Incredible Great White Fleet* (New York: Macmillan,1971). Cecil, Lamar J. R. 'Coal for the Fleet That Had to Die', *American Historical Review* 69, no. 4 (1964), 990–1005.
Chapman, John W.M. 'British Naval Estimation of Japan and Russia, 1894–1905', Suntory Center Discussion Paper no. IS/04/475 (2004), 17–55.
Chapman, John W.M. 'Japan in Poland's Secret Neighbourhood War', *Japan Forum* 7 (1995), 225-83.
Chernov, Iu.I. 'Tsushima', in Ivan Rostunov (ed), *Istorii arussko-iaponskoi voini1904-1905 gg.* (Moscow: Nauka, 1977), 332-47.
Chiba, Isao. 'Shifting Contours of Memory and History, 1904-1980', in John. W. Steinberg et al. (eds), *The Russo-Japanese War in Global Perspective,* 2 vols (Leiden: Brill, 2005-07), 2:357-78.
Chubaryan, Aleksandr O. *Istoriia Rossii XX–nachalo XXI veka.* 11 klass, 4th edn(Moscow: Prosveshenie, 2007).Clements, Jonathan. *Admiral Togo: Nelson of the East* (London: Haus Publishing,2010).
Cohen, Aaron J. 'Long Ago and Far Away: War Monuments, Public Relations,and the Memory of the Russo-Japanese War in Russia, 1907–14', *Russian Review* 69 (2010), 388-411.
Cohen, Eliot A., and John Gooch. *Military Misfortunes: The Anatomy of Failure in War* (New York: Free Press, 1990).Compton-Hall, Richard. *Submarine Boats: The Beginnings of Under water Warfare*(London: Conway Maritime Press, 1984).
Connaughton, Richard Michael. *The War of the Rising Sun and Tumbling Bear:Russia's War with Japan,* rev. edn (London: Cassell, 2003).
Coox, Alvin D. *Nomonhan: Japan against Russia, 1939,* 2 vols (Stanford, CA: Stanford University Press, 1985).
Coox, Alvin D. 'The Pearl Harbor Raid Revisited', *The Journal of American-East Asian Relations* 3, no. 3 (1994), 211-27.
Corbett, Julian S. *The Campaign of Trafalgar* (London: Longmans, Green & Co.,1910).
Crowley, Roger. *Empires of the Sea: The Siege of Malta, the Battle of Lepanto, and the Contest for the Center of the World* (London: Faber and Faber,2008).
De Michelis, Cesare G. *The Non-Existent Manuscript: A Study of the Protocols of the Sages of Zion,* trans. Richard Newhouse (Lincoln: University of Nebraska Press, 2004).
Demchak, Tony E. 'Rebuilding the Russian Fleet: The Duma and Naval Rearmament', *Journal of Slavic Military Studies* 26 (2013), 25-40.
Dennet, Tyler. *Roosevelt and the Russo-Japanese War: A Critical Study of American Policy in Eastern Asia*

in 1902-1905 (New York: Doubleday, 1925).
Deutscher, Isaac. Stalin: *A Political Biography* (London: Oxford University Press, 1949).
Dharampal-Frick, Gita 'Der Russisch-Japanische Krieg und die indische National bewegung', in Maik Hendrik Sprotte, Wolfgang Seifert, and Heinz-Dietrich Löwe (eds), *Der Russisch-Japanische Krieg, 1904/05* (Wiesbaden: Harras- sowitz, 2007), 259-75.
Dickinson, Frederick R. 'Commemorating the War in Post-Versailles Japan', in John W. Steinberg et al. (eds), *The Russo-Japanese War in Global Perspective,* 2 vols (Leiden: Brill, 2005-7), 1:523-43.
Diedrich, Edward C. 'The Last Iliad: The Siege of Port Arthur in the Russo-Japanese War, 1904-1905', PhD dissertation (New York University, 1978).
Dua, R.P. *The Impact of the Russo-Japanese (1905) War on Indian Politics* (Delhi:S. Chand, 1966).
Dull, Paul S. *A Battle History of the Imperial Japanese Navy (1941-1945)* (Annapolis,MD: Naval Institute Press, 1978).
Dunley, Richard. 'The Warrior Has Always Shewed Himself Greater Than His. Weapons': The Royal Navy's Interpretation of the Russo-Japanese War 1904-5', *War & Society* 34 (2015) 248-62.
Eberspaecher, Cord. 'The Road to Jutland? The War and the Imperial German Navy', in Rotem Kowner (ed.), *The Impact of the Russo-Japanese War* (London:Routledge, 2007), 290-305.
Edwards, E.W. 'The Far Eastern Agreements of 1907', *The Journal of Modern History 26,* no. 4 (1954), 340-55.
Epkenhans, Michael. 'Technology, Shipbuilding and Future Combat in Germany, 1880-1914', in Phillips P. O'Brien (ed.), *Technology and Naval Combat in the Twentieth Century and Beyond* (London: Frank Cass, 2001), 53-68.
Eppstein, Ury. 'School Songs, the War and Nationalist Indoctrination in Japan', in Rotem Kowner (ed.), *Rethinking the Russo-Japanese War, 1904-05* (Folkestone:Global Oriental, 2007), 185-201.
Ericson, Steven, and Allen Hockley (eds). *The Treaty of Portsmouth and Its Legacies* (Hanover: Dartmouth College Press, 2008).
Esthus, Raymond A. *Double Eagle and the Rising Sun: The Russian and Japanese at Portsmouth in 1905* (Durham, NC: Duke University Press, 1988).
Esthus, Raymond A. 'Nicholas II and the Russo-Japanese War', *Russian Review* 40 (1981), 396-411.
Esthus, Raymond A. *Theodore Roosevelt and Japan* (Seattle: University of Washington Press, 1966).
Evans, David C., and Mark R. Peattie. *Kaigun: Strategy, Tactics, and Technology in the Imperial Japanese Navy, 1887-1941* (Annapolis, MD: Naval Institute Press, 1997).
Fairbanks, Charles H. 'The Origins of the Dreadnought Revolution: A Historiographical Essay', *International History Review* 13 (1991), 264-72.
Falk, Edwin A. *Togo and the Rise of Japanese Sea Power* (New York: Longmans, Green, 1936).
Farjenel, Fernand. 'Le Japon et l'Islam', *Revue du monde musulman* 1 (1907), 101-14.
Fedorov, Alexander. 'The Image of the White Movement in the Soviet Films of 1950s-1980s', *European Journal of Social and Human Sciences* 9 (2016), 23-42.
Frame, M. et al. (eds). *Russian Culture in War and Revolution, 1914-22, Vol. 2, Popular Culture, the Arts, and Institutions* (Bloomington: IN: Slavica, 2014).
Frankel, Jonathan. 'The War and the Fate of the Tsarist Autocracy', in Rotem Kowner (ed.), *The Impact of the Russo-Japanese War* (London: Routledge, 2007),54-77.
Friedman, Norman. *Fighting the Great War at Sea: Strategy, Tactics and Technology* (Barnsley: Seaforth, 2014).
Friedman, Norman. *The British Battleship, 1906-1946* (Annapolis, MD: Naval Institute Press, 2015).
Friedman, Norman. *The U.S. Maritime Strategy* (Annapolis, MD: Naval Institute Press, 1988).

Fujitani, Takashi. *Splendid Monarchy: Power and Pageantry in Modern Japan* (Berkeley:University of California Press, 1996).
Fukudome, Shigeru. 'Hawaii Operation', *U.S. Naval Institute Proceedings* 81 (1955),1315-31.
Fuller, Jr, William C. *Civil–Military Conflict in Imperial Russia, 1881-1914* (Princeton,NJ: Princeton University Press, 1985).
Fuller, Jr, William C. *Strategy and Power in Russia, 1600-1914* (New York: Free Press,1992).
Galai, S. 'The Impact of War on the Russian Liberals in 1904-5', *Government and Opposition 1* (1965), 85-109.
Gardiner, Robert, and Andrew Lambert (eds). *Steam, Steel, and Shellfire: The Steam Warship, 1815-1905* (London: Conway Maritime Press, 1992).
Gat, Azar. *A History of Military Thought* (Oxford: Oxford University Press, 2001).
Gatrell, Peter. 'After Tsushima: Economic and Administrative Aspects of Russian Naval Rearmament, 1905-1913', *Economic History Review 43* (1990), 155-72.
Gatrell, Peter. *Government, Industry, and Rearmament in Russia: The Last Argument of Tsarism* (New York: Cambridge University Press, 1994).
Genda, Minoru. 'Tactical Planning in the Imperial Japanese Navy', *Naval War College Review 22,* no. 2 (1969), 45-50.
George, James L. *History of Warships* (Annapolis, MD: Naval Institute Press, 1998).
Goldrick, James. 'Coal and the Advent of the First World War at Sea', *War in History* 21 (2014), 322-37.
Goldrick, James. 'The Battleship Fleet: The Test of War, 1895-1919', in J.R. Hill(ed.), The *Oxford Illustrated History of the Royal Navy* (Oxford: Oxford University Press, 1995), 280-318.
Gooch, John. *The Plans of War: The General Staff and British Military Strategy, c.1900-1916* (London: Routledge and K. Paul, 1974).
Grajdanzev, Andrew J. 'Japan in Soviet Publications', *Far Eastern Survey* 13, no. 24 (1944), 223-6.
Gray, Edwyn. *The Devil's Device: The Story of Robert Whitehead, Inventor of the Torpedo* (London: Seeley, Service, & Co., 1975).
Gribovskiĭ, Vladimir. 'Bronenosets beregovoi oboroni "General-admiral Apraksin"', *Gangut* 18 (1999), 31-45.
Gribovskiĭ, Vladimir. *Eskadrenniĭ bronenosets "Borodino"* (St Petersburg: Gangut, 1995).
Gribovskiĭ, Vladimir. 'Krëstniĭ put' otriada Nebogatova', *Gangut* 3 (1992), 16-34.
Gribovskiĭ, Vladimir. *Rossiĭskiĭ flot Tikhogo okeana, 1898-1905: istoriĭa sozdaniĭa igibeli* (Mos cow: Voen. kniga, 2004).
Gribovskiĭ, Vladimir. *Vitse-admiral Z.P. Rozhestvenskiĭ* (St Petersburg: Tsitadel,1999). Re printed under the title *Posledniĭ parad admirala* (Moscow: Veche, 2013).
Gribovskiĭ, Vladimir, and I.I. Chernikov. *Bronenosets "Admiral Ushakov"* (St Petersburg: Sudostroenie, 1996).
Gribovskiĭ, Vladimir, and I.I. Chernikov. *Bronenostsi beregovoi oboroni tipa "Admiral Seniavin"* (St Petersburg: Leko, 2009).
Grishachev, Sergey V. 'Russo-Japanese Relation in the 18th and 19th Centuries: Exploration and Negotiation', in Dmitry V. Streltsov and Nobuo Shimotomai (eds), *A History of Russo-Japanese Relations: Over Two Centuries of Cooperation and Competition* (Leiden: Brill, 2019), 18-41.
Grove, Eric. *Big Fleet Actions: Tsushima, Jutland, Philippine Sea* (London: Arms and Armour, 1995).
Guilmartin, John F. *Gunpowder and Galleys: Changing Technology & Mediterranean Warfare at Sea in the Sixteenth Century* (Cambridge: Cambridge University Press, 1974).
Halpern, Paul. 'The French Navy, 1880-1914', in Phillips P. O'Brien (ed.), *Technology and Naval Combat in the Twentieth Century and Beyond* (London: Frank Cass,2001), 36-52.
Hansen, Wilburn. 'Examining Prewar Tôgô Worship in Hawaii Toward Rethinking Ha waiian Shinto as a New Religion in America', *Nova Religio: The Journal of Alternative and Emergent Religions* 14 (2010), 67-92.
半沢正男「気象が戦局の重大転機となった証例（IV）：日本海海戦の海洋気象学的解析」（海

事資料館年報 19 1991）18-5。
原田敬一「慰霊と追悼—戦争記念日から終戦記念日へ」倉沢愛子他（編）の次に収録：「戦争の政治学」（東京、岩波、2005）291-316。
原暉之（編）「日露戦争とサハリン島」（札幌、北海道大学出版会、2011）。
Harcave, Sidney. *First Blood: The Russian Revolution of 1905* (New York: Macmillan,1964).
Harris, Brayton. *Admiral Nimitz: The Commander of the Pacific Ocean Theater* (New York: Palgrave Macmillan, 2012).
Hart, Robert A. *The Great White Fleet: Its Voyage Around the World, 1907-1909* (Boston, MA: Little, Brown, 1965).
Hattendorf, John B. 'The Idea of a "Fleet in Being" in Historical Perspective', *Naval War College Review* 67 (2014), 43-60.
Hauner, Milan L. 'Stalin's Big-Fleet Program', *Naval War College Review* 57, no. 2 (2004), 87-120.
Herrmann, David G. *The Arming of Europe and the Making of the First World War* (Princeton, NJ: Princeton University Press, 1996).
Herwig, Holger H. *"Luxury" Fleet: The Imperial German Navy,1888-1918* (London: George Allen & Unwin, 1980).
Herwig, Holger H. 'The German Reaction to the Dreadnought Revolution', *International History Review* 13 (1991), 273-83.
Hirano, Tatsushi, Sven Saaler, and Stefan Säbel. 'Recent Developments in the Representation of National Memory and Local Identities: The Politics of Memory in Tsushima, Matsuyama, and Maizuru' *Japanstudien* 20 (2009), 247-77.
広瀬健夫「日露戦争をめぐって」、次に収録：ロシア史研究会（編）「日露 200 年—隣国ロシアとの交流史」（東京、彩流社、2016）。
Hobson, Rolf. *Imperialism at Sea: Naval Strategic Thought, the Ideology of Sea Power, and the Tirpitz Plan, 1875-1914* (Leiden: Brill, 2002).
Hogue, Richard. *Dreadnought: A History of the Modern Battleship* (New York: Macmillan, 1964).
Hogue, Richard. *The Fleet That Had to Die* (London: Viking, 1958).
Hone, Trent. *Learning War: The Evolution of Fighting Doctrine in the U.S. Navy 1898-1945* (Annapolis, MD: Naval Institute Press, 2018).
Hough, Richard A. *The Great War at Sea, 1914-1918* (Oxford: Oxford University Press, 1983).
Hudson, George E. 'Soviet Naval Doctrine under Lenin and Stalin', *Soviet Studies* 28 (1976), 42-65.
Hughes, Wayne P. 'Mahan, Tactics and Principles of Strategy', in John B. Hattendorf (ed.), *The Influence of History on Mahan* (Newport, RI: Naval War College Press, 1991), 25-36.
Hugill, Peter J. 'German Great-Power Relations in the Pages of "Simplicissimus",1896-1914', *Geographical Review* 98 (2008), 1-23.
Hyslop, Jonathan 'An "Eventful" History of Hind Swaraj: Gandhi between the Battle of Tsushima and the Union of South Africa', *Public Culture* 23 (2011), 299-319.
Ienaga, Saburo. 'Glorification of War in Japanese Education', *International Security* 18, no. 3 (1993-4), 113-33.
Ifland, Peter. 'Finding Distance-The Barr & Stroud Rangefinders', *Journal of Navigation* 56 (2003), 315-21.
Iikura, Akira. 'The Anglo-Japanese Alliance and the Question of Race', in Phillips Payson O'Brien (ed.), *The Anglo-Japanese Alliance, 1902-1922* (London: Routledge Curzon, 2004), 222-35.
Ike, Nobutaka (ed.). *Japan's Decision for War: Records of the 1941 Policy Conference* (Stanford, CA: Stanford University Press, 1967).
Inaba, Chiharu, and Rotem Kowner. 'The Secret Factor: Japanese Network of Intelligence Gathering on Russia during the War', in Rotem Kowner (ed.), *Rethinking the Russo-Japanese War, 1904-05* (Folkestone: Global Oriental, 2007), 78-92.
稲葉千春「バルチック艦隊ヲ捕捉セヨ—海軍情報部の日露戦争」（東京、成文社、2016）。
Iriye, Akira. *Across the Pacific: An Inner History of American–East Asian Relations* (New York, Harcourt, Brace and World, 1967).

伊藤正徳「大海軍を想う」(東京、文藝春秋新社、1956)。
Jacob, Frank. *Tsushima 1905: Ostasiens Trafalgar* (Paderborn: Ferdinand Schöningh,2017).
Jane, Fred T. *The Imperial Japanese Navy* (London: W. Thacker, 1904).
Jane, Fred T. *The Imperial Russian Navy* (London: W. Thacker, 1899).
Jansen, Marius B. *The Making of Modern Japan* (Cambridge, MA: Belknap Press of Harvard University Press, 2000).
Jentschura, Hansgeorg, Dieter Jung, and Peter Mickel. *Warships of the Imperial Japanese Navy, 1869-1945,* trans. David Brown and Antony Preston (Annapolis, MD: Naval Institute Press, 1977).
Johnson, Ian Ona. 'Strategy on the Wintry Sea: The Russo-British Submarine Flotilla in the Baltic, 1914-1918', *International Journal of Military History and Historiography* 40 (2020), 187-212.
海軍兵学校「東郷元帥景仰録」(東京、大日本図書、1935)。
Kardashev, Iu.P. *Vosstanie: Drama na Tendre; Posledstviĭa vosstaniĭa; Komanda korabliĭa*(Kirov: Viatka, Dom Pechati, 2008).
Katō, Yōko. "What Caused the Russo-Japanese War: Korea or Manchuria?" *Social Science Japan Journal* 10 (2007), 95-103.
Kawaraji, Hidetake. 'Japanese–Russian Relations in the 21st Century, 2001-2015'in Dmitry V. Streltsov and Nobuo Shimotomai (eds), *A History of Russo-Japanese Relations: Over Two Centuries of Cooperation and Competition* (Leiden: Brill, 2019), 521-34.
Keene, Donald. *Emperor of Japan: Meiji and His World, 1852-1912* (New York: Columbia University Press, 2002).
Keene, Donald. *Five Modern Japanese Novelists* (New York: Columbia University Press, 2003).
Kelly, Patrick J. *Tirpitz and the Imperial German Navy* (Bloomington: Indiana University Press, 2011).
Kennan, George F. (1984). *The Fateful Alliance: France, Russia, and the Coming of the First World War* (New York: Pantheon Books, 1984).
Kennedy, Paul. *Strategy and Diplomacy, 1870-1945* (London: George Allen & Unwin, 1983).
Keupp, Marcus Matthias. 'The Northern Sea Route: Introduction and Overview', in M.M.
Keupp (ed.), *The Northern Sea Route: A Comprehensive Analysis* (Wiesbaden: Springer, 2015), 7-20.
Kiesling, Eugenia C. 'France', in Richard F. Hamilton and Holger H. Herwig (eds), *The Origins of World War I* (Cambridge: Cambridge University Press, 2003), 227-65.
Kinross, Patrick Balfour, Baron. *The Ottoman Centuries: The Rise and Fall of the Turkish Empire* (New York: Morrow, 1977).
Kitamura, Yukiko. 'Serial War: Egawa Tatsuya's Tale of the Russo-Japanese War', in John W. Steinberg et al. (eds), *The Russo-Japanese War in Global Perspective,* 2 vols (Leiden: Brill, 2005-7), 2:417-31.
Kolesova, Elena, and Ryota Nishino. 'Talking Past Each Other? A Comparative Study of the Descriptions of the Russo-Japanese War in Japanese and Russian History Text books, ca. 1997-2010', *Aoyama Journal of International Studies* 2 (2015), 5-39.
Kowner, Rotem. 'Becoming an Honorary Civilized Nation: Remaking Japan's Military Image during the Russo-Japanese War, 1904-1905', The Historian64 (2001), 19-38.
Kowner, Rotem. *Historical Dictionary of the Russo-Japanese War,* 2nd edn (Lanham, MD: Rowman & Littlefield, 2017).
Kowner, Rotem. 'Imperial Japan and its POWs: The Dilemma of Humaneness and National Identity', in Guy Podoler (ed.), *War and Militarism in Modern Japan* (Folkestone: Global Oriental, 2009), 80-110.
Kowner, Rotem. 'Japan's "Fifteen Minutes of Glory": Managing World Opinion during the War with Russia, 1904-05', in Yulia Mikhailova and M. William Steele (eds), *Japan and Russia: Three Centuries of Mutual Images* (Folkestone: Global Oriental, 2008), 47-70.
Kowner, Rotem. 'Nicholas II and the Japanese Body: Images and Decision Making on the

Eve of the Russo-Japanese War', *The Psychohistory Review* 26 (1998), 211-52.
Kowner, Rotem. 'Passing the Baton: The Asian Theater of World War II and the Coming of Age of the Aircraft Carrier', *Education About Asia* 19, no. 2 (2014), 58-73.
Kowner, Rotem. 'The High Road to World War I? Europe and Outcomes of the Russo-Japanese War', in Chiharu Inaba, John Chapman, and Masayoshi Matsumura (eds), *Rethinking the Russo-Japanese War: The Nichinan Papers* (Folkestone: Global Oriental, 2007), 293-314.
Kowner, Rotem. 'The Impact of the War on Naval Warfare', in R. Kowner (ed.), *The Impact of the Russo-Japanese War* (London: Routledge, 2007), 269-89.
Kowner, Rotem. 'The Russo-Japanese War', in Isabelle Duyvesteyn and Beatrice Heuser (eds.), *The Cambridge History of Military Strategy,* 2 vols (Cambridge: Cambridge University Press, 2022).
Kowner, Rotem. 'The War as a Turning Point in Modern Japanese History', in R. Kowner (ed.), *The Impact of the Russo-Japanese War* (London: Routledge, 2007), 29-46.
Krebs, Gerhard. 'World War Zero? Re-Assessing the Global Impact of the Russo- Japanese War 1904-05', *The Asia-Pacific Journal* 10, issue 21, no. 2 (2012).
Kreiser, Klaus. 'Der japanische Sieg über Rußland (1905) und sein Echo unter den Muslimen', *Die Welt des Islams* 21 (1981), 209-39.
Kuksin, I.Ye. 'The Arctic Ocean Hydrographic Expedition 1910-1915', *Polar Geography and Geology* 15 (1991), 299-309.
久住忠男「秋山真之と日本海海戦」(中央公論 80、1965 年 8 月) 352-8。
Kuz'minkov, Viktor V., and Viktor N. Pavlyatenko. 'Soviet–Japanese Relations from 1960 to 1985: An Era of Ups and Downs', in Dmitry V. Streltsov and Nobuo Shimotomai (eds), *A History of Russo-Japanese Relations: Over Two Centuries of Cooperation and Competition* (Leiden: Brill, 2019), 419-39.
Lake, Marilyn, and Henry Reynolds. *Drawing the Global Colour Line: White Men's Countries and the International Challenge of Racial Equality* (Cambridge: Cambridge University Press, 2012).
Lambert, Nicholas A. 'Admiral Sir John Fisher and the Concept of Flotilla Defence, 1904-1909', in Phillips P. O'Brien (ed.), *Technology and Naval Combat in the Twentieth Century and Beyond* (London: Frank Cass, 2001), 69-90.
Lambert, Nicholas A. *Sir John Fisher's Naval Revolution* (Columbia: University of South Carolina Press, 1999).
Lambert, Nicholas A. (ed.). *The Submarine Service, 1900-1918* (Aldershot: Ashgate, 2001).
Lebow, Richard Ned. 'Accidents and Crises: The Dogger Bank Affair', *Naval War College Review* 31 (1978), 66-75.
Leeke, Jim. Manila and Santiago: *The New Steel Navy in the Spanish American War* (Annapolis, MD: Naval Institute Press, 2009).
Lensen, George Alexander. *Balance of Intrigue: International Rivalry in Korea and Manchuria, 1884-99,* 2 vols (Tallahassee, FL: Diplomatic Press, 1982).
Lensen, George Alexander. 'Early Russo-Japanese Relations', *The Far Eastern Quarterly* 10 (1950), 2-37.
Lensen, George Alexander. *The Russian Push toward Japan: Russo-Japanese Relations, 1697-1875* (Princeton, NJ: Princeton University Press, 1959).
Li Anshan. 'The Miscellany and Mixed: The War and Chinese Nationalism', in John W. Steinberg et al. (eds), *The Russo-Japanese War in Global Perspective,* 2 vols (Leiden: Brill, 2005-7), 2:491-512.
Likharev, Dmitrii V. 'Shells vs Armour: Material Factors of the Battle of Tsu- shima in the works of Russian Memoirists and Historians', *War & Society* 36, no. 3 (2017), 182-93.
Lim, Susanna Soojung. *China and Japan in the Russian Imagination, 1685-1922* (Abingdon: Routledge, 2013).
Lloyd, Arthur. *Admiral Togo* (Tokyo: Kinkodo; London: Probsthain, 1905).

Lone, Stewart. *Army, Empire, and Politics in Meiji Japan: The Three Careers of General Katsura Taro* (London: Palgrave Macmillan, 2000).

Lone, Stewart. *Japan's First Modern War: Army and Society in the Conflict with China,1894-95* (London: Macmillan, 1994).

Lozhkina, Anastasia S., Yaroslav A. Shulatov, and Kirill E. Cherevko. 'Soviet–Japanese Relations after the Manchurian Incident, 1931-1939', in Dmitry V. Streltsov and Nobuo Shimotomai (eds), *A History of Russo-Japanese Rela- tions: Over Two Centuries of Cooperation and Competition* (Leiden: Brill, 2019), 218-37.

Lukoianov, Igor V. 'The Bezobrazovtsy', in John W. Steinberg et al. (eds), *The Russo-Japanese War in Global Perspective,* 2 vols (Leiden: Brill, 2005-7), 1:65-86.

Luntinen, Pertti, and Bruce W. Menning. 'The Russian Navy at War, 1904-05', in John W. Steinberg et al. (eds), *The Russo-Japanese War in Global Perspective,* 2 vols (Leiden: Brill, 2005-7), 1:229-59.

真木洋三「東郷平八郎」上下巻（東京　文藝春秋、1985)。

McBride, William M. *Technological Change and the United States Navy, 1865-1945* (Baltimore, MD: The Johns Hopkins University Press, 2000).

McDonald, David M. 'Tsushima's Echoes: Asian Defeat and Tsarist Foreign Policy', in John W. Steinberg et al. (eds), *The Russo-Japanese War in Global Perspective,* 2 vols (Leiden: Brill, 2005-7), 1:545-64.

McDonald, David M. *United Government and Foreign Policy in Russia, 1900-1904* (Cambridge, MA: Harvard University Press, 1992).

Mackay, R.F. *Fisher of Kilverstone* (Oxford: Clarendon Press, 1973).

McLaughlin, Stephen. *Russian & Soviet Battleships* (Annapolis, MD: Naval Institute Press, 2003).

McLaughlin, Stephen. 'The Admiral Seniavin Class Coast Defense Ships', *Warship International* 48, no. 1 (2011), 43-66.

McLean, Roderick R. 'Dreams of a German Europe: Wilhelm II and the Treaty of Björkö 1905', in Annika Mombauer and Wilhelm Deist (eds), *The Kaiser: New Research on Wilhelm II's Role in Imperial Germany* (Cambridge: Cambridge University Press, 2004), 119-42.

McReynolds, Louise. *The News under Russia's Old Regime: The Development of a Mass- Circulation Press* (Princeton, NJ: Princeton University Press, 1991).

Malozemoff, Andrew. *Russian Far Eastern Policy, 1881-1904, with Special Emphasis on the Causes of the Russo-Japanese War* (Berkeley: University of California Press,1958).

Manning, Roberta T. *The Crisis of the Old Order in Russia: Gentry and Government* (Princeton, NJ: Princeton University Press, 1982).

Marder, Arthur J. *Fear God and Dread Nought: The Correspondence of Admiral of the Fleet Lord Fisher of Kilverstone: The Making of an Admiral, 1854-1914* (London: Jonathan Cape, 1956).

Marder, Arthur J. *Fear God and Dread Nought: The Correspondence of Admiral of the Fleet Lord Fisher of Kilverstone: Years of Power, 1904-1919* (London: Jonathan Cape, 1961).

Marder, Arthur J. *From the Dreadnought to Scapa Flow: The Royal Navy in the Fisher Era, 1904-1919* (London: Oxford University Press, 1940).

Marder, Arthur J. *The Anatomy of British Sea Power: A History of British Naval Policy in the Pre-Dreadnought Era* (New York: Knopf, 1940).

Marks, Steven. '"Bravo, Brave Tiger of the East!" The War and the Rise of Nationalism in British Egypt and India', in John W. Steinberg et al. (eds), *The Russo-Japanese War in Global Perspective,* 2 vols (Leiden: Brill, 2005-7), 1:609-27.

Marks, Steven. *Road to Power: The Trans-Siberian Railroad and the Colonization of Asian Russia, 1850-1917* (Ithaca, NY: Cornell University Press, 1991).

Mencken, H.L. *Newspaper Days, 1899-1906* (New York: Alfred A. Knopf, 1941). Menning, Bruce W. 'Miscalculating One's Enemies: Russian Military Intelligencebefore the Russo-Japanese War', *War in History* 13, no. 2 (2006), 141-70.

Meurer, Alexander. *Seekriegsgeschichte in Umrissen. Seemacht und Seekriege vornehmlich vom*

16. Jahrhundert ab (Leipzig: Verlag v. Hase & Koehler, 1941).
Mikasa Preservation Society. *Memorial Ship Mikasa* (Yokosuka: Mikasa Preservation Society, 1981).
Mikhailova, Yulia. 'Japan's Place in Russian and Soviet National Identity: From Port Arthur to Khalkhin Gol', in Yulia Mikhailova and M. William Steele (eds), *Japan and Russia: Three Centuries of Mutual Images* (Folkestone: Global Oriental, 2008), 71-90.
Milevski, Lukas. *The Maritime Origins of Modern Grand Strategic Thought* (Oxford: Oxford University Press, 2016).
Miller, Edward S. *War Plan Orange: The U.S. Strategy to Defeat Japan, 1897-1945* (Annapolis, MD: Naval Institute Press, 1991).
Mishra, Pankaj. *From the Ruins of Empire: The Intellectuals Who Remade Asia* (New York: Farrar, Straus and Giroux, 2012).
Mitchell, Donald W. *A History of Russian and Soviet Sea Power* (New York: Macmil- lan, 1974).
Mobley, Scott. *Progressives in Navy Blue: Empire, and the Transformation of U.S. Naval Identity, 1873-1898* (Annapolis, MD: Naval Institute Press, 2018).
Modelsky, George, and William R. Thompson. *Seapower in Global Politics, 1494-1993* (Seattle: University of Washington Press, 1988).
Monger, George W. *The End of Isolation: British Foreign Policy, 1900-1907* (London: T. Nelson, 1963).
Moore, John H. 'The Short, Eventful Life of Eugene B. Ely', *U.S. Naval Institute Proceedings* 107 (1981), 58-63.
中村孝也「世界之東郷元帥」(東京、東郷元帥編纂会、1934)。
Nakamura, Kōya. *Admiral Togo: A Memoir* (Tokyo: Togo Gensui Publishing Society, 1934).
Nakao, Hidehiro. 'The Legacy of Shiba Ryotaro', in Roy Starrs (ed.), *Japanese Cultural Nationalism at Home and in the Asia Pacific* (Folkestone: Global Oriental,2004), 99-115.
Neu, Charles E. *An Uncertain Friendship: Theodore Roosevelt and Japan, 1906-1909* (Cambridge, MA, Harvard University Press, 1967).
Nimitz, Chester, and Elmer B. Potter. 邦訳版：ニミッツ、ポッター共著、実松譲、富永謙吾共訳「ニミッツの太平洋海戦史」(東京、恒文社、1962)。
Nish, Ian. *Alliance in Decline: A Study in Anglo-Japanese Relations, 1908-1923* (Lon-don: Athlone Press, 1972).
Nish, Ian. 'Japan and Naval Aspects of the Washington Conference', in William Beasley (ed.), *Modern Japan* (Berkeley: University of California Press, 1975),67-80.
Nish, Ian. *The Anglo-Japanese Alliance: The Diplomacy of Two Island Empires, 1894-1907* (London: Athlone Press, 1966).
Nish, Ian. *The Origins of the Russo-Japanese War* (London: Longman, 1985).
乃木神社・東郷神社「乃木希典と東郷平八郎」(東京、新人物往来社、1991)。
野村実「海戦史に学ぶ」(東京、文藝春秋、1985)。
野村直邦（編）「元帥東郷平八郎」(東京、日本海防協会、1968)。
小笠原長生「聖将東郷平八郎伝」(東京、改造社、1934)。
Nordman, N. 'Nashi morskie budzheti', *Morskoi Sbornik* 379, no. 12 (December 1913), 65-84.
O'Brien, Phillips P. *British and American Naval Power: Politics and Policy, 1900-1936* (Westport, CT: Praeger, 1998).
Ogasawara Naganari. *Life of Admiral Togo,* trans. Jukichi Inouye and Tozo Inouye (Tokyo: Seito Shorin Press, 1934).
小笠原長生（編）「東郷元帥詳伝」(東京、春陽堂、1921)。
O'Hara, Vincent P., and Leonard R. Heinz. *Clash of Fleets: Naval Battles of the Great War, 1914-18* (Annapolis, MD: Naval Institute Press, 2017).
Ohnuki-Tierney, Emiko. *Kamikaze, Cherry Blossoms, and Nationalisms: The Militarization of Aesthetics in Japanese History* (Chicago, IL: University of Chicago Press, 2002).
Oi, Atsushi. 'Why Japan's Anti-Submarine Warfare Failed', in David C. Evans (ed.), *The Japanese Navy in World War II,* 2nd edn (Annapolis, MD: Naval Institute Press, 1986), 385-414.

生出寿「知将秋山真之―ある先任参謀の生涯」（東京、潮書房光人社、1985）。
Oka, Yoshitake. 'Generational Conflict after the Russo-Japanese War', in Tetsuo Najita and J. Victor Koschmann (eds), *Conflict in Modern Japanese History: The Neglected Tradition* (Princeton, NJ: Princeton University Press, 1982), 197-225.
Okamoto, Shumpei. 'The Emperor and the Crowd: The Historical Significance of the Hibiya Riots', in Tetsuo Najita and J. Victor Koschmann (eds), *Conflict in Modern Japanese History: The Neglected Tradition* (Princeton, NJ: Princeton University Press, 1982), 262-70.
Okamoto, Shumpei. *The Japanese Oligarchy and the Russo-Japanese War* (New York: Columbia University Press, 1970).
Oleinikov, Dmitrii. 'The War in Russian Historical Memory', in John W. Steinberg et al. (eds), *The Russo-Japanese War in Global Perspective,* 2 vols (Leiden: Brill, 2005-7), 1:509-22.
Olender, Piotr. *Russo-Japanese Naval War, 1904-1905,* 2 vols (Sandomierz: Stratus, 2009-10).
Ono, Keishi. 'Japan's Monetary Mobilization for War', in John W. Steinberg et al. (eds), *The Russo-Japanese War in Global Perspective,* 2 vols (Leiden: Brill, 2005-7), 2:251-69.
Ono, Keishi. 'The War, Military Expenditures and Postbellum Fiscal and Monetary Policy in Japan', in Rotem Kowner (ed.), *Rethinking the Russo-Japanese War, 1904-05* (Folkestone: Global Oriental, 2007), 139-57.
Otte, T.G. 'The Fragmenting of the Old World Order: Britain, The Great Powers, and the War', in Rotem Kowner (ed.), *The Impact of the Russo-Japanese War* (London: Routledge, 2007), 91-108.
Oyos, Matthew. 'Theodore Roosevelt and the Implements of War', *The Journal of Military History* 60 (1996), 631-55.
Padfield, Peter. *The Battleship Era* (London: Rupert Hart-Davis, 1972).
Paine, S.C.M. *The Sino-Japanese War of 1894-1895: Perception, Power, and Primacy* (Cambridge: Cambridge University Press, 2003).
Papastratigakis, Nicholas. *Russian Imperialism and Naval Power: Military Strategy andthe Build-Up to the Russo-Japanese War* (London: I.B. Tauris, 2011).
Papastratigakis, Nicholas, and Dominic Lieven. 'The Russian Far Eastern Squadron's Operational Plans', in John W. Steinberg et al. (eds), *The Russo-JapaneseWar in Global Perspective,* 2 vols (Leiden: Brill, 2005-7), 1:203-27.
Parkes, Oscar. *British Battleships, "Warrior" 1860 to "Vanguard" 1950: A History of Design, Construction, and Armament* (Annapolis, MD: Naval Institute Press,1990).
Parshall, Jonathan, and Anthony Tully. *Shattered Sword: The Untold Story of theBattle of Midway* (Dulles, VA: Potomac Books, 2005).
Patalano, Alessio. "A Symbol of Tradition and Modernity": Itō Masanori and theLegacy of the Imperial Navy in the Early Postwar Rearmament Process',*Japanese Studies* 34 (2014),61-82.
Patalano, Alessio. *Post-War Japan as a Sea Power: Imperial Legacy, Wartime Experience and the Making of a Navy* (London: Bloomsbury, 2015).
Pestushko, Yuriĭ S., and Yaroslav A. Shulatov. 'Russo-Japanese Relations from 1905 to 1916: from Enemies to Allies', in Dmitry V. Streltsov and Nobuo Shimotomai (eds), *A History of Russo-Japanese Relations: Over Two Centuries of Cooperation and Competition* (Leiden: Brill, 2019), 101-18.
Petrov, Mikhail A. *Podgotovka Rossii k mirovoi voine na more* (Moscow: Gosudarstvennoe voennoe izdatel'stvo, 1926).
Plaschka, Richard G. *Matrosen, Offiziere, Rebellen, Krisenkonfrontationen zur See, 1900-1918,* 2 vols (Vienna: H. Böhlau, 1984).
Pleshakov, Constantine. *The Tsar's Last Armada: The Epic Voyage to the Battle of Tsushima* (New York: Basic Books, 2002).
Podoler, Guy, and Michael Robinson. 'On the Confluence of History and Mem- ory: The Significance of the War for Korea', in Rotem Kowner (ed.), *The Impact of the Russo-Japanese*

War (London: Routledge, 2007), 183-98.
Podsoblyaev, Evgenii F. 'The Russian Naval General Staff and the Evolution of Naval Policy, 1905-1914', *Journal of Military History* 66 (2002), 37-69.
Polmar, Norman, and Jurrien Noot. *Submarines of the Russian and Soviet Navies, 1718-1990* (Annapolis, MD: Naval Institute Press, 1991).
Potter, Elmer B. *Nimitz* (Annapolis, MD: Naval Institute Press, 1976).
Potter, Elmer B., and Chester Nimitz (eds). *The Great Sea War: The Story of NavalAction in World War II* (Englewood Cliffs, NJ: Prentice-Hall, 1976).
Prange, Gordon W., Donald M. Goldstein, and Katherine V. Dillon. *Miracle at Midway* (New York: McGraw-Hill, 1982).
Preston, Antony. *The Royal Navy Submarine Service: A Centennial History* (Annapolis,MD: Naval Institute Press, 2001).
Rajabzadeh, Hashem. 'Russo-Japanese War as Told by Iranians', *Annals of Japan Association for Middle East Studies* 3, no. 2 (1988), 146-66.
Reckner, James R. *Teddy Roosevelt's Great White Fleet* (Annapolis, MD: Naval Institute Press, 1988).
Renner, Andreas. 'Markt, Staat, Propaganda: Der Nördliche Seeweg in Russlands Arktisplänen', *Osteuropa* 70, no. 5 (2020),39-59.
Richardson, Alexander. *The Evolution of the Parsons Steam Turbine* (London: Engineering, 1911).
Rieve, Hans-Otto. 'Admiral Nebogatov–Schuld oder Schicksal', *Marine-Rundschau* 1 (1964), 1-11.
Rivera, Carlos R. 'Big Stick and Short Sword: The American and Japanese Navies as Hypothetical Enemies', PhD dissertation (Ohio State University, 1995).
Roberts, John. *Battlecruisers* (Annapolis, MD: Naval Institute Press, 1997).
Rodell, Paul A. 'Inspiration for Nationalist Aspirations? Southeast Asia and Japan's Victory', in John W. Steinberg et al. (eds), *The Russo-Japanese War in Global Perspective,* 2 vols (Leiden: Brill, 2005-7), 1:629-54.
Rodger, Nicholas A.M. 'Anglo-German Naval Rivalry, 1860-1914', in Michael Epkenhans, Jörg Hillmann, and Frank Nägler (eds), *Jutland: World War I's Greatest Naval Battle* (Lexington: University Press of Kentucky, 2015), 7-21.
Rodgers, Marion Elizabeth. Mencken: *The American Iconoclast* (Oxford: Oxford University Press, 2006).
Röhl, John C. G. *Wilhelm II: Into the Abyss of War and Exile, 1900-1941,* trans. Sheila de Bellaigue and Roy Bridge (Cambridge: Cambridge University Press, 2014).
Rohwer, Jürgen, and Mikhail S. Monakov. *Stalin's Ocean-Going Fleet: Soviet Naval Strategy and Shipbuilding Programmes, 1935-1953* (Portland, OR: Frank Cass,2001).
Røksund, Arne. *The Jeune École: The Strategy of the Weak (Leiden: Brill, 2007). Roland, Alex. Underwater Warfare in the Age of Sail* (Bloomington: Indiana University Press, 1978).
Romanov, Boris A. (ed.). 'Konets russko-iaponskoǐ voini (Voennoe soveshchanie 24 maia 1905 goda v Tsarskom Sele)', *Krasnyi arkhiv* 3 (1928), 182-204.
Ropp, Theodore. *The Development of the Modern Navy: French Naval Policy, 1871-1914* (Annapolis, MD: Naval Institute Press, 1987).
Russel, Iain. 'Rangefinders at Tsushima', *Warship* 49 (1989), 30-6.
Saaler, Sven. 'The Russo-Japanese War and the Emergence of the Notion of the "Clash of Races" in Japanese Foreign Policy', in John W.M. Chapman and Chiharu Inaba (eds), *Rethinking the Russo-Japanese War, 1904-05: The Nichinan Papers* (Folkestone: Global Oriental, 2007), 274-89.
Saeki, Shōichi. 'Images of the United States as a Hypothetical Enemy', in Akira Iriye (ed.), *Mutual Images: Essays in American–Japanese Relations* (Cambridge, MA: Harvard University Press, 1975), 100-14.
Saito, Masami, Motokazu Nogawa, and Tadanori Hayakawa. 'Dissecting the Wave of Books on Nippon Kaigi, the Rightwing Mass Movement that Threatens Japan's Future', *The Asia-Pacific Journal* 16, issue 19, no. 1 (2018) [https://apjjf.org/2018/19/Saito.html].

桜井良樹「大正政治史の出発—立憲同志会の成立とその周辺」（東京、山川出版社、1997）。
Salomon, Harald. 'Japan's Longest Days: Tōhō and the Politics of War Memory, 1967-1972' in King-fai Tam, Timothy Y. Tsu, and Sandra Wilson (eds), *Chinese and Japanese Films on the Second World War* (Abingdon: Routledge, 2015), 121-35.
実松譲「八八艦隊と加藤友三郎」歴史と人物 6 （東京、中央公論社、1976 年 8 月）58-65。
Sareen, Tilak Raj. 'India and the War', in Rotem Kowner (ed.), *The Impact of the Russo-Japanese War* (London: Routledge, 2007), 137-52.
Sarkisov, Konstantin. Put'k Tsusime: po neopublikovannym pis'mam vitse-admirala Z.P. Rozhestvenskogo (St Petersburg: Izdatel'stvo Avrora, 2010).
佐藤市郎「海軍五十年史」（東京、鱒書房、1943）。
佐藤香澄（編）「図説日露戦争兵器—全戦闘集：決定版」（東京、学習研究社、2006）。
Saul, Norman E. 'The Kittery Peace', in John W. Steinberg et al. (eds), *The Russo- Japanese War in Global Perspective,* 2 vols (Leiden: Brill, 2005-7), 1:485-507.
Schencking, J. Charles. *Making Waves: Politics, Propaganda, and the Emergence of the Imperial Japanese Navy, 1868-1922* (Stanford, CA: Stanford University Press,2005).
Schencking, J. Charles. 'The Imperial Japanese Navy and the First World War: Unprecedented Opportunities and Harsh Realities', in Tosh Minohara, Tze-ki Hon, and Evan Dawley (eds), *The Decade of the Great War: Japan and the Wider World in the 1910s* (Leiden: Brill, 2014), 83-105.
Schencking, J. Charles. 'The Politics of Pragmatism and Pageantry: Selling a National Navy at the Elite and Local Level in Japan, 1890-1913', in Sandra Wilson (ed.), *Nation and Nationalism in Japan* (London: Routledge Curzon, 2002), 565-90.
Scherr, Barry P. 'The Russo-Japanese War and the Russian Literary Imagination', in John W. Steinberg et al. (eds), *The Russo-Japanese War in Global Perspective,* 2 vols (Leiden: Brill, 2005-7), 1:425-46.
Schiffrin, Harold Z. 'The Impact of the War on China', in Rotem Kowner (ed.), *The Impact of the Russo-Japanese War* (London: Routledge, 2007), 469-82.
Schimmelpenninck van der Oye, David. 'Rewriting the Russo-Japanese War: A Centenary Retrospective', *Russian Review* 67 (2008), 78-87.
Schurman, Donald M. Julian S. Corbett, 1854-1922: *Historian of British Maritime Policy from Drake to Jellicoe* (London: Royal Historical Society, 1981).
Schurman, Donald M. *The Education of a Navy: The Development of British Naval Strategic Thought, 1869-1914* (London: Cassell, 1965).
Seager, Robert. *Alfred Thayer Mahan: The Man and His Letters* (Annapolis, MD: Naval Institute Press, 1977).
Seligman, Matthew S. 'Germany, the Russo-Japanese War, and the Road to the Great War', in Rotem Kowner (ed.), *The Impact of the Russo-Japanese War* (London: Routledge, 2007), 109-23.
Seligman, Matthew S. 'Intelligence Information and the 1909 Naval Scare: The Secret Foundations of a Public Panic', *War in History* 17 (2010), 37-59.
Sergeev, Evgeny. *Russian Military Intelligence in the War with Japan, 1904-05: Secret Operation on Land and at Sea* (London: Routledge, 2007).
Sergeev, Evgeny. *The Great Game,1856-1907: Russo-British Relations in Central and East Asia* (Washington, DC: Woodrow Wilson Center Press; Baltimore, MD: The Johns Hopkins University Press, 2013).
Seton, Marie. *Panditji: A Portrait of Jawaharlal Nehru* (London: Dobson, 1967). Seton-Watson, Robert W. *Sarajevo: A Study in the Origins of the Great War* (London: Hutchinson, 1926).
Sevela, Marie. 'Chaos versus Cruelty: Sakhalin as a Secondary Theater of Operations', in Rotem Kowner (ed.), *Rethinking the Russo-Japanese War, 1904-05* (Folkestone: Global Oriental, 2007), 93-108.
Shatsillo, Kornelliĭ F. *Russkiĭ imperializm i razvitieflota nakanune pervoi mirovoi voini, 1906-1914 gg.* (Moscow: Nauka, 1968).

Shillony, Ben-Ami. *The Jews and the Japanese: The Successful Outsiders* (Rutland, VT: C.E. Tuttle, 1992).
Shillony, Ben-Ami, and Rotem Kowner. 'The Memory and Significance of the Russo-Japanese War from a Centennial Perspective', in Rotem Kowner (ed.), *Rethinking the Russo-Japanese War, 1904-05* (Folkestone: Global Oriental, 2007), 1-9.
島田謹二「ロシア戦争前夜の秋山真之」全２巻（東京、朝日新聞社、1990）。
島貫武治「日露戦争以降における国防方針、所要兵力、用兵綱領の変遷」軍事史学 8、No.4,（1973）2-11。
Shimazu, Naoko. *Japanese Society at War: Death, Memory and the Russo-Japanese War* (Cambridge: Cambridge University Press, 2009).
下村寅太郎「東郷平八郎」（東京、講談社、1981）。
清水威久「ソ連と日露戦争」（東京、原書房、1973）。
Shishov, Aleksei V. *Rossiia i Iaponiia (Istoriia voennie konfliktov)* (Moscow: Veche,2001).
Slattery, Peter. *Reporting the Russo-Japanese War: Lionel James's First Wireless Transmission to the Times* (Folkestone: Global Oriental, 2004).
Smith, Crosbie. 'Dreadnought Science: The Cultural Construction of Efficiency and Effectiveness', in Robert J. Blyth, Andrew Lambert, and Jan Rüger (eds), *The Dreadnought and the Edwardian Age* (Farnham: Ashgate, 2011), 135-64.
Smorgunov, Leonid. 'Strategies of Representation: Japanese Politicians on Russian Internet and Television', in Yulia Mikhailova and M. William Steele (eds), *Japan and Russia: Three Centuries of Mutual Images* (Folkestone: Global Oriental,2008), 192-207.
Sondhaus, Lawrence. *Naval Warfare 1815-1914: Warfare and History* (London: Routledge, 2001).
Spector, Ronald H. *At War at Sea: Sailors and Naval Combat in the Twentieth Century* (New York: Viking, 2001).
Steltzer, Hans G. *Die deutsche Flotte: Ein historischer Überblick von 1640 bis 1918* (Darmstadt: Societäts Verlag, 1989).
Stevenson, David. *Armaments and the Coming of War: Europe, 1904-1914* (Oxford:Clarendon Press, 1996).
Streltsov, Dmitry V. 'The Territorial Issue in Russian–Japanese Relations: An Overview', in Dmitry V. Streltsov and Nobuo Shimotomai (eds), *A History of Russo-Japanese Relations: Over Two Centuries of Cooperation and Competition* (Lei- den: Brill, 2019), 577-606.
Stroop, Christopher A. 'Thinking the Nation through Times of Trial: Russian Philosophy in War and Revolution', in Murray Frame et al. (eds), *Russian Culture in War and Revolution, 1914-22,* 2 vols (Bloomington, IN: Slavica, 2014), 1:199-220.
Sumida, Jon T. 'British Capital Ship Design and Fire Control in the Dreadnought Era: Sir John Fisher, Arthur Hungerford Pollen, and the Battle Cruiser', *Journal of Modern History* 51 (1979), 205-30.
Sumida, Jon T. *In Defense of Naval Supremacy: Finance, Technology, and British Naval Policy, 1889-1914* (Winchester, MA: Unwin Hyman, 1989).
鈴木貫太郎伝記編纂委員会（編）「鈴木貫太郎伝」（東京、鈴木貫太郎伝記編纂委員会、1960）。
Sweeney, Michael, and Natascha Toft Roelsgaard, *Journalism and the Russo-Japanese War* (Lanham, MD: Lexington, 2020).
Sweeney, Michael S. '"Delays and Vexation": Jack London and the Russo- Japanese War', *Journalism and Mass Communication Quarterly* 75 (1998), 548-59.
Tadokoro, Masayuki. 'Why did Japan Fail to Become the "Britain" of Asia?' in John W. Steinberg et al. (eds), *The Russo-Japanese War in Global Perspective,* 2 vols (Leiden: Brill, 2005-), 2:295-323.
Takahashi, Fumio. 'The First War Plan Orange and the First Imperial Japanese Defense Policy: An Interpretation from the Geopolitical Strategic Perspective', *NIDS Security Reports* 5 (2004), 68-103.
高橋ノリオ「地図で知る日露戦争」（東京、地図で知る日露戦争編集委員会、ぶよう堂、2009）。

田中健一、氷室千春「図説東郷平八郎―目で見る明治の海軍」(東京、東郷神社、東郷会、1995)。
田中宏巳「東郷平八郎」(東京、吉川弘文館、2013)。
Thiess, Frank. *The Voyage of the Forgotten Men (Tsushima),* trans. Fritz Sallagar (Indianapolis, IN: Bobbs-Merrill, 1937).
Thompson, Richard Austin. 'The Yellow Peril, 1890-1924', PhD dissertation (University of Wisconsin, 1957).
Thorsten, Marie, and Geoffrey M. White. 'Binational Pearl Harbor? Tora! Tora! Tora! and the Fate of (Trans)national Memory', *The Asia-Pacific Journal* 8 (2010), issue 52 no. 2 [online] available at https://apjjf.org/-Geoffrey-M.- White/3462/article.html.
Till, Geoffrey. 'Trafalgar, Tsushima, and Onwards: Japan and the Decisive Naval Battles of the Twenty-First Century', *The Japan Society Proceedings* 144 (2006), 42-56.
Tobe, Ryōchi. 'Japan's Policy toward the Soviet Union, 1931-1941: The Japanese–Soviet Non-Aggression Pact', in Dmitry V. Streltsov and Nobuo Shimotomai (eds), *A History of Russo-Japanese Relations: Over Two Centuries of Cooperation and Competition* (Leiden: Brill, 2019), 201-17.
戸川幸夫「乃木と東郷」(東京、角川書店、1972)。
外山三郎「日露海戦新史」(東京、東京出版、1987)。
外山三郎「日露海戦史の研究―戦記的考察を中心として」上下巻(東京、教育出版センター、1985)。
豊田譲「旗艦『三笠』の生涯」(東京、潮書房光人社、2016)。
豊田譲「東郷平八郎は教育書にのせて然るべき理由がある」文藝春秋(編)「日本の論点」(東京、文藝春秋、1992)。
Tovy, Tal, and Sharon Halevy. 'America's First Cold War: The Emergence of a New Rivalry', in Rotem Kowner (ed.), *The Impact of the Russo-Japanese War*(London: Routledge, 2007), 187-52.
Towle, Philip. 'The Evaluation of the Experience of the Russo-Japanese War', in Bryan Ranft (ed.), *Technical Change and the British Naval Policy, 1860-1939*(London: Hodder and Stoughton, 1977),65-79.
Towle, Philip. 'British War Correspondents and the War', in Rotem Kowner (ed.), Rethinking the Russo-Japanese War, 1904-05: Centennial Perspectives (Folkestone: Global Oriental, 2007), 319-31.
Trani, Eugene P. *The Treaty of Portsmouth: An Adventure in American Diplomacy* (Lexington: University Press of Kentucky, 1969).
Transehe, N.A. 'The Siberian Sea Road: The Work of the Russian Hydrographical Expedition to the Arctic 1910-1915', *Geographical Review* 15, no. 3 (1925), 367-98.
塚田修一「体験なき戦争の記憶の現場:日本海海戦記念式典の観察より」(三田社会学 23、2018) 87-98。
鵜崎熊吉「薩の海軍・長の陸軍」(東京、政教社、1913)。
Valliant, Robert B. 'The Selling of Japan: Japanese Manipulation of Western Opinion, 1900-1905', *Monumenta Nipponica* 29 (1974), 415-38.
Vinogradov, Sergei E. 'Battleship Development in Russia from 1905 to 1917', *Warship International* 35 (1998), 267-90.
Vinogradov, Sergei E. 'Battleship Development in Russia from 1905 to 1917', *Warship International* 36 (1999), 118-41.
Walser, Ray. *France's Search for a Battle Fleet: Naval Policy and Naval Power, 1898-1904* (New York: Garland Press, 1992).
Warner, Denis, and Peggy Warner. *The Tide at Sunrise: A History of the Russo-Japanese War 1904-1905* (New York: Charterhouse, 1974).
Wcislo, Francis W. *Tales of Imperial Russia: The Life and Times of Sergei Witte,1849-1915* (Oxford: Oxford University Press, 2011).
Weinberg, Robert E. *The Revolution of 1905 in Odessa: Blood on the Steps* (Bloomington: Indiana University Press, 1993).

Wells, David. 'The Russo-Japanese War in Russian Literature', in David Wells and Sandra Wilson (eds), *The Russo-Japanese War in Cultural Perspective, 1904-05* (Basingstoke: Macmillan, 1999), 108-33.
Westwood, J.N. 'Novikov-Priboi as Naval Historian', *Slavic Review* 28 (1969),297-303.
Westwood, J.N. *Russian Naval Construction, 1904-45* (Basingstoke: Palgrave Macmillan, 1994).
Westwood, J.N. *Witnesses of Tsushima* (Tokyo: Sophia University, 1970).
White, John A. *The Diplomacy of the Russo-Japanese War* (Princeton, NJ: Princeton University Press, 1964).
Wildenberg, Thomas. *Gray Steel and Black Oil: Fast Tankers and Replenishment at Sea in the US Navy, 1912-1992* (Annapolis, MD: Naval Institute Press, 1996).
Williams, Beryl. 'Great Britain and Russia, 1905 to the 1907 Convention', in F. H. Hinsley (ed.), *British Foreign Policy under Sir Edward Grey* (Cambridge: Cambridge University Press, 1977), 133-48.
Willmott, H.P. *Sea Warfare: Weapons, Tactics and Strategy* (New York: Hippocrene Books, 1981).
Willmott, H.P. *The Last Century of Sea Power,* 2 vols (Bloomington: Indiana University Press, 2009).
Wilson, Sandra. 'The Russo-Japanese War and Japan: Politics, Nationalism and Historical Memory', in David Wells and Sandra Wilson (eds), *The Russo- Japanese War in Cultural Perspective, 1904-05* (Basingstoke: Palgrave Macmillan, 1999), 160-96.
Yabuki, Hiraku. 'Britain and the Resale of Argentine Cruisers to Japan before the Russo-Japanese War', *War in History* 16 (2009), 425-46.
Yang, Daqing. Technology of Empire: Telecommunications and Japanese Expansion *in Asia, 1883-1945* (Cambridge, MA: Harvard University Asia Center, 2010).
米沢藤良「東郷平八郎」(東京、新人物往来社、1972)。
Zebroski, Robert. 'Lieutenant Peter Petrovich Schmidt: Officer, Gentleman, and Reluctant Revolutionary', *Jahrbücher für Geschichte Osteuropas* 59 (2011), 28-50.

[訳出にあたり参考にした文献]
海軍大臣官房『海軍制度沿革』
海軍大臣官房『艦船行動簿』
海軍歴史保存会『日本海軍史』
海軍軍令部『明治三十七八年海戦史』(1934)
中川務監修/福田一郎著『写真日本軍艦史』(今日の話題社、1983)
ネーバル・ヒストリー・シリーズ6『戦艦「三笠」と日本海海戦』(海人社、2022)